# 웨폰 사이언스

Weapon Science

# 웨폰 사이언스


| | | | |
|---|---|---|---|
| 발행일 | 2018년 3월 14일 | | |
| 지은이 | 지 현 진 | | |
| 펴낸이 | 손 형 국 | | |
| 펴낸곳 | (주)북랩 | | |
| 편집인 | 선일영 | 편집 | 이종무, 권혁신, 오경진, 최예은, 오세은 |
| 디자인 | 이현수, 김민하, 한수희, 김윤주 | 제작 | 박기성, 황동현, 구성우 |
| 마케팅 | 김회란, 박진관, 김한결 | | |
| 출판등록 | 2004. 12. 1(제2012-000051호) | | |
| 주소 | 서울시 금천구 가산디지털 1로 168, 우림라이온스밸리 B동 B113, 114호 | | |
| 홈페이지 | www.book.co.kr | | |
| 전화번호 | (02)2026-5777 | 팩스 | (02)2026-5747 |

ISBN 979-11-6299-005-6 03550(종이책) 979-11-6299-006-3 05550(전자책)





이 도서의 국립중앙도서관 출판예정도서목록(CIP)은 서지정보유통지원시스템 홈페이지(http://seoji.nl.go.kr)와 국가자료공동목록시스템(http://www.nl.go.kr/kolisnet)에서 이용하실 수 있습니다.

Weapon

무기 속의 과학 이야기

# 웨폰 사이언스

지현진
지음

Science

북랩book Lab

이 책을

사랑하는

나의 가족들에게

바칩니다.

## 독자들에게

인류가 만들어 온 역사는 전쟁의 역사라 해도 과언이 아닙니다. 전쟁은 인류의 탄생부터 함께했고 이성적 사고 뒤에 숨겨진 인간의 본성 중 하나입니다. 그래서인지 중요한 역사적 사건은 항상 전쟁과 함께 일어났으며 현대에 이르러 전쟁은 하나의 고도의 정치적 수단이 되었습니다.

나폴레옹 전쟁 때 프러시아 참전병사였던 클라우제비츠Clausewitz는 그가 저술한 『전쟁론』에서 '전쟁은 다른 수단에 의한 정치행동의 연장'이라고 말했습니다. 그렇게 될 수밖에 없는 건 바로 전쟁이 우리의 삶을 변화시키는 강력한 힘을 가지고 있으며 사소한 사건 하나가 인류의 운명을 바꿔버리는 일을 지켜봐왔기 때문입니다. 만약 '고구려가 승리하여 삼국을 통일하였다면?' 혹은 '6·25 전쟁 당시 연합군이 완전한 승리를 거뒀다면?'하는 역사적 상상을 누구나 해 보았을 것입니다. 그리고 곧 깨닫게 됩니다. 역사에는 가정이란 없고 전쟁의 결과만 냉엄한 현실로 남아있다는 사실을 말입니다.

전쟁은 기본적으로 병력, 물자, 전술, 전략 등으로 승패가 결정되지만 때로는 위대한 지휘관이나 주변국의 상황 등 불확실한 요소에 의해 결정되기도 합니다. 그리고 가장 중요한 요소는 바로 무기입니다. 뛰어난 성능을 지닌 무기는 위대한 지휘관의 훌륭한 전술에 버금갈 만큼 승리의 큰 몫을 해냅니다. 오합지졸의 병사라도 좋은 무기만 있으면 쉽게 적을 제압할 수 있습니다. 그래서 일찍부터 무기의 개발은 국가의 중대 사업이었습니다. 그렇다면 무기의 개발에 가장 필요한 것은 무엇일까요? 바로 과학기술입니다.

물리학, 화학, 재료공학, 기계공학은 무기 개발의 기본이 되는 학문으로서 무기개발과 함께 발전해왔습니다. 또 '핵'과 같이 새롭게 연구된 과학기술은 새로운 무기의 탄생을 이끌기도 합니다. 무엇이 먼저라 말할 수 없을 만큼 무기개발과 과학기술은 밀접한 관계를 가지고 서로를 자극해왔습니다.

그렇다면 우리나라의 과학기술의 발전 역시 효율적인 무기를 개발하기 위한 과정이라고 볼 수 있습니다. 역사적으로 우리나라는 중국, 일본, 러시아에 둘러싸여 강대국들의 이해관계에 휩쓸려 많은 전쟁의 고통을 겪어왔습니다. 그럴 때마다 우리나라를 지켜준 것은 국민의 힘과 더불어 국가가 축적해 온 무형의 자산인 과학기술이었습니다. 무명의 과학자가 만든 공기의 저항을 줄인 화살촉, 사정거리가 긴 화포, 폭발력이 증대된 화약에서 우리는 고단한 선조들의 삶과 함께 빛나는 업적을 떠올리게 됩니다.

이는 하루아침에 된 것이 아닙니다. 오랫동안 시행착오를 거치며 성숙해지는 것입니다. 국가가 축적한 과학기술의 수준이 높을수록 성능 좋은 무기가 탄생합니다. 앞서 말했듯 좋은 무기는 전쟁의 승리의 주요 요인이고 자국의 피해를 최소화할 수 있는 방책입니다. 이것이 대한민국이 국방과학기술에 대해 아낌없는 지원과 관심이 필요한 이유입니다. 그리고 인적자원이 풍부한 우리나라가 세계 1등의 국방력을 가질 수 있는 유일한 방법이기도 합니다.

이런 염원을 담아, 이 책은 무기의 원리와 과학이 어떤 관련이 있는지를 알기 쉽게 설명하고 현대의 무기가 어느 수준까지 이르렀는지 알 수 있도록 구성되어 있습니다. 대부분의 사람들이 쉽게 이해할 수 있는 수준의 단어와 표현을 사용하였고 다양한 과학 관련 서적들도 참고하였습니다. 또한 무기 관련 잡지 및 위키피디아Wikipedia의 내용도 일부 발췌하여 사용하였습니다. 이 책만으로 부족하다고 생각하시는 분들은 참고문헌(특히 단행본)을 읽어보시길 권유합니다.

대한민국의 국민으로서 무기의 개발은 모른 척할 수 없는 분야입니다. 나라의 존속과도 직결되는 중요한 사안이라는 것에 국민적 동의가 있을 것이라 사료됩니다. 아무쪼록 이 책이 무기에 대한 과학적 이해의 폭을 넓히고 무기에 대한 관심을 가지는 데 조금이나마 도움이 되기를 바랍니다.

지현진

목차

01

# 무기

맹자는 인간의 본성이 선하다(성선설)고 주장하였지만, 반대로 순자는 악하다(성악설)고 주장하였습니다. 저는 인간만큼 이기적이면서 악한 동물은 없다고 생각합니다. 인간이 지금처럼 발전된 현대사회를 사는 것도 인간의 끝없는 이기심이 없었다면 불가능하였을지도 모릅니다. 만약 인간이 로빈슨 크루소Robinson Crusoe처럼 무인도에 혼자 살고 있으면 어떠했을까요? 단순히 자연이 주는 만큼만 먹고, 입고, 자면서 편안히 살아가고 있을 겁니다. 그러나 인간이 1명이 아닌 여러 명 모이게 되면 살아가는 문제가 완전히 달라집니다. 가장 이상적인 삶은 무인도에 존재하는 사람들이 힘을 합쳐 자원을 획득한 다음, 공평하게 나누면서 사는 것일 겁니다. 그러나 사람마다 주어진 능력과 성실함은 차이가 있기 마련입니다. 적게 일하고 많이 받는 사람이 있을 수 있고, 반대로 많이 일하고 덜 받는 사람이 있을 수 있습니다. 결국, 후자는 분배에 대한 불만을 표출할 것이고, 문제의 해결책으로 "노력한 만큼 가져가자"라는 주장을 펼칠 것입니다. 개인의 능력을 인정하는 사회가 되면 보이지 않는 경쟁을 하기 시작합니다. 일반적인 사람이라면 타인보다 많은 자원을 가져야 한다고 생각합니다. 먹고 사는 문제는 언제나 그렇습니다. 그렇기 때문에 누가 시키지 않았는데도 물고기를 많이 잡는 방법이나 사냥을 잘하는 방법 등을 연구하기 시작합니다. 그러나 인간은 의식주 문제가 해결되고 나면 또 다른 욕구가 채워지길 갈망합니다. 그런 것들을 충족시키는 방법을 연구하다 보면 점차 사회가 발전하게 됩니다.

지금까지 설명해 드린 내용은 고등학교 때 배웠던 자본주의와 공산주의의 특징에서도 확인할 수 있습니다. 역사적으로 볼 때 자본주의를 채택한 국가의 발전 속도는 공산주의를 채택한 국가보다 더 빨랐습니다. 바꾸어 말하면 인간의 이기심이 인류 발전의 근본이라고 인정하는 사회일수록 부유한 국가가 되었습니다. 사실 이러한 이기심은 모든 동물이 가지고 있는 것입니다. 다만 인간은 이기심을 충족시키기 위하여 '도구'를 사용한다는 것이 다른 동물과 차별되는 점입니다. 이 작지만 큰 차이가 인간을 만물의 영장으로 만들어 주었습니다.

일할 때 쓰는 연장만이 도구의 전부가 아닙니다. 어떤 목적을 이루기 위한 수단이나 방법 또한 도구입니다. 욕망 충족을 위한 인간의 이기심은 결국 '전쟁'이라는 도구를 사용하게 했습니다. 내가 좀 더 편하게 의식주를 해결하려면 나 대신 다른 사람을 이용해야 합니다. 자원 획득을 위해 다른 사람에게 명령하거나, 이미 다른 사람이 획득한 자원을 강제로 빼앗으면 됩니다. 이렇게 간단한 약육강식 논리 때문에 인간과 인간 사이에는 무력충돌이라는 전쟁이 발생합니다. 역사적으로 볼 때 인간은 전쟁이라는 도구를 수없이 많이 활용해 왔고, 그 속에서 상대방을 효과적으로 제압할 수 있는 물리적 도구의 중요성을 알게 되었습니다.

무기란 전쟁 혹은 전투에서 가해력(加害力)을 행사하기 위해 사용되는 도구와 군사 작전에 직접 혹은 간접적으로 사용되는 장치류를 말합니다. 무기(武器)는 인간이 지구상에 존재했을 때부터 지금까지 끊임없이 연구하고, 시험하고, 개발하고 있습니다. 중세까지의 무기들은 칼, 화살, 창과 같이 단순한 형태의 장비들이었지만, 현대 사회의 무기는 전차, 전투기, 핵 등과 같이 그 개념이 조금 변화하였을 뿐만 아니라 구조 역시 복잡해졌습니다. 그래서 현대에 이르러서는 '무기'보다는 '무기체계(weapon system)'라는 용어를 더 많이 사용하고 있습니다. 이것은 하나의 무기가 독자적으로 목적을 달성할 수 있도록 보조역할을 하는 시설·장비·물자·용역·인원 등을 총체적으로 체계화한 것으로, 그 무기의 운반수단·보조장비·운용기술 등이 포함되는 개념입니다. 예를 들어 전투기를 생각해 봅시다. 연구자들은 단순히 공중에서 최고의 비행성능을 발휘하는 전투기만 개발하면 전쟁에서 승리할 수 있다고 말할 수 있습니다. 하지만 사용자인 군 측면에서 보면 전투기와 함께 유도탄, 레이더, 항법장치, 통신장치, 활주로, 정비기기 등과 같은 다른 요소들도 함께 개발되었을 때에만 전장에서 제구실을 수행할 수 있다고 생각합니다.

무기체계는 상대방을 확실히 굴복시키기 위하여 날이 갈수록 강력해지고 복잡해졌습니다. 그리고 이러한 흐름을 이끄는 가장 근본적인 원인 중 하나가 바로 과학 발전입니다. 사실 과학이 무기의 발전을 이끌었다고 말할 수 있고, 무기가 과학의 발전을 이끌었다고 말할 수도 있습니다. 그만큼 무기와 과학은 밀접한 관계를 맺고 있습니다. 비록 고려 시대의 서희(徐熙)가 세 치의 혀로 거란군을 물리쳤다고 역사에 기록하고 있지만, 전쟁의 역사로 볼 때 극히 드문 사건일뿐더러 요즘 같은 세상에서 대화만 가지고 전쟁을 막는다는 것은 더욱 힘든 일이 되어 버렸습니다. 확률적으로 강력한 무기를 가진 사람만이 전쟁에서 완벽한 승리를 보장받을 수 있습니다. 많은 사람이 세계에서 가장 강력한 국가로 미국을 꼽는 이유 중 하나가 그들이 가진 강력한 무기 때문이며, 더 깊게는 그 밑바닥에 깔린 최고수준의 과학기술 때문입니다. 미국은 경쟁국에 비해 더 일찍 강력한 무기를 개발할 수 있도록 자국 내 과학자들에게 엄청난 액수의 연구비를 아낌없이 투자하고 있습니다.

그럼 한 국가의 지도자들이 좋아하는 '강력한 무기'라는 것은 무엇을 의미할까요? 인문학자들은 다양한 단어와 표현들을 사용하여 그 의미를 설명하겠지만, 우리는 과학자의 시각에서 접근해 보도록 합시다. 무기는 크게 물리적, 화학적, 생물학적, 방사능의 방법을 사용하여 인간을 죽일 수 있습니다. 물리적인 방법은 총, 대포 등과 같이 질량을 가진 물체의 운동에너지나 화약의 폭발에너지를 이용합니다. 화학적 방법은 1차 세계대전에 사용했던 염소가스와 같이 체내 화학반응으로 치명상을 입히는 화학 물질을 이용합니다. 생물학적 방법은 탄저균과 같이 치사율이 높은 병균들을 이용하는 것이고, 방사능 방법은 핵분열 시 발생하는 방사능을 이용하여 인간을 죽이는 것입니다. 단순히 생각해도 물리적 방법을 제외한 다른 방법들(화학적, 생물학적, 방사능)은 인류를 멸종시킬 수 있을 만큼 강력한 무기의 수단이 될 수 있습니다. 그러나 그만큼 비인간적인 방법으로 인식되고 있으므로 무기로 만들어 사용하는 데 많은 제약이 있습니다. 사람을 죽이는 건 다 똑같은 일인데 어떤 방법은 인간적이고 어떤 방법은 비인간적이라는 게 조금 우습기도 합니다. 하지만 화학적 무기, 생물학적 무기, 방사능 무기들을 사용하게 되면 전쟁을 치르는 군인들뿐만 아니라 민간인들에게도 큰 피해가 발생하게 됩니다. 그뿐만 아니라 전쟁 이후에도 후유증이 크다는 문제가 있습니다. 따라서 전쟁에서 무기를 사용하는 것도 순서가 있습니다. 초기 전투에서는 권투의 잽과 같이 물리적 무기로 싸움을 시작합니다. 만약 적국이 굴복하지 않으면 조금 더 강력한 무기를 사용할 수 있다고 협박합니다. 그리고 마지막 단계에서는 핵과 같이 경험해서는 안 될 강력한 무기들이 현실 앞에 나오게 됩니다. 예나 지금이나 전쟁 시 물리적 무기만 사용하자고 암묵적으로 약속하지만, 궁지에 몰리면 누가 어떤 무기를 사용할지 모릅니다. 특히 북한은 물리적 무기부터 방사능 무기까지 모두 가지고 있을뿐더러, 상식에 어긋나는 행동들을 많이 하고 있으므로 항상 예의주시해야 합니다.

저도 인간적인 방법을 선호하는 만큼 이 책에서는 되도록 물리적 무기에 대해서만 설명해 드리도록 하겠습니다. 조금 깊게 생각해보면 물리적 무기는 목표물을 손상·제거·파괴하기 위하여 많은 에너지를 이용하므로 '에너지 무기'라고도 말할 수 있습니다. 에너지energy란, 일을 할 수 있는 능력을 의미합니다. 그리스어로 '일'을 의미하는 에너곤energon에서 파생된 에네르게이아energeia가 에너지의 어원입니다. 대체로 인간은 이러한 에너지를 윤택한 생활이나 사회발전을 위해 사용하지만, 때로는 적을 무찌르는 데도 사용합니다. 그 에너지 사용의 도구가 무기입니다. 즉 무기라는 것은 에너지를 조종·통제하여 목표물을 향해 순식간에 발산시키는 장치라고 생각하시면 됩니다.

예를 들어 인류의 가장 기본적인 무기인 칼을 생각해 보도록 합시다. 땅에 놓인 칼은 무기의 역할을 하지 못합니다. 즉 막대기와 별반 차이가 없습니다. 그러나 사람이 막대기에 불과했던 칼을 들고 이리저리 휘두르는 순간, 상대방을 죽일 수도 있는 무기가 되는 것입니다. 칼이 속도를 가진다는 것은 그만큼의 운동에너지를 지니고 있다는 것이고, 사람이 칼의 이동 방향 및 속도를 조절하는 것은 에너지를 통제한다는 것이고, 상대방을 벤다는 것은 칼이 가지고 있던 에너지를 발산하는 것입니다.

대포라는 무기도 마찬가지입니다. 화약이 가지고 있던 에너지가 포탄의 형태로 목표물로 이동한 후 마지막에 에너지를 발산해 타격을 주는 것입니다. 유도탄, 레이저도 별반 다를 것이 없습니다. 그러고 보면 '좋은 무기'라는 것은 많은 에너지를 가지고 있다가, 그것을 원하는 곳에 신속하게 이동시킨 후, 순식간에 발산시켜주는 장치라고 생각할 수 있습니다. 많은 사람이 핵 유도탄을 현존하는 무기 중에 최고라고 생각하는 이유는 핵이 가지고 있는 엄청난 에너지가 유도탄을 통해 목표물로 즉시 이동한 후 순식간에 폭발하며 외부로 방출되기 때문입니다.

현재 지구상에 존재하는 엄청난 종류의 물리적 무기들은 에너지를 저장, 조종, 통제, 발산하는 방법 및 장치들을 연구한 결과물들입니다. 무기를 개발하는 과학자들은

"어떻게 하면 보다 많은 에너지를 한곳에 모아둘 수 있을까?"

"어떻게 하면 에너지를 보다 빨리 다른 장소로 이동시킬 수 있을까?"

"어떻게 하면 에너지를 보다 빨리 발산시킬 수 있을까?"

"어떻게 하면 적은 에너지로 적을 효과적으로 공격할 수 있을까?"

를 연구한다고 보시면 됩니다. 다만 기술의 발전과 함께 인간이 통제할 수 있는 에너지의 양도 같이 증가하고 있다는 점에 주목해야 합니다. 태초의 인간은 단순히 자신이 가지고 있던 생체에너지를 주먹과 발을 통해 발산하였습니다. 그런데 수렵 활동을 하면서 화살과 칼이라는 도구를 사용하여 생체에너지를 조금 더 효율적으

로 사용하게 되었습니다. 그러나 근대에 와서 인간은 신체에서 발휘할 수 있는 에너지의 한계를 느끼고, 생체에너지 이외의 에너지를 사용하여 무기화시키기 시작합니다. 중국에서 발명한 화약이 바로 그것입니다. 결국, 화약이란 인간이 가지고 있는 에너지 한계를 벗어나, 신체 이외의 에너지를 사용하여 무기화시킨 최초의 발명품입니다. 이때부터 인간은 자신의 에너지 한계를 벗어나 엄청난 에너지를 통제하기 시작합니다. 이제 인간은 화약은 물론이거니와 핵에너지까지 통제하기에 이르렀으니, 실로 대단한 동물이 아닐 수 없습니다. 혹자는 인간과 동물의 차이를 도구의 사용 여부로 구분합니다. 저는 좀 더 구체적으로 접근하여 자신의 생체에너지 이외의 다른 에너지를 사용할 수 있느냐 없느냐로 구분하는 것이 좋다고 생각합니다[1]. 아무리 거대하고 무서운 동물이라 할지라도 결국 인간이 만든 무기 앞에 무릎을 꿇고 말았습니다. 인간은 다른 동물과 달리 많은 에너지를 통제할 수 있었기 때문에 만물의 영장이 되었을 뿐만 아니라 지금과 같은 최첨단 사회를 일궈낼 수 있었습니다.

이렇게 무기와 에너지는 아주 밀접한 관계가 있지만, 이 책의 모든 내용이 무기와 에너지를 연관 지어 서술하지는 않을 것입니다. 하지만 여러분들은 무기들 속에 숨겨져 있는 과학적 사실들을 접할 때마다 에너지라는 단어를 떠올려 보시기 바랍니다. 그러면 좀

---

1) 실제로 교육받은 원숭이는 막대기를 공격무기로 사용하기도 합니다.

더 재미있게 이 책을 읽을 수 있을 것입니다. 그럼 화살부터 핵무기까지, 다양한 무기들 속에는 어떤 과학이 숨겨져 있는지 살펴보도록 합시다.

# 02

# 활과 화살

현재까지 개발된 원거리 무기의 기본 원리는 질량을 가지는 물체를 던져 그것이 지닌 운동에너지로 목표를 타격하는 것입니다. 원시시대부터 근대이전까지 화살은 인류가 개발한 가장 중요한 원거리 무기였습니다. 아마 인류가 화살을 개발하지 않았으면 동물을 잡지 못하여 단백질 섭취가 힘들었을 것이며, 약육강식의 법칙이 존재하는 자연에서 만물의 영장 자리를 다른 동물에게 내어주었을지도 모릅니다.

화살은 활이 없으면 사용할 수 없습니다. 간혹 영화에 보면 화살만 사용하여 적을 제압하기도 하지만 아주 제한적입니다[2]. 이와 반대로 활만 가지고 있어도 무용지물입니다. 활과 화살은 부부처럼 꼭 붙어 다녀야 무기로서의 능력을 충분히 발휘할 수 있습니다.

---

2) 특히 피터 잭슨 감독의 '반지의 제왕'을 보시면 레골라스가 그렇게 합니다.

활과 화살이 작동하는 원리는 간단합니다. 궁수가 활시위를 당기면 인간이 가지고 있는 생체에너지를 활의 탄성에너지로 저장하였다가, 활시위를 놓는 순간 저장되었던 탄성에너지가 화살에 전달되면서 빠른 속도로 비행하도록 만드는 것입니다. 위의 과정을 통해 활에 축적된 인간의 생체에너지는 화살의 운동에너지로 변화됩니다. 운동에너지를 쉽게 설명하자면 질량을 가지고 물체가 어떠한 속도로 움직이고 있으면 에너지를 가진다는 뜻입니다. 서양의 학자들은 운동에너지가 물체의 질량에 정비례하고 속도의 제곱에 비례한다는 것을 알아냈습니다. 따라서 운동에너지를 증가시키려면 속도를 높이는 것이 질량을 증가시키는 것보다 유리합니다. 일반적으로 화살은 대략 180~290㎞/h의 속도를 냅니다. 이 정도면 동서양을 불문하고 인간의 생체에너지만 사용하여 낼 수 있는 최고 속도라고 생각됩니다. 화살의 빠른 속도 때문에 독일의 메르체데스 벤츠Mercedes Benz는 자사에서 제작하는 경주차에 '실버애로우silver arrow'라는 별명을 붙여 역동적인 이미지를 부각하기도 하였고, 우리나라에서는 "세월이 화살처럼 빠르다"라는 속담이 전해져 내려오기도 합니다(현재는 "세월이 총알처럼 빠르다"로 바뀌었지만…).

그런데 왜 사람이 맨손으로 화살을 던지면 고작 수 미터 날아가는 반면, 활을 이용하면 수백 미터까지 날릴 수 있는 것일까요? 같은 사람이었다면 손으로 던지거나 활로 쏘거나 화살이 날아간 거리는 같을 듯합니다. 그 정답은 활이 인간이 만든 '도구'라는 데 있습니다. 어쨌든 화살을 보다 멀리 보내는 데에는 활만큼 좋은 도구가 없습니다. 인간이 순간 발휘할 수 있는 생체에너지(인간의 출력)는 아주 작습니다. 출력을 높이려면 에너지를 모아서 그 절대량을 더 크게 만들고, 후에는 도구를 사용하여 단시간 내에 발산시켜야 합니다. 즉 활은 사람의 생체에너지를 활의 탄성에너지로 저장하였다가 순간적으로 화살에 에너지를 전달(발산)하는 데 가장 좋은 도구이기 때문에 맨손으로 던지는 것보다 더 빨리 그리고 더 멀리 날릴 수 있습니다.

자전거도 마찬가지 원리입니다. 즉, 자전거라는 좋은 도구를 이용하면 같은 에너지를 사용하더라도 뛰는 것보다 더 멀리 갈 수 있습니다. 마라톤 선수가 42.195㎞를 달리는 것과 사이클 선수가 자전거를 타고 42.195㎞를 달리는 것은 체력적인 면에서 하늘과 땅 차이입니다. 자전거의 페달→크랭크축→체인→바퀴로 이어지는 도구는 이동 측면에서만 보자면 인간의 다리보다 훨씬 효과적인 도구입니다. 그러면 왜 조물주는 인간의 다리를 자전거보다 못 하게 만들었을까요? 인간의 다리를 자전거처럼 만들면 50㎞를 걷는 것쯤이야 아무것도 아닌 것처럼 느낄 것입니다. 그것은 인간의 다리는 걷거나 뛰는 것 이외에도 다양한 임무를 수행해야 하기 때문입니다. 자전거 페달은 단지 이동에만 사용하면 되지만 인간의 다리는 나무를 오르거나, 점프하거나, 축구를 하는 것과 같이 다양한 용도로 사용해야 합니다. 조물주는 모든 측면을 고려하여 인간의 다리를 가장 유용성이 좋아지도록 만들어 주었습니다. 그 대신 도구를 통해 인간이 원하는 분야에 대하여 다리의 능력을 배가시킬 수 있는 지능을 주셨습니다.

이런 면들을 보면 인간이 동물보다 우월한 이유가 도구를 사용할 줄 알기 때문이라고 이야기하는 게 그냥 흘러나온 말이 아닙니다. 도구를 이용하게 되면 자신이 가지고 있는 에너지를 저장할 수 있고, 원하는 형태로 쉽게 변화시킬 수도 있습니다. 다만 여러분이 남들보다 고차원적인 동물이기를 원하신다면, 보다 효율이 좋은 도구를 개발하여 사용하셔야 합니다. 달이나 화성에서 엄청난 재료를 지구로 들고 오지 않는 이상, 인간에게 주어진 재료는 어느 시대에서나 모든 이에게 공평합니다. 단지 그 재료를 이용하여 얼마나 훌륭한 도구를 만드는가에 따라서 인간의 가치가 달라집니다. 같은 나무일지라도 인간에게는 활과 화살을 만들 수 있는 좋은 재료로 사용될 수 있지만, 동물에게는 단지 있는 그대로의 자연일 뿐입니다.

다시 활과 화살 이야기로 돌아갑시다. 병사들은 항상 속도가 빠르고 멀리 날아가는 화살을 원했기 때문에 탄성이 뛰어난 활이 필요하였습니다. 활의 탄성이 크다는 것은 그만큼 많은 에너지를 저장할 수 있다는 것이고, 화살의 사거리 및 위력이 커진다는 것을 의미합니다. 활의 탄성을 증가시킬 수 있는 가장 쉬운 방법은 그 길이를 증가시키는 것입니다. 일본을 대표하는 규도(弓道)는 장궁의 한 종류로서 활의 길이만 2m에 가깝습니다. 그러나 활이 길어지면 탄성은 향상되지만, 전투 시 병사의 민첩성이 떨어지고 휴대나 이동도 불편해집니다. 따라서 활의 탄성은 높이면서도 길이를 줄일 수 있는 다른 방법이 필요합니다. 이를 위하여 우리의 선조들은 활의 길이보다는 재료와 제작방법에 관심을 두었습니다. 우리나라의 전통 활인 각궁(角弓)은 무소 뿔이 쓰여 이름에 뿔 각(角)이 들어가는데, 주재료로 대나무, 뽕나무, 참나무, 민어 부레, 쇠심(소의 힘줄) 등이 사용됩니다. 다른 성질의 재료가 한 몸을 이루다 보니 각궁의 탄력성은 엄청납니다. 각궁은 길이가 90~120㎝ 정도로 작고 가볍지만, 화살을 가장 멀리까지 날리는 세계 최고의 활 중의 하나입니다.

활의 탄성을 증가시키고 싶은 인간의 욕심은 끝이 없었습니다. 그러나 활의 탄성을 무작정 크게 할 수만은 없었습니다. 왜냐하면, 결국 사람이 활을 당겨야 하는데, 탄성이 크면 그러지 못하기 때문입니다. 설사 당긴다고 하더라도 목표를 가늠하고 활시위를 놓을 때까지 어느 정도의 시간은 버텨줘야 하는데, 이게 여간 힘든 게 아닐 것입니다. 그래서 생각한 것이 바로 석궁(石弓, crossbow), 한자로 노(弩)라는 것을 만듭니다.

석궁은 기존의 활을 나무 또는 철재 대에 붙어 놓은 형태로 만들어졌습니다. 나무나 철재 대에는 화살의 방향을 정하기 위한 홈이 있고 활시위를 조정할 수 있는 방아쇠 장치가 장착되어 있습니다. 사용자는 손이나 도구로 활시위로 당겨 방아쇠 고리에 건 다음 화살을 장착합니다. 이후 방아쇠를 당기면 활시위가 화살을 밀게 되어 발사하는 방식입니다. 이러한 석궁은 활을 다리 사이에 끼우고 두 손이나 도르래와 같은 도구로 활시위를 당길 수 있으므로

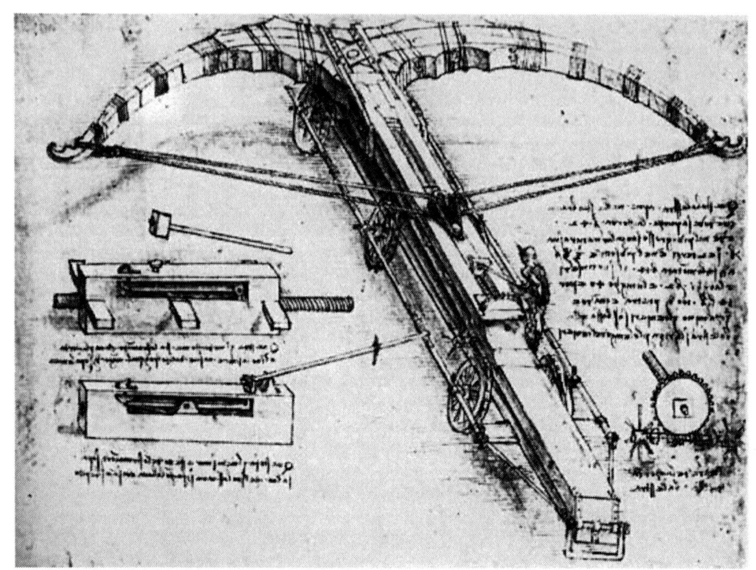
레오나르도 다빈치가 스케치한 석궁 (1500년). 레오나르도 다빈치는 뛰어난 작품을 남긴 화가로 유명하지만, 과학과 공학, 해부학 등에도 정통하였습니다.

기존의 활 대비 더 큰 탄성을 제어할 수 있었습니다. 그뿐만 아니라 활을 장전한 상태에서 장시간 대기 상태로 유지할 수 있었습니다. 같은 탄성력을 가진 활이라도 석궁 타입으로 만들면 적은 힘으로도 활을 자유자재로 사용할 수 있기 때문에 여성이나 어린이가 사용하기에 아주 좋았습니다. 또한, 그 위력이 아주 컸기 때문에 거의 모든 갑옷을 뚫을 수 있었습니다. 석궁은 종래의 활과 비교해 혁신적인 위력을 가지고 있었기 때문에 사용을 금한 교황도 있었습니다. 비록 석궁이 아주 우수한 활이라고 하지만 단점도 있었습니다. 활시위를 당기는 데 두 손이 필요했던 만큼, 재장전에 많은 시간이 소모되었으며 추가적인 부품들이 필요하였기 때문에 석궁의 무게가 무거워졌습니다. 그러나 그러한 단점을 극복할 만큼 그 위력은 대단하였기 때문에 중국과 유럽 지역에서 화승총이 개발되기 전까지 널리 사용되었습니다. 인간의 잔인함은 활의 탄성을 증가시키는 것과 같이 화살촉의 모양도 변화를 가지고 왔습니다. 초기 화살의 모양은 단순히 피부를 뚫고 들어가기 쉽도록 날카롭게만 제작되었으나, 나중에는 한 번 박히면 빼내기 어렵게 화살촉 모양으로 만들었습니다. 중국의 사극 영화를 보다 보면 장수들이 몸에 박힌 화살을 뽑기보다는 부러뜨리는 장면을 많이 보았을 것입니다. 화살촉 모양 때문에 화살을 몸에서 뽑을 때 생기는 고통과 출혈을 고려한다면 차라리 그대로 두는 게 낫다고 생각하기 때문에 그렇게 하는 것입니다. 전투가 끝난 후에 칼로 상처를 더 크게 절개한 뒤 화살촉을 뽑는 것이 여러모로 바람직한 방법입니다.

03

# 에너지와 힘

무기의 원리를 제대로 이해하기 위해서는 우선 에너지라는 개념을 이해하셔야 합니다. 여러분은 앞장에서 활과 화살에 대한 설명을 통해 에너지의 개념을 간접적으로 이해하실 수 있었습니다. 아직 감이 잘 안 온다면 마음의 눈을 뜨고 에너지에 대해서 자세히 살펴봐야 합니다. 에너지만 제대로 이해하셔도 이 책에 나오는 거의 모든 내용을 이해하실 수 있습니다.

에너지라는 단어는 실생활에서 수없이 많이 듣고 사용해 왔지만, 실제로 그 의미를 정확하게 알고 있는 사람은 그리 많지 않습니다. 왜냐하면, 에너지는 눈에 보이지 않고, 귀로 듣지도 못하고, 맛도 없기 때문입니다. 다만 수업시간이나 뉴스에서 많이 사용했던 단어이기 때문에 친숙하게 느껴지는 것입니다. 그러면 잠시나마 고등학교 물리 시간으로 돌아가서 에너지의 의미를 되새겨 보도록 합시다.

우리는 에너지가 '일을 할 수 있는 능력'이라고 배웠습니다. 그러나 물리나 공학에서 말하는 '일'과 사람들이 매일 회사에서 하는 '일'에는 차이가 있습니다. 예를 들어 무거운 물건이 있다고 가정합시다. 직장 상사가 부하 직원에게 그 물건을 한쪽 구석으로 옮기라고 지시를 내렸는데, 부하 직원은 물건이 너무 무거워서 옮기지 못하였습니다. 사회적 관점에서 볼 때 부하 직원은 분명 업무시간에 사장의 지시에 따라 일을 수행한 것으로 인정됩니다. 상식이 존재하는 회사라면 물건을 옮기지 못하였다고 해서 월급을 깎지 않을 것입니다. 그러나 물리학적 관점에서 볼 때 사원은 물건을 움직이지 못했기 때문에 아무런 일을 하지 않은 게 됩니다. 즉 아무 일도 없었다고 취급해 버립니다. 이처럼 '일할 수 있는 능력'이란 표현 자체가 약간 추상적이고 부정확할 수 있습니다. 그래서 누군가가 "일의 정확한 개념이 뭔데?"라고 물어보면 제대로 답하기 힘듭니다. 따라서 일을 먼저 정의하고 에너지를 정의하는 것보다는 에너지를 정의하고 일의 개념을 정립하는 게 쉽고 자연스럽습니다.

언제나 그랬듯이 과학자들은 눈에 보이는 물리적 현상을 이해하고 설명하는 과정에서 에너지의 존재를 알아내었습니다. 경험적으로 움직이는 물체, 즉 속도가 있는 물체는 나무를 부숴버릴 수 있습니다. 물체의 무게가 무겁고 속도가 빠를수록 더 두꺼운 나무를 부숴버릴 수 있습니다. 이처럼 질량과 속도를 가지는 물체는 어떠한 사건을 발생시킬 수 있는 능력이 있습니다. 과학자들은 이것을 운동에너지라고 정의하였고 실험을 통해 질량 $m$인 물체가 속도 $v$

로 움직이고 있다면

$$K = \frac{1}{2}mv^2$$

의 운동에너지를 가진다고 표현하였습니다. 이것은 움직이는 물체에 한해서 계산될 수 있습니다. 만약 사람이 물체를 들고 가만히 서 있으면 속도가 0이므로 운동에너지는 0이 됩니다. 즉 아무 일도 일어나지 않습니다. 그런데 물체를 놓으면 아래로 낙하하면서 속도가 생깁니다. 처음에는 존재하지 않았던 운동에너지가 생깁니다. 그럼 운동에너지는 도대체 어디서 온 것일까요? 과학자들은 이것을 밝히기 위해 또 실험하였습니다. 물체는 더 높은 곳에서 낙하할수록 땅에 떨어지는 속도가 증가하였습니다. 즉 운동에너지가 증가하였습니다. 과학자들은 높이와 관련된 뭔가가 운동에너지로 변환되어 나타났다고 생각하였고, 이것을 잠재 에너지(potential energy)라고 불렀습니다. 우리가 고등학교 때 '위치 에너지'라고 배운 내용입니다. 왜 '포텐셜potential'이 '위치'로 번역되었는지는 저도 잘 모르겠습니다. 질량 ㎎인 물체가 지면에서 높이 h인 지점에 있는 경우 잠재에너지 U는

$$U = mgh$$

로 표현됩니다. 이때 g는 중력가속도로서 약 9.81 ㎧$^2$의 값을 가집니다. 즉 잠재에너지는 눈에 보이지 않는 지구의 중력에 의해

서 생성되는 것으로서 높이가 높을수록 잠재에너지는 커지게 됩니다. 지구의 중력장 내에서의 상대적 위치 변화 때문에 에너지가 잠재되고, 물체가 중력장에서 자유로워지면, 운동에너지로 변환되어 나타나는 것입니다. 자석(자력)에 붙어있는 쇳조각(물체)을 살짝 떼었다가(상대적 위치를 변화시켜 잠재에너지를 증가) 놓으면 쇳조각이 다시 자석에 붙기 위해 속도를 가지는 것(운동에너지 증가)과 같다고 보시면 됩니다.

이러한 운동에너지와 잠재에너지를 합쳐서 역학적(力學的) 에너지라고 부릅니다. 역학적 에너지는 한자에서도 볼 수 있듯이 힘과 관련된 에너지를 다룹니다. 중력이 존재하는 지구에서 모든 물체는 잠재에너지를 가지고 있으며, 자유낙하 시 잠재에너지는 운동에너지로 형태가 바뀌어 나타납니다. 즉 중력장에서 자유낙하 하는 물체는 잠재에너지가 감소하는 만큼 운동에너지가 증가합니다. 따라서 운동에너지 K와 잠재에너지 U를 더한 역학적 에너지 E는 바뀌지 않고 일정하게 유지됩니다.

아이작 뉴턴. 17세기 과학혁명(Scientific Revolution)이라는 거대한 역사적 사건을 대표하는 상징적인 인물입니다.

$$K+U=E$$

만약 물체가 정지 상태에 있으면 v=0이므로 운동에너지 K=0이고, 잠재에너지 U만 존재합니다. 이와 반대로 물체가 자유낙하하여 지면에 도달하면 h=0이므로 잠재에너지 U=0이고, 운동에너지 K만 존재합니다. 위의 모든 상황에서 역학적 에너지 E는 일정하므로 자유낙하하는 물체가 지표면에 떨어질 때의 속도 $v=\sqrt{2gh}$가 됨을 쉽게 구할 수 있습니다. 물론 속도 v는 위의 방식뿐만 아니라 뉴턴Newton의 운동방정식을 풀어서 구할 수도 있습니다(가속도를 한 번 적분하면 속도를 구할 수 있고, 두 번 적분하면 거리를 구할 수 있습니다).

이처럼 운동에너지와 잠재에너지는 서로 변환될 수 있습니다. 그러나 역학적 에너지는 다른 에너지 형태로도 쉽게 변환될 수 있습니다. 그중 가장 쉬운 예가 열에너지입니다. 추운 날 손을 비비면 열이 발생하는 것과 같이 역학적 에너지는 열에너지로 변환될 수 있습니다. 영국의 과학자 줄Joule은 역학적 에너지가 열에너지로 바뀐다는 사실을 확인하기 위해 새로운 실험 장치를 만들었습니다. 보온이 잘되는 통 속에 물을 저을 수 있는 날개를 만듭니다. 그리고 통 속에 물을 붓고, 이 장치의 위쪽에 있는 축에 매단 추를 일정한 거리만큼 낙하시킵니다. 그러면 추가 떨어지면서 장치의 내부에 있는 날개를 회전시켜 물을 세차게 젓습니다. 이때 마찰에 의한 열이 발생하면서 물의 온도가 상승합니다. 온도계로 실험 전후의 물의 온도 변화를 측정하면 잠재에너지와 열에너지와의 상관관계를 알 수 있습니다. 또한, 에너지를 정량화하여 이야기할 수 있게 되었습니다. 현재 우리가 쓰는 에너지의 단위가 줄(J)인 것을 보면 줄의 실험이 얼마나 중요한 실험이었는지를 알 수 있습니다.

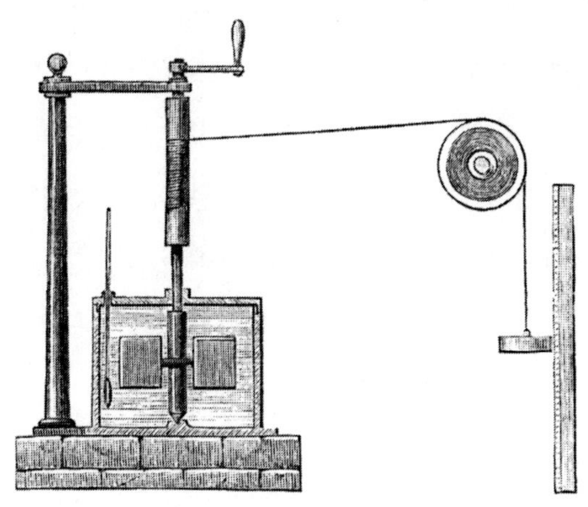

줄의 실험장치. 무게추가 가지고 있는 위치 에너지를 물의 온도 증가량을 통해 측정하였습니다.

줄의 실험에 의해서 수치화된 에너지는 여러 형태로 변환되어 다양한 사건들을 일으킬 수 있습니다. 원인이 있으면 결과가 있듯이 상호 간에 에너지를 주고받으면서 에너지량의 변화만큼 물리적·화학적 변화가 결과로 나타납니다. 그렇기 때문에 에너지를 사건을 일으킬 수 있는 능력, 즉 일할 수 있는 능력이라고 표현한 것입니다. 물리적·화학적 변화가 일어나는 것은 에너지의 출입이 있었다고 할 수 있습니다. 전구의 빛이 밝아지고 흐려지는 것, 방 온도가 올라가거나 내려가는 것, 소리가 커지거나 작아지는 것 모두가 에너지 변화와 관련이 있습니다.

에너지는 적절한 도구를 이용하면 더 쉽게 그 형태를 변환할 수 있습니다. 발전기(도구)를 사용하면 기계에너지가 전기에너지로 변환될 수 있고, 내연기관(도구)을 사용하면 화학에너지가 기계에너지로 변환될 수 있습니다. 당연히 그 반대도 가능합니다. 이때에도 에너지의 형태는 바뀔지언정 총량은 보존됩니다. 그러나 에너지 총량은 보존된다 하더라도 에너지가 전환될 때마다 일부 에너지가 쓸모없는 형태로 변환됩니다. 즉 소실되는 에너지까지 모두 고려할 경우 에너지 총량은 보존이 되나, 에너지가 변환될 때마다 모든 에너지량이 쓸모 있는 형태의 에너지로 전환되지는 않습니다. 이는 자연의 이치라서 인간이 아무리 노력해도 100% 변환은 불가능합니다. 다만 노력한다면 소실되는 에너지량을 감소시킬 수는 있습니다. 이때 에너지량 변환 전후의 비율을 효율(效率, efficiency)이라고 정의합니다. 산업혁명 이후 많은 연구자가 에너지 변환 기구의 효율 향상을 위해 헌신적인 노력을 해왔습니다. 하지만 자동차가 개발된 지 100년이 지났어도 디젤 연료가 가지고 있는 에너지가 엔진을 통해 운동에너지로 변환되는 효율은 최대 50% 수준에 머물고 있습니다. 디젤 연료의 나머지 50% 에너지는 열의 형태로 그냥 바깥으로 버려지는 것입니다. 그만큼 효율을 증가시키는 것은 어려운 문제입니다.

재미있게도 전쟁은 에너지 효율과는 약간 거리를 두고 있습니다. 효율보다는 출력이 우선 고려대상입니다. 같은 디젤 엔진이라도 승용차용 엔진은 높은 효율(연비)을 가지도록 설계되지만, 전차용 엔진은 효율보다는 출력이 좋도록 설계됩니다. 적군을 압도하기 위해서는 더 무거운 전차를 더 빠르게 움직여야 하기 때문입니다. 그뿐만 아니라 무기로서 화약이 가지는 에너지를 탄의 운동에너지로 변환시키는 '총'과 '포' 역시, 에너지 변환 효율이 아주 낮습니다. 또한, 같은 핵에너지를 사용하지만, 핵폭탄은 핵발전소보다 출력은 높지만, 에너지 변환 효율은 낮습니다. 일단 전쟁이 발발하면 무조건 이겨야 하므로 비효율적이라도 많은 에너지를 한꺼번에 쏟아부어(군사용어로는 화력이라고도 합니다) 상대방을 굴복시켜야 합니다.

에너지 효율과 함께 반드시 고려해야 하는 것이 에너지 사용의 편리함입니다. 특히 사회가 발전할수록 편리함이 아주 중요해집니다. 편리함은 지극히 인간 중심적 사고의 결과물입니다. 그래서 사람들은 지구상에서 얻을 수 있는 모든 형태의 에너지를 일단 전기에너지로 변환하여 사용하는 것을 좋아합니다. 전기에너지는 다른 형태의 에너지와 비교하여 운반, 저장, 사용이 편리합니다. 즉 유연한 전선을 사용하여 지형과 관계없이 에너지를 쉽게 운반할 수 있고, 필요하면 전지를 사용하여 장시간 동안 저장도 가능합니다. 적절한 장치를 이용하여 빛, 소리, 열 등으로도 쉽게 변환할 수 있습니다. 심지어 전기는 깨끗하고 무선으로도 전달할 수 있습니다. 덕분에 사회는(에너지 관점에서 볼 때) 점차 석유 중심사회에서 전기 중심사회로 변화하고 있고, 앞으로 더욱 가속화될 것입니다. 주위를 둘러보십시오. 지난 100년 동안 석유와 내연기관(엔진)의 독보적인 영역이었던 선박, 열차, 자동차, 항공기까지 모두 전기와 모터로 대체되고 있습니다. 우리나라의 해양 경비정인 '태평양 9호', 초고속 열차인 'KTX와 산천', 테슬라Tesla의 '모델 S', 태양광 항공기인 '솔라 임펄스Solar Impulse' 등이 모두 전기에너지로만 운용되고 있습니다. 심지어 최신 무기로 생각되는 레이저laser 및 레일건railgun도 엄청난 양의 전기에너지를 사용하는 최첨단 무기입니다.

그러나 안타깝게도 전기에너지는 손쉽게 얻을 수 있는 존재가 아닙니다. 전기에너지는 자연 상태로 존재하지 않으므로, 지구의 다른 에너지로부터 전기에너지로 변환하여 얻어야 합니다. 그러면 지구의 에너지는 애초에 어떻게 생겨났는지 생각해 봅시다. 과거와는 달리 현대 인간들은 풍요로운 삶을 위하여 엄청나게 많은 에너지를 사용합니다. 음식을 먹고 자동차나 항공기도 타고, 텔레비전도 봅니다. 에너지는 변환한다고 했으니까 우리가 현재 사용하고 있는 에너지들을 역추적하면 그 원천을 찾을 수 있을 것입니다. 예를 들어 인간이 먹는 음식의 에너지 원천은 결국 식물이나 동물에 포함된 탄수화물, 단백질, 지방 등일 것입니다. 달리는 자동차가 가지는 에너지의 원천은 석유이고, 가정이나 기업에서 사용하는 전기에너지 원천은 석탄, 석유, 우라늄일 것입니다. 보통 석탄과 석유는 동물이나 식물이 죽은 다음 아주 오랜 시간 동안 땅속에 묻혀 생성된 것이니까 그것의 원천도 식물이나 동물이라고 할 수 있습니다. 또한, 육식동물은 초식동물을 먹고, 초식동물은 식물을 먹으니까 결국 또다시 식물이 원천에너지라고 할 수 있습니다. 그러면 식물의 원천에너지는 무엇일까요? 아시다시피 식물은 태양의 빛으로부터 광합성을 통해 에너지를 획득합니다. 결국, 태양에서 지구로 쏘아주는 빛에너지가 가장 원천적인 에너지라고 할 수 있습니다. 태양은 과거부터 현재까지 엄청난 에너지를 지구에 주고 있으며, 앞으로도 줄 것입니다.

그러면 핵에너지의 원천은 무엇일까요? 우리는 주로 우라늄을 사용하여 핵에너지를 얻습니다. 우라늄은 식물의 광합성을 통해 생성되지 않으므로 태양과는 관계가 없습니다. 우라늄은 원자 번호가 238번으로 아주 무거운 물질입니다. 현재 인간은 핵융합 기술을 통해 작은 원자들을 모아 큰 원자로 만들 수 있는 기술을 가지고 있습니다. 미래의 발전소라고 여겨지는 핵융합로에서는 수소를 핵융합하여 헬륨을 만들 수 있습니다. 이와 비슷하게 헬륨도 핵융합하여 더 큰 원자를 만들 수 있습니다. 이렇게 가벼운 원자를 융합시켜 더 무거운 원자를 만들다 보면 우라늄까지 만들 수 있습니다. 그러나 이것이 실제 현상으로 나타나기 위해서는 상상하지도 못할 만큼의 높은 압력과 온도가 필요합니다. 현재 인간이 가지고 있는 기술은 수소를 이용하여 헬륨을 만드는 정도이며, 그 이상은 현재 인간의 기술력으로는 도저히 만들 수 없는 한계 영역에 속합니다. 만약 수소로부터 우라늄을 만들고 싶다면 '누군가는' 엄청나게 높은 온도와 높은 압력의 환경을 만들어 줘야 합니다. 여기서 '누군가'는 도대체 무엇이기에 지구에 우라늄을 선물해 줬을까요? 하늘에 떠 있는 태양, 수십만 년 전에 살았던 공룡, 화산 폭발 등이 그 '누군가'의 후보로 생각될 수는 있지만, 물리적으로 생각해 볼 때 정답은 아닌 듯합니다. 논리적 정답을 찾기 위한 우리의 생각이 꼬리를 물고가다 보면 우주의 탄생으로 이어집니다.

빅뱅big bang이론에 따르면 우주는 약 150억 년 전에 대폭발 덕분에 탄생했다고 합니다. 천문학자들은 오랜 관측을 통해 먼 곳에 있는 은하가 우리 은하계에서 멀어져 가고 있다고 생각합니다. 이러한 사실은 우주가 폭발 이후 계속 팽창하고 있다는 중요한 근거가 됩니다. 전체 우주를 두고 생각해보면 예나 지금이나 전체 질량은 같을 것입니다. 다만 그 질량이 차지하고 있는 부피가 다를 뿐입니다. 즉 태초의 우주는 엄청나게 밀도도 크고 무지막지하게 뜨거운 작은 점이었다고 예측할 수 있습니다. 폭발 직후 찰나의 우주 온도는 약$10^{27}$℃ 정도로 추정됩니다. 이후 우주의 나이가 1초~3분 정도 되었을 때 우주의 온도는 100억~1억℃ 정도까지 낮아진 상태로, 양성자 간의 결합 작용, 즉 수소 핵융합 반응이 일어납니다. 그 결과로 전 우주에서 다량의 헬륨이 생성되었습니다. 이후 우주에 존재하던 원소들인 수소와 헬륨이 매우 많이 밀집된 곳에서 태양 질량의 수백 배에 이르는 무거운 별들이 탄생합니다. 이 무거운 별들은 100만 년 정도의 짧은 수명이 지난 후 초신성 폭발과 비슷한 큰 폭발로 최후를 맞으며 자신이 핵융합을 통해 생성한 무거운 원소들을 우주로 방출합니다. 우리가 사는 지구도 그때 생성된 물질들로 구성되어 있습니다. 따라서 우라늄은 우주가 탄생하는 과정에서 생성되었으므로, 신들에 의해서 만들어졌다고 봐야 할 것입니다. 지구가 현재 같은 상태를 그대로 유지하고 있다면 지구상에 존재하는 우라늄양은 정확하게 한정되어 있을 것입니다. 그러나 핵발전소에서는 계속해서 우라늄을 핵분열시켜 더 낮은 에너지 준위의 원자들을 만들고 있으니, 우라늄도 석유처럼 고갈되어 버릴 수 있습니다.

현대사회를 지탱하는 에너지원은 누가 뭐라고 해도 석유와 우라늄일 것입니다. 석유는 몇십 억 년 동안 지구가 태양으로부터 받은 에너지를 축적해 놓은 것이고, 우라늄은 우주가 탄생하면서 생성된 것이라고 말하였습니다. 계속 말씀드리지만 두 물질은 신께서 우리에게 주신 가장 진귀한 선물이라 생각합니다. 그만큼 두 에너지원의 가치는 어마어마한 것입니다. 특히 석유는 인류 역사상 가히 최고의 에너지원이라고 평가됩니다. 물론 핵에너지가 훨씬 많은 양의 에너지를 제공할 수 있지만, 방사능 유출 등과 같은 안전성 문제를 고려한다면 인간에게 그렇게 좋은 것만은 아닙니다. 1950년 우크라이나 체르노빌Chernobyl과 2011년 일본 후쿠시마 핵발전소 사태 등을 보면 그 위험성을 실감할 수 있을 것입니다. 그러나 석유는 그 자체가 많은 양의 에너지를 가지고 있으면서도 보관 및 이동이 쉽고 핵에너지보다도 안전합니다. 그뿐만 아니라 석유는 다양한 형태의 에너지로 변환이 아주 쉽습니다. 석유를 엔진에 넣으면 기계에너지로 변환이 되고, 난로에 넣으면 열에너지로 변환이 됩니다. 놀라운 사실은 이러한 에너지 변환이 단 몇 초 만에 가능하다는 점입니다.

폐허로 변한 체르노빌 핵발전소의 모습(2011년). 아직까지 핵발전소 근처에는 아무도 살지 않고 있습니다. <사진출처 : Bkv7601>

석유가 가지고 있는 에너지의 양이 얼마나 큰지를 조금 더 현실적으로 느껴보도록 합시다. 현재 우리가 사용하고 있는 2차 전지 중에서 제일 성능이 우수한 것은 리튬이온전지입니다. 따라서 고성능의 노트북이나 스마트폰에는 리튬 이온전지가 많이 사용되고 있습니다. 그러나 리튬이온 전지가 저장할 수 있는 에너지는 같은 무게의 가솔린에 비해 1% 정도밖에 되지 않습니다. 단지 리튬이온 전지가 가지고 있는 에너지는 전기형태로 사용하기 쉽고 가솔린은 어렵기 때문에 리튬이온전지를 사용하고 있는 것일 뿐입니다. 전기자동차는 1900년에 에디슨Edison이나 포르쉐Porsche 박사 등에 의해 시제품이 이미 개발이 완료되었으나 아직도 대중적으로 사용되지는 않습니다. 사람들은 왜 아직까지 전기 자동차를 타고 다니지 않는 것일까요? 혹자는 전지 가격이 비싸고 충전하는 데 시간이 오래 걸리기 때문에 성질 급한 사람들은 기존 자동차를 대체하기에는 무리가 있다고 말합니다. 음모론자들은 석유회사가 자기의 이윤을 유지하려는 꿍꿍이가 있어서 그렇다고 합니다. 그러나 에너지 저장이라는 측면에서 생각해보면 전기자동차를 타지 않는 것은 당연합니다. 현존하는 2차 전지는 가솔린에 비하여 많은 에너지를 저장할 수가 없습니다. 비록 엔진의 에너지 변환효율이 낮다고 하지만 워낙 가솔린이 가지고 있는 에너지가 크기 때문에 전기자동차보다는 훨씬 멀리 다닐 수 있습니다.

그럼 같은 무게의 가솔린과 탄체의 경우 어느 쪽이 에너지가 많을까요? 소총에서 탄체가 발사되면 속도가 대략 1,000㎧ 정도 됩니다. 이것을 운동에너지로 계산하여 비교해보면 가솔린은 탄의 720배에 해당하는 에너지를 가집니다. 탄은 화약이 폭발할 때의 힘으로 추진되는데, 이런 종류의 화약은 가솔린의 1/15 정도밖에 에너지를 내지 못합니다. 게다가 이런 추진 방식으로는 효율이 낮아 모든 에너지를 탄에 전달하지 못하며 대부분은 팽창하는 가스의 열로 손실됩니다. 탄에 있는 화약의 에너지 자체가 같은 무게의 가솔린보다 작으니까, 화약의 폭발력으로 날아가는 탄이 가지는 운동에너지 역시 가솔린보다 적다는 것은 쉽게 예측할 수 있습니다. 이런 이유로 가솔린은 여전히 테러리스트들이 손쉽게 사용할 수 있는 강력한 구식 무기의 주재료입니다. 2001년 9월 11일에 항공기 테러로 무너진 미국의 세계무역센터를 기억하실 것입니다. 빌

항공기 충돌 방식의 테러 공격(9.11 테러)으로 무너져 버린 미국 월드트레이드센터. 항공유의 엄청난 에너지가 건물 붕괴의 주요 원인이었습니다.

딩을 파괴한 엄청난 에너지의 원인은 아주 단순한 것이었습니다. 바로 미국을 횡단하기 위해 싣고 있던 60여 t의 항공연료였습니다. 이 사건에서 중요한 과학적 사실은 바로 1t의 항공연료(혹은 가솔린)가 공기 중에서 연소할 때 TNT 15t의 에너지를 낸다는 것이었습니다. 각 항공기에 실린 60t의 연료는 TNT 900t에 해당합니다. 즉 두 대의 항공기에 실려 있던 것은 TNT 1800t의 에너지인 셈이었습니다. 이 외에도 1, 2차 세계대전 동안 쓰인 화염방사기는 사실 불타는 가솔린을 분사하는 것이었고, 베트남전에서 악명을 떨쳤던 네이팜 폭탄도 기본 연료는 가솔린이었습니다.

이러한 사실이 놀라울 수도 있겠지만, 잘 생각해 보면 당연한 것임을 알 수 있습니다. TNT가 가솔린보다 위력적이다라고 느끼는 것은 에너지를 많이 가지고 있어서가 아니라, 순간적으로 매우 빠르게 에너지를 방출할 수 있기 때문입니다. 보통 우리는 이러한 개념을 '출력'이라고 표현합니다. TNT는 가솔린과는 다르게 공기와 결합할 필요가 없기 때문에 훨씬 강하고 빠른 폭발이 가능합니다.

결국 우리가 앞으로 공부할 대부분의 무기체계는 최대한 많은 에너지를 저장하였다가 적기 적소에 빠른 속도로 모든 에너지를 방출하는 데 초점이 맞춰져 있다고 할 수 있습니다. 그렇지만 역사적으로 볼 때 전쟁에서 사용하는 에너지량은 엄청납니다. 지구의 처지에서 보면 자기가 평생을 모아온 에너지를 가지고 자신을 망가트리는 행위를 하는 인간들이 아주 미울 것 같습니다. 만약 전쟁에 사용할 에너지를 지구를 가꾸는 데 사용한다면 인류는 보다 오랫동안 지구와 함께 살아갈 수 있을 것입니다. 결국, 인간의 이기심이 소중한 에너지를 덧없이 날려버리고 지구를 파괴하는 데 사용하고 있는 것입니다. 미래의 후손들을 생각한다면 현재를 살아가는 인간은 태양이 주는 만큼의 에너지만 사용해야 합니다.

이러한 사실을 잘 알면서도 인간들은 하루에도 엄청난 양의 에너지를 사용하고 있습니다. 만약 몇십 년 후 지구에서 석유와 우라늄이 완전히 고갈된다면 우리가 선택할 수 있는 에너지 후보는 별로 없습니다. 그때쯤 되면 지구에서 얻을 수 있는 에너지라고는 태양밖에 없을 겁니다.

태양으로 전기를 변환하는 방법 중에 가장 쉬운 것이 태양전지 이니, 에너지 확보를 위해 지구의 대부분 육지는 태양전지로 뒤덮여야 할 것입니다[3]. 지구의 단면적은 정해져 있으니 지구가 태양으로부터 하루 동안 얻을 수 있는 에너지는 한정되어 있습니다. 만약 태양에서 오는 에너지를 A라고 가정합시다. 그리고 지구의 면적 중 육지의 비율을 B, 육지 중에서 태양전지를 설치할 수 있는 비율을 C, 1년 중 날씨가 맑은 날의 비율을 D, 태양전지가 태양에너지를 전기에너지로 변환시키는 효율을 E라고 한다면, 지구에서 태양으로부터 생산할 수 있는 총 에너지는 A×B×C×D×E가 될 겁입니다. 이때 50억의 인구가 하루 동안 사용하는 에너지가 F라고 하면, 과연 A×B×C×D×E와 F 중에는 어느 쪽이 클까요? 만약 전자가 크다면 에너지는 남는 것이고, 후자가 크다면 에너지가 모자라게 됩니다.

결국, 다른 방법으로 에너지를 충당하거나 개인당 에너지 사용량을 줄여야 합니다. 가까운 미래에는 지구로 들어오는 태양 에너지 총량을 인구수만큼 나눠 개인마다 사용할 수 있는 최대 에너지량을 제한할 수도 있습니다. 아니면 A, B, C, D, E 중 하나라도 비율을 높이도록 노력해야 합니다. 모든 과학자는 위의 문제에 대해서 진지하게 고민할 필요가 있습니다. SF(science fiction) 영화에서 지구의 미래라고 그려지는 사회들은 하나같이 많은 에너지를 소비하는 모습입니다. 그런 사회가 되려면 적어도 지구에서 생산되는

3) 우리나라를 포함한 유럽, 미국 등에서는 이미 많은 땅에 태양전지가 설치되어 있습니다.

에너지가 지금보다는 훨씬 많아야 할 것입니다. 아니면 지구 밖 행성에서 엄청난 에너지를 함유한 물질을 찾아 우주선에 싣고 와야 합니다. 2009년 개봉한 제임스 캐머런James Cameron 감독의 영화 '아바타Avatar'에서는 지구의 에너지 고갈 문제를 해결하기 위해 머나먼 행성 판도라Pandora에서 대체에너지를 채굴하는 장면이 나옵니다. 만약 우리 다음 세대가 SF 영화에서 나오는 미래 사회를 조금이라도 맛보게 해주려면 지금부터라도 에너지 절약을 실천해야 할 것입니다. 전쟁을 하더라도 인간들끼리 맨몸으로 치고받고 싸워야지 지구의 에너지까지 써가면서 싸우는 것은 자제해야 합니다. 이런 의미에서 전쟁은 정말 의미 없는 행위라고 생각할 수밖에 없습니다.

우리는 '에너지'와 함께 '힘'의 개념도 알 필요가 있습니다. 힘은 정지하고 있는 물체를 움직이고, 움직이고 있는 물체의 속도나 운동 방향을 바꾸거나 물체의 형태를 변형시키는 작용을 하는 물리량으로 크기와 방향을 갖습니다. 힘을 발휘하려면 에너지가 필요합니다. 고등학교 물리책에서는 물체를 힘 F로 거리 s만큼 이동시키려면 F×s만큼의 에너지가 필요하다고 정의하고 있습니다. 뉴턴은 질량(m)과 가속도(a)의 곱이 힘(F)과 같다는 것을 알아내었습니다. 만약 가속도가 지구의 중력가속도(g)와 같다고 생각한다면 지구에 존재하는 모든 물체는 F=m×g만큼의 힘은 받고 있습니다. 따라서 물체를 지구 중심의 반대 방향으로 h만큼 들어 올리기 위해서는 F×s만큼의 에너지, 즉 m×g×h만큼의 에너지가 필요합니다(이동한 거리 s는 h와 같습니다). 이 식은 앞서 언급한 잠재에너지 $U = mgh$와 같다는 것을 알 수 있습니다.

지구상에는 중력을 포함해 4가지 힘이 존재합니다. 이러한 힘들은 자연을 지배하는 중요한 법칙들로 과학자들에 의해 오랫동안 정립되어 있습니다. 과학자들이 사고와 실험을 통해 이 힘들을 하나씩 규명할 때마다 인류의 역사도 커다란 변화를 겪어왔습니다. 첫 번째로 알아야 할 힘은 중력으로서 이미 앞에서 언급한 바 있습니다. 뉴턴은 질량을 가지는 물체가 힘을 받았을 때의 운동 변화를 역학을 이용하여 완벽하게 설명하였습니다. 18세기 중엽 증기기관으로 촉발된 산업혁명은 뉴턴의 법칙에서 시작되었으며, 인간의 삶을 통째로 바꿔놓을 만하였습니다.

두 번째 힘은 현재의 인간 삶에 가장 중요하게 자리 잡고 있는 전자기력입니다. 전자기력은 각종 전자기기를 작동시켜 주고, 전등을 밝혀 인간의 활동시간을 밤까지 확장해 주었습니다. 패러데이Faraday와 맥스웰Maxwell 등의 천재 과학자들에 의해 정립된 전기력과 자기력은 전등→유선통신→무선통신→컴퓨터→스마트 기기와 네트워크→인공지능과 빅데이터Big Data 등으로 그 영역을 확장하며 인간의 삶에 엄청난 영향력을 끼치고 있습니다. 만약 지금 전기가 사라진다면 우리 사회는 당장 100년 전으로 되돌아갈 것이며, 인간은 급속도로 공황상태에 빠질 것입니다. 2013년 미국 폭스 채널에서 방영된 드라마 '레볼루션Revolution'을 보면 이러한 묘한 상황이 잘 표현되어 있습니다. 이 드라마에서는 전기를 잃어버린 인류가 19세기 초 수준의 문명으로 몰락된 사회에서 살아가는 과정을 보여줍니다. 여러분도 시간 나실 때 꼭 한번 보시길 바랍니다.

세 번째와 네 번째 힘은 원자핵 규모에서 작용하는 약력weak force와 강력strong force입니다. 플랑크Planck, 보어Bohr, 아인슈타인, 하이젠베르크Heisenberg, 드브로이de Broglie, 슈뢰딩거Schrödinger 등의 근대 물리학자들에 의해 조금씩 밝혀진 이 힘들은 인류가 핵분열과 핵융합 반응을 일으킬 수 있도록 만들어 주었습니다. 또한, 이 힘들을 이용하는 무기들은 인류가 두려워할 정도로 파괴력이 강력해졌습니다. 우주에는 아직 밝혀지지 않은 힘이 존재할 수도 있습니다. 누군가가 그 힘을 발견할 수만 있다면 지금보다는 훨씬 강력한 무기를 손에 넣을 수 있을 것입니다. 그게 여러분일 수도 있습니다.

04

# 폭발

전쟁은 인류의 역사와 같이하였습니다. 가족과 친구 간에도 크고 작은 싸움을 하는데, 하물며 서로 다른 이념과 종교를 가지는 인간들이 지구라는 한정된 공간에서 살아가는데 어찌 전쟁이 없을 수가 있겠습니까? 대부분의 국가 지도자들은 어차피 전쟁을 피할 수 없다면 반드시 전쟁에서 이겨야 한다고 생각합니다. 역사는 우리에게 전쟁에서 패배하면 어떠한 결과들이 나타나는지를 너무나도 잘 보여주고 있습니다. 따라서 전쟁에서 반드시 이기기 위해 상대방보다 더 강력한 무기를 가져야 합니다. 강력한 무기는 '한방'으로 모든 것을 파괴할 수 있기 때문에 실제 전투에서 승리를 보장할 뿐만 아니라 존재 자체만으로도 상대방에게 두려움을 안겨줍니다. 활과 화살은 전쟁에서 중요한 무기였지만 '한방'까지는 아니었습니다. 그러나 중국에서 화약이 발명되면서 인간은 생체에너지의 한계를 벗어나, 화약이라는 엄청난 에너지를 다룰 수 있게 되었습니다. 화약은 폭발 반응 때문에 화학에너지가 운동에너지로 변환될 수 있습니다. 폭발은 지금까지 인간의 힘에 의존했던 무기체계에서 벗어나 훨씬 강력한 무기를 탄생시킴으로써 전투의 새로운 시대를 열어주었습니다. 즉 그토록 갈망하던 '한방'의 무기가 나타나게 된 것입니다.

폭발에도 여러 종류가 있습니다. 일단 가장 기초적인 폭발에 대해 생각해 봅시다. 요즘의 버스들은 정부 시책에 따라 환경개선을 위하여 디젤보다는 천연가스를 연료로 사용합니다. 이것을 보통 CNG(compressed natural gas) 버스라고 하는데, 천연가스를 고압으로 압축한 탱크를 달고 다니는 버스를 가리킵니다. 분명 CNG 버스는 기존 디젤 버스보다 친환경적이지만, 고압의 탱크를 지니고 달리기 때문에 폭발 위험성을 가지고 있습니다. 압축기체가 저장된 탱크가 폭발하면 강력한 파괴력을 가질 수 있습니다. 2010년 8월에는 서울에서 운행 중인 버스가 하부에 장착된 CNG 탱크의 폭발로 버스 안에 타고 있는 승객들이 상처를 입는 사건도 있었습니다.

그러나 CNG 탱크가 폭발하는 것은 화약이 폭발하는 것과 완전히 다릅니다. 비록 두 경우 모두 폭발이라는 단어는 같이 사용하고 있지만, 그 과정은 분명한 차이가 있습니다. 기체를 과도하게 고압으로 저장하다 보면 탱크가 압력을 견디지 못하고 파괴되는데, 그 순간 내부에 저장된 고압의 기체가 외부로 배출하면서 폭발하게 됩니다. 기체가 고압으로 저장되었다는 것은 그만큼 많은 에너지를 한곳에 집중시켜 모아둔 것으로 생각하시면 됩니다. 입으로 풍선을 불다가 어느 순간 터지는 것과 똑같은 현상입니다. 이런 폭발에는 화학반응이 존재하지 않습니다.

이에 반해 화약 폭발은 연료와 산화제의 화학반응에 의해서 일어나며 반응속도가 아주 빠릅니다. 또한, 발열반응이므로 폭발 후 온도가 상승하며 급격한 기체팽창 때문에 굉음과 파괴력이 발생합니다. 따라서 화약 폭발은 탱크 폭발과는 비교가 안 될 정도로 강력한 에너지를 발산합니다. 어찌 보면 탱크 폭발이든 화약 폭발이든 에너지가 순식간에 방출되는 것은 같습니다. 그러나 화학 반응 현상이 존재한다는 게 가장 큰 차이입니다. 우리가 뉴스의 사건 사고로 자주 접하는 탱크 폭발은 단순히 저장된 압력에 의해 탱크의 구조물이 견디지 못하고 폭발하는 것이 주요 원인입니다.

탱크 폭발을 가장 흔히 볼 수 있는 곳이 바로 액션 영화입니다. 좀 잘나간다는 액션 배우라면 영화에서 한 번씩은 탱크 폭발을 일으켜줘야 합니다. 실베스터 스탤론Sylvester Stallone 같은 초강력 액션 배우들은 자신이 처한 위험 상황을 극복하기 위하여 고의로 고압 탱크에 총을 쏘아 폭탄만큼이나 강력한 폭발을 일으킵니다.

그러나 단순 탱크 폭발은 그 정도로 강력하지는 않습니다. 할리우드Hollywood의 액션 영화 속에서나 존재하는 것입니다. 폭발 원리를 조금이라도 알고 있는 감독이라면 좀 더 개연성 있게 영화를 제작해야 합니다. 즉, 주인공은 밀폐 공간에 가스를 틀어 공기와 적절히 혼합시킨 후, 그 위치에 총을 갈겨야 합니다. 그것이 단순한 탱크 폭발보다는 더욱 강력한 폭발을 끌어낼 수 있기 때문입니다.

지금까지 설명해 드린 폭발(탱크 폭발 및 화약 폭발)에 비교해 핵폭발은 전혀 다른 과학적 원리에 의해 발생합니다. 폭발이 질적으로 다릅니다. 간단히 말하자면 화약에 의한 폭발은 화학 반응에 의한 에너지, 즉 원자의 바깥쪽 궤도를 돌고 있는 전자레벨에서 일어나는 반응으로 전자를 잃거나 얻으면서 생기는 에너지에 의해 일어납니다. 이에 비교해 핵폭발은 핵분열 반응에 의한 에너지, 즉 원자의 안쪽인 원자핵 레벨에서 일어나는 반응으로 생성되는 에너지가 근원입니다. 이는 다른 폭발 현상보다 드나드는 에너지의 양부터가 크고 반응 속도 역시 빠릅니다. 그런 만큼 핵폭발의 위력은 상상을 초월할 정도로 강력합니다. 핵폭탄에 대해서는 나중에 자세히 알아보기로 하고, 지금은 일반적인 폭발 현상에 대해서만 살펴보도록 합시다.

독일 오파우(Oppau)에 위치한 BASF 비료공장의 폭발 후 모습(1921년). 잡지에 실린 사진이지만 무너진 공장의 모습을 확인할 수 있습니다.

일본에 떨어진 핵폭탄을 제외하고, 역사 이래 최대의 폭발사고는 1921년 9월 21일에 발생한 독일 BASF 비료 공장의 대폭발이었습니다. 사망자는 500~600명, 부상자는 2,000명에 달했고, 반경 4㎞에 이르는 지역이 완전 싹쓸이되듯이 전부 날아가 버린 폭발사고였습니다. 이 사건은 우리가 비료로 흔하게 사용하고 있는 질산암모늄에 의한 폭발이 원인이었습니다. 원래 질산암모늄 비료는 불 속에 던져도 폭발하지 않는 안전한 재료입니다. 그 당시 독일의 공장에서는 생산된 질산암모늄 비료를 대형 창고에 쌓아 두고 있었습니다. 설탕 포대를 장시간 쌓아 두면 내부의 설탕 입자들이 서로 뭉쳐 단단해지듯이, 생산된 질산 비료 역시 시간이 지남에 따라 점차 단단하게 굳어졌습니다. 따라서 공장의 창고에서는 굳어진 질산 비료를 다이너마이트로 터뜨려서 가루로 만든 후, 작은 포대에 담는 일을 하고 있었습니다. 작업자들이 며칠 동안 2만 번 넘게 다이너마이트를 터뜨렸지만 아무 일도 발생하지 않았습니다. 그런데 그렇게 무사하게 진행되던 작업 중에 갑자기 모든 비료가 한꺼번에 폭발하는 사고가 생겼습니다. 2만 번 이상 아무 일도 없다가 왜 그때 폭발 사고가 났는지는 아직도 밝혀지지 않고 있습니다. 어쨌든 비료공장의 대폭발은 수많은 사람의 목숨을 한순간에 빼앗아 가버렸습니다.

비료 폭발과 같이 '폭발'이라는 물리적 현상은 정말 순식간에 일어납니다. 너무 빠르기 때문에 폭발의 순간을 정확히 볼 수 있는 사람은 아무도 없을 겁니다. 보통 인간 눈의 식별 능력은 0.05초

정도입니다. 즉 아무리 눈을 부릅뜨고 쳐다보고 있다 하더라도 0.05초 이내에 일어난 일은 제대로 인지할 수 없습니다. 영화 필름 film이 1초당 24프레임frame으로 구성된 것과 똑같은 원리입니다[4]. 한편 폭발의 속도는 1,000~8,000m/s 정도 됩니다. 2,000㎧라고 생각해도 1㎜를 달리는 데 0.0005초밖에 걸리지 않습니다. 이런 속도라면 폭발에 의한 파편은 인간의 눈으로는 도저히 식별할 수 없습니다. 그래서 폭발 환경에 노출되는 군인, 연구자, 노동자들은 자신을 보호할 수 있는 장비를 갖춰야 합니다. 특히 군인들은 전장에서 빠른 속도로 날아다니는 탄이나 파편을 식별할 수 없으므로 반드시 방탄복을 입어야 합니다. 그러나 방탄복은 고가이므로 미국 같은 선진국에서나 모든 병사에게 제공하고 있습니다. 우리나라는 아직 후방지역의 말단 병사까지 방탄복을 지급하고 있지는 않습니다. 우리나라 병사들은 방탄복이 없기 때문에 2,000㎧ 속도로 날아다니는 파편을 보고 피할 수 있는 능력을 길러야 할지도 모르겠습니다.

다시 폭발의 속도 이야기를 해봅시다. 우리는 폭발의 전파속도(傳播速度)가 매질 내의 음속보다 빨라 강한 충격파를 발생하는 경우를 폭굉(爆轟)이라고 하고, 음속보다 느릴 때는 연소(燃燒)라고 합

4) 프레임이란 영화 필름 한 장을 말하는데, 보통 영화 필름이 노출을 위해 카메라 조리개 앞에 순간적으로 멈출 때 한 프레임의 이미지가 필름에 기록됩니다. 이처럼 한 장의 사진과 같은 프레임은 1/24초, 약 0.042초 정도 눈앞에 있다가 다음 프레임으로 넘어가게 됩니다. 인간은 그걸 구분해서 볼 수 없기 때문에 영화의 장면이 연속적으로 흘러가는 거라고 생각하는 겁니다.

니다. 현재에는 일반적으로 폭발을 폭굉의 뜻으로 사용하는 일이 많습니다. 보통 연소하는 속도는 물질에 따라 차이가 있지만 대략 초당 몇 ㎝에서 몇십 m 정도입니다. 종이 태울 때를 생각해 보시면 연소의 속도가 어느 정도인지 아실 겁니다. 그러나 액션 영화에서 보면 연소의 속도가 엄청나게 빠르게 표현되곤 합니다. 그것은 영화의 재미를 극대화하기 위하여 과장하여 촬영해서 그런 것이지 실제 연소속도가 그렇게 빠른 것은 절대 아닙니다. 예를 들어 1990년에 개봉한 영화 '다이하드Die Hard 2'를 보면 주인공인 브루스 윌리스Bruce Willis가 이륙하는 항공기 날개에 매달려 주유 뚜껑을 연 다음, 외부로 새어 나오는 항공유에 불을 붙이는 장면이 나옵니다. 불꽃은 흘러내리는 항공유를 빠르게 타고 올라가 결국 이륙하려는 항공기를 폭발시킵니다. 과거 TV 예능프로에서는 이를 검증하는 실험도 수행하였는데, 현실에서는 절대로 있어날 수 없는 일입니다. 앞서 말씀드렸듯이 폭발이 아니고서는 연소만으로는 초당 몇 ㎝의 속도를 가질 수밖에 없습니다. 실제 실험을 보면 항공유를 따라 불꽃이 번져가며 연소하는 속도는 인간이 걷는 속도보다도 훨씬 느립니다. 더군다나 항공유는 라이터로 쉽게 불이 붙어지지도 않는 연료이기도 합니다. '다이하드 2'의 마지막 장면은 완전히 '뻥'인 것입니다.

어찌 보면 폭발과 연소가 모두 비슷한 현상으로 느껴집니다. 하지만 폭발(폭굉)의 속도는 연소보다 무척 빠릅니다. 왜 폭발은 연소보다 화학반응 속도가 빠른 것일까요? 두 현상 모두 연료와 산소의 화학반응에 의해 발생한다는 점은 같지만, 열 발생 속도와 열 손실 속도에서 차이가 있습니다. 연소가 발열반응이라 할지라도 열 발생 속도에 비해 열손실 속도가 빠르면 열이 계속 축적되지 않습니다. 이때는 혼합가스가 조용히 연소하고 폭발하지는 않습니다. 그러나 열 발생 속도가 열손실 속도보다 크게 되면 열이 계속 축적되어 온도가 급격히 상승하게 됩니다. 고온일수록 반응속도가 빨라지기 때문에 화학반응에 의한 반응열이 더 빠른 속도로 방출됩니다. 이후 혼합기체의 온도는 점점 증가하다가 폭발적인 반응으로 이어지게 됩니다. 즉 적절히 혼합된 연료와 공기는 화학반응의 속도가 가속될 수 있으며 폭발 현상으로 이어질 수 있습니다. 더욱 빠른 이해를 돕기 위해 예를 들어 보도록 합시다. 주방에서 흔히 사용하는 가스 레인지gas range는 조용하게 불꽃으로만 연소하지 폭발은 하지 않습니다. 그 이유는 기체연료(=도시가스)가 화구에서 나와 공기와 혼합된 후 연소하기 때문입니다. 그러나 가스레인지를 처음 사용할 때는 상황이 조금 달라질 수 있습니다. 가스레인지의 레버를 누르면서(일반적으로 레버를 누르는 동안 기체연료가 대기 중으로 분출됩니다) 시계방향으로 끝까지 돌리면 '딱' 하는 소리와 함께 전기 스파크가 튀어 기체연료에 불이 붙습니다. 만약 이 동작을 2~3번 연속 시도했음에도 불구하고 점화가 실패하게 되면, 많은 양의 기체연료가 대기로 분출될 뿐만 아니라 기체연료가 공기와 적절히 혼합될 수 있는 시간을 제공합니다. 이 직후 점화 스파크가 튀면 '팍' 하는 소리와 함께 약한 폭발이 일어납니다[5]. 즉 같은 가스레인지라 할지라도 조건에 따라 화학반응 속도가 빨라져 연소에서 폭발로 이어질 수 있습니다.

| 종류 | 폭발하한계 (공기 중 %) | 폭발상한계 (공기 중 %) | 자발화 온도 (°C) |
|---|---|---|---|
| 암모니아 | 15 | 28 | 651 |
| 부탄 | 1.6 | 8.4 | 420~500 |
| 일산화탄소 | 12 | 75 | 609 |
| 디젤 | 0.6 | 7.5 | 210 |
| 가솔린 | 1.4 | 7.6 | 246~280 |
| 수소 | 4 | 75 | 500~571 |
| 천연가스(메탄) | 4.4 ~ 5 | 15 ~ 17 | 580 |
| 프로판 | 2.1 | 9.5 ~ 10.1 | 480 |

연료의 종류에 따른 폭발하한계와 폭발상한계

위의 말들을 정리해보면 폭발이 일어나기 위해서는 연료와 공기의 혼합비율이 중요하다는 것을 알 수 있습니다. 반대로 연료와 공기의 혼합비율이 맞지 않으면 절대로 폭발이 일어나지 않습니다. 즉, 연료와 공기의 비율에 있어 연료가 너무 농후하거나 희박하면 아무리 노력해도 폭발이 일어나지 않습니다. 이것을 폭발한계라고 합니다. 폭발한계는 끓는점이나 녹는점과는 달리 물질의 본질적인 특성에 관련된 상수는 아닙니다. 예를 들어 수소의 끓는점(-252.8

5) 요즘에는 워낙 성능이 좋아져서 이런 현상을 볼 수 없지만, 과거에는 자주 볼 수 있었습니다.

℃)은 수소 분자의 고유 특성으로서 누가 언제 어디에서 측정해도 항상 똑같습니다. 그러나 수소의 폭발한계는 끓는점과 같이 물질의 고유한 특성은 아닙니다. 수소와 공기가 폭발 가능한 비율로 혼합되어 있다 하더라도 공간의 형태나 크기에 따라 때로는 폭발하지 않을 수도 있습니다.

폭발한계에는 폭발상한계(연료비율이 너무 높은 경우)와 폭발하한계(연료비율이 너무 낮은 경우)가 있으며, 연료마다 그 값들이 다릅니다. 연료와 공기가 폭발하한계와 폭발상한계 사이의 비율로 혼합되어 있으면 폭발로 이어질 수 있으므로 항상 조심해야 합니다. 하지만 연료와 공기의 비율이 폭발상한계와 폭발하한계 사이에 존재한다고 해서 스스로 폭발로 이어지지는 않습니다. 혼합기체가 폭발반응을 일으키기 위해서는 특정 온도까지 가열해 줘야 합니다. 연료가 공기 중에서 가열될 때 발화 혹은 폭발을 일으키는 최저온도를 발화점(ignition temperature)이라고 합니다. 가스레인지의 전기 스파크나 라이터의 부싯돌 불꽃이 혼합기체를 발화점 이상의 온도까지 가열시켜 주기 때문에 연소가 시작될 수 있습니다. 일단 점화원 주변 국소영역에서 시작된 연소반응은 연소열이 주위로 전달되면서 전체 영역으로 퍼집니다.

지금까지 폭발이 일어나기 위한 조건들에 대해서 살펴보았습니다. 이제는 폭발 현상을 조금 더 미시적인 관점에서 살펴보도록 합시다. 화학반응이라는 것은 확률의 개념으로 접근하는 것이 더욱 논리적입니다. 손바닥도 마주쳐야 소리가 나듯이 분자들도 서로 충돌해야지만 화학반응이 일어납니다. 연소도 일종의 화학반응으로 분자와 분자가 서로 충돌해야 합니다. 정확히 말하면 연료 분자와 산소분자가 충돌해야 합니다. 그러나 충돌한다고 해서 무조건 반응이 일어나는 것은 아닙니다. 연소의 경우에는 분자들이 충돌한다 하더라도 연소반응으로 이어지는 경우는 얼마 되지 않습니다. 대략 수천 회의 충돌 중 1회 정도의 수준입니다. 왜 그럴까요? 사람들을 예로 들어 생각해 봅시다. 사람들이 서로 부딪친다고 해서 항상 사건·사고가 일어나는 것은 아닙니다. 서로의 옷깃만 스쳐갈 경우에는 그냥 모르고 지나쳐 버릴 수도 있습니다. 또 서로 정확히 부딪쳤다고 하더라도 둘 중 한 명이라도 화를 내지 않으면 사건이 일어나지 않습니다. 즉 두 명이 정확히 부딪쳐야 하고, 둘 다 모두 화가 나면 사건·사고가 일어나는 것입니다. 분자들도 마찬가지입니다. 반응이 일어나기 위해서는 분자들이 만날 수 있도록 서로에게 날아오는 방향이 어느 정도 맞아야 하고, 그다음엔 활성화 에너지 이상의 에너지를 가진 분자들이 충돌해야 합니다. 여기서 활성화 에너지란 분자들이 반응이 일으키는 데 필요한 최소한의 에너지 언덕으로서, 언덕을 넘어야지만 반응이 일어납니다. 연소는 연료와 산소가 혼합되는 영역에서만 제한적으로 분자들이 충돌하여 반응이 일어나므로 그다지 격렬하지 않습니다. 이에 반해 폭발은 연료 분자 바로 옆에 산소 분자를 배치해 놓고 반응을 일으키기 때문에 분자가 부딪칠 수 있는 확률이 높을 뿐만 아니라 내부에 축적되는 열로 기체 온도도 높아지기 때문에 분자들이 더 빠른 속도로 움직일 수 있습니다. 분자의 온도가 높고 속도가 빠르다는 것은 에너지가 커서 활성화 에너지 언덕을 쉽게 넘을 수 있게 된다는 것을 의미합니다. 따라서 폭발은 거의 모든 분자가 한꺼번에 충돌하여 반응하므로 연소보다 훨씬 격렬하게 일어납니다.

05

# 폭약과 추진제

화약은 중국의 3대 발명품 중 하나로 꼽힐 만큼 아주 중요한 발견이었습니다. 일반적으로 화약은 고체 또는 액체 상태의 폭발성 물질로서, 일부분에 충격이나 열이 가해지면 순간적으로 전체가 기체 상태로 변하면서 동시에 다량의 열이 발생합니다. 이때 기체의 팽창력에 의해서 유효한 일을 하게 됩니다. 화약류를 물질로 구분할 때는 반응속도에 따라 추진제와 폭약으로 나눌 수 있습니다. 추진제는 폭약보다 상대적으로 반응속도가 느리며, 반응 시 생성되는 고온의 기체로 물체를 추진시킬 수 있습니다. 이에 반해 폭약은 주로 파괴적인 목적으로는 사용합니다. 곡사포는 추진제와 폭약을 동시에 사용하는 무기체계 중 역사가 가장 오래되었고 위력 또한 강력합니다. 곡사포의 작동원리는 간단합니다. 포병은 폭약 덩어리인 고폭탄(high explosives)을 포 안에 집어넣은 후 추진제를 삽입합니다. 격발하게 되면 추진제에 의해 고온·고압의 기체가 발생하고, 고폭탄은 추진력을 얻어 수십 ㎞를 날아가게 됩니다. 포물선으로 날아간 고폭탄은 땅에 떨어지면서 신관에 의해 폭약이 폭발(폭굉)하고 광범위한 면적을 쑥대밭으로 만들어 버립니다.

과거에 사용한 화약은 흑색화약(black powder)으로서 황, 숯과 초석(硝石)이라 불리는 질산칼륨의 혼합물로 구성되어 있습니다. 여기서 질산칼륨($KNO_3$)의 질산기($NO_3$)는 반응 시 산소를 공급하는 역할을 하고, 숯은 연소 반응이 일어날 수 있도록 탄소를 공급합니다. 황은 낮은 온도에서도 발화가 될 수 있도록 하며, 발화 후에는 반응속도를 증가시켜 줍니다. 흑색화약은 근대에 와서 니트로글리세린nitroglycerine($C_3H_5(NO_3)_3$)에게 화약의 대명사 자리를 물려줍니다. 니트로글리세린은 흑색화약보다 더 강력한 폭발을 일으킵니다. 여기서 글리세린은 단맛이 나고 끈끈한 액체인데, 화장품의 원료로 많이 사용됩니다. 원래 글리세린은 아주 안전하고 폭발도 하지 않지만, 이것을 진한 초산과 반응시키면 니트로글리세린으로 변화됩니다. 니트로글리세린은 바닥에 흘려진 것을 구두로 밟기만 해도 폭발해 버리는 불안정한 화합물입니다. 비록 니트로글리세린은 1847년 이탈리아의 소브레로Sobrero에 의해 발견되었지만, '미친 기름'으로 불리면서 실용화되지는 못했습니다. 노벨Novel은 이런 문제에 주목해서 불안정한 상태의 니트로글리세린을 안정하게 만드는 연구를 수행하였습니다. 연구 도중에 동생이 폭발사고로 죽는 불운을 겪었지만, 그 뜻을 굽히지 않았습니다. 마침내 그는 '미친 기름'을 규조토에 스며들게 하면 안전하다는 것을 발견했습니다. 더욱이 노벨은 니트로글리세린을 니트로셀룰로오스nitrocellulose와 반죽하면 안전하면서도 강력한 폭발력을 낼 수 있다는 것을 발견합니다. 이것이 바로 다이너마이트dynamite입니다. 그때까지만 하더라도 광산 같은 곳에서는 흑색화약을 사용해서 채굴하였습니다. 그러나 다이너마이트는 흑색화약보다 몇 배나 성능이 뛰어났기 때문에 전 세계로 날개 돋친 듯 팔려 나갔고, 노벨은 막대한 재산을 모을 수 있었습니다.

질산암모늄 분말. 농업에 꼭 필요한 비료의 주재료이기도 하지만 폭탄이 될 수 있는 묘한 물질입니다.

니트로글리세린은 우리가 흔하게 접할 수 있는 재료가 아닙니다. 이에 반해 사람들이 흔히 사용하는 재료 중에서도 폭발물이 될 수 있는 것이 있습니다. 그것은 바로 앞에서 설명해 드렸던 질산 비료입니다. 질산 비료의 주재료는 질산암모늄($NH_4NO_3$)입니다. 질산암모늄은 농업에 꼭 필요한 비료이기도 하지만 사람을 해치는 폭탄이 될 수도 있는 묘한 물질입니다. 1995년 미국 오클라호마Oklahoma에서는 연방 청사 건물이 반 이상 부서져 내릴 정도의 강력한 폭발물 테러로 인해 168명이 목숨을 잃었습니다. 이 테러에 사용된 물질이 바로 질산암모늄이었습니다. 질산암모늄은 평소에는 위험하지 않지만. 가연성 물질을 섞으면 폭발물로 변할 수 있습니다. 테러범들은 질산암모늄 2.5t에 디젤유를 섞어 소위 '비료 폭탄'을 만든 뒤 터트렸습니다. 같은 양이면 다이너마이트의 40~50% 정도의 위력을 가집니다. 질산암모늄은 구하기 쉬운 데다가 파괴력도 커서 지난 2002년 발리 테러에서 사용되었고, 아랍의 테러리스트들이 DIY(do it yourself)로 만드는 무기들에도 활용됩니다. 또한, 2011년 노르웨이 시골의 농장에서 살았던 브레이빅Breivik은 다량의 질산 비료를 사들여 폭탄을 제조한 후, 오슬로의 정부청사 앞에서 테러를 감행하기도 하였습니다.

질산암모늄은 독일의 화학자 하버Harber에 의해 개발된 공중질소고정법(空中窒素固定, fixation of atmospheric nitrogen)을 사용하여 공기와 전기만으로도 엄청나게 많은 양을 얻을 수 있습니다. 그리고 민감제(sensitizer)를 첨가하기 전에는 매우 안정되어 있기 때문에 대량으로 생산, 보관, 수송이 쉽습니다. 더군다나 비료로 사용되어 항상 수요와 생산이 존재하기 때문에 추적하기도 어렵습니다. 실제로 국내 화학업체들의 생산량 1위 제품은 질산암모늄이기도 합니다. 이런 이유로 테러에 자주 등장하고 있는 것입니다. 테러범들은 질산암모늄의 폭발 가능성을 높이기 위하여 황, 활성탄, 염화물, 유류 등의 민감제를 혼합하여 사용합니다. 단순히 민감제로 유류와 혼합하는 경우엔 ANFO(ammonium nitrate and fuel oil)라고 하고 알루미늄 분말을 넣어 폭발속도를 극대화한 것을 아스트롤라이트Astrolite라고 합니다. 이론적으로는 폭발속도가 8,500m/s 이상으로 굉장히 빨라야 하지만 분말들이 균질하게 섞이지 않고 서로 뭉쳐져 있기 때문에(즉 반응면적이 감소하기 때문에) 실제 폭발속도는 그렇게 빠르지 않습니다. 또한, 질산암모늄의 농도를 낮춰 폭발을 일으키지 못하도록 황산암모늄, 탄산칼슘, 인산염 등의 물질과 섞어 사용하도록 법으로 규정하고 있습니다.

그러면 실제로 어떠한 화학반응에 의해서 질산암모늄이 폭발하는지 알아봅시다. 화학에 자신이 없으신 분은 그냥 지나가셔도 상관없습니다. 실제 질산암모늄의 분해반응은 높은 온도에서 일어나며, 온도 단계별로 다른 분해반응이 일어납니다. 질산암모늄은 낮은 온도에서도 약간 분해될 수 있지만, 약 169℃에서 용융되어 다음과 같은 흡열반응이 일어납니다.

$$NH_4NO_3 \rightarrow HNO_3 + NH_3,\ \Delta H = 175kJ/mol(41.8kcal/mol)$$

고등학교 화학 시간 때 배웠던 것처럼 흡열반응은 주위로부터 열을 받아 반응하므로 폭발 현상과는 거리가 멉니다. 그러나 온도가 더 올라가서 200~230℃ 영역이 되면 다음과 같이 발열반응이 일어납니다. 그러나 이 반응 역시 제어를 통하여 반응을 유도할 수 있기 때문에 폭발반응은 아닙니다(발열량 [ΔH]이 크지 않습니다).

$$NH_4NO_3 \rightarrow N_2O + 2H_2O,\ \Delta H = -37kJ/mol(-8.8kcal/mol)$$

온도를 더 올려 230℃가 넘으면 다음과 같은 강한 발열반응과 함께 $N_2$와 $NO_2$로 분해가 시작됩니다.

$$4NH_4NO_3 \rightarrow 3N_2 + 2NO_2 + 8H_2O,\ \Delta H = -102kJ/mol(-24.4kcal/mol)$$

이제 슬슬 폭발 분위기가 조성되는 것 같지 않습니까? 온도를 더 올리면 최종적인 분해반응이 폭발적으로 일어나며, 동시에 대량의 열이 발생합니다.

$$2NH_4NO_3 \rightarrow 2N_2 + 4H_2O + O_2,\ \Delta H = -118.5kJ/mol(-28.3kcal/mol)$$

따라서 질산암모늄의 폭발은 주변 온도가 상승함에 따라 여러 단계별 분해과정을 거쳐 발생하는 현상으로 이해할 수 있습니다.

| 구분 | | | 종류 |
|---|---|---|---|
| 화약 | 폭약 | 화학적 순수 화합물 | Nitroglycerin |
| | | | Acetone peroxide |
| | | | TNT |
| | | | Nitrocellulose |
| | | | RDX, PETN, HMX, C4 |
| | | 연료 및 산화제 혼합물 | Gelatine |
| | | | Flash powder |
| | | | Ammonal |
| | | | Armstrong's mixture |
| | | | ANFO |
| | | | Cheddites |
| | | | Oxyliquits |
| | 추진제 | 총포류 | 단기추진제, 복기추진제, 삼기추진제, 흑색화약 |
| | | 로켓류 | 복기추진제, 복합추진제, 액체연료 및 산화제 등 |

화약의 구분 및 종류. 화약은 반응속도에 따라 폭약과 추진제로 구분할 수 있습니다.

그러므로 질산암모늄 폭발은 의도적인 폭발물 형태로 제조된 경우가 아니면 상당한 예열시간이 필요합니다. 질산암모늄은 공기 중에서는 안정한 편이지만, 온도가 높거나 밀폐 용기 속에 들어있을 때, 혹은 가연성 물질과 함께 있을 때는 폭발의 위험이 있기 때문에 주의해야 합니다. 특히 두 번째, 세 번째 분해반응으로 발생하는 아산화질소(nitrous oxide)와 산소는 주위에 있는 연료(유류나 알루미늄 분발)의 폭발적인 연소반응을 위한 산화제로 사용될 수 있습니다.

니트로글리세린이나 질산암모늄 이외에도 엄청난 종류의 화약들이 존재하며, 상황에 따라 선택하여 사용합니다. 지금까지 화약 중 폭약에 대해서 살펴보았으니, 추진제에 대해서도 알아보도록 합시다. 폭약과 추진제는 다른 점이 별로 없습니다. 차이점은 반응속도 혹은 연소속도에 있습니다. 폭약은 연소속도가 빠를수록 좋지만, 추진제는 꼭 그런 것만은 아닙니다. 물체를 가속하는 것이 주목적인 추진제는 적당한 연소속도를 가져야 합니다. 즉 폭약은 순간적으로 많은 에너지를 방출하여 뭔가를 때려 부숴야 하지만, 추진제는 폭약보다는 상대적으로 오랜 시간 동안 연소하면서 에너지를 방출해야 합니다. 과거부터 널리 사용해 왔던 흑색화약도 추진제에 가깝다고 보시면 됩니다. 추진제의 연소속도는 딱히 정해진 것은 없으며 설계자의 의도대로 제어할 수 있습니다. 우리는 먼저 총포에 사용되는 추진제에 대해 살펴보도록 합시다.

소총, 곡사포, 전차포는 탄체와 포탄 등을 가속하기 위하여 단기추진제(single base), 복기추진제(double base), 삼기추진제(triple base)를 사용하고 있습니다. 여기서 단기추진제는 권총이나 소총, 30㎜ 구경 이하의 기관포용 추진제로 널리 사용됩니다. 면화약으로 널리 알려진 니트로셀룰로오스 하나만 가지고 제조되므로 단기추진제라고 합니다. 복기추진제는 니트로셀룰로오스와 니트로글리세린의 2가지 화약을 합쳐서 만들었기에 복기추진제로 불립니다. 복기추진제는 매우 강력한 에너지 방출 능력을 가지므로 포구속도 1,000m/s 이상의 전차포탄을 위한 추진제로 널리 사용됩니다. 삼기추진제는 니트로셀룰로오스와 니트로글리세린에 니트로구아니딘nitroguanidine을 포함한 3가지의 화약을 합쳐서 만들었기에 삼기추진제로 호칭됩니다. 삼기추진제는 지나치게 폭발속도가 강한 복기추진제 위력을 낮추기 위하여 더욱 안정적인 화약인 니트로구아니딘을 섞습니다. 따라서 단기추진제와 복기추진제 중간 수준의 위력을 갖습니다. 덕분에 950m/s 정도의 포구 속도와 높은 에너지밀도가 필요한 곡사포용 추진제로 널리 사용됩니다. 이 이외에도 로켓이나 유도탄 추진용으로 사용되는 복합추진제나 액체연료 추진제 등이 있습니다. 대부분의 군용 유도탄들은 거의 고체 추진제를 사용한다고 생각하시면 됩니다. 간혹 대륙간 탄도 유도탄과 같이 장거리 비행이 필요할 경우에는 액체연료 추진제를 사용하기도 합니다.

현재 군에서 사용하고 있는 대부분의 화약은 정상적인 상태에서 항상 안전하도록 개발되어 있습니다. 그렇기 때문에 군인들이 편안하게 화약류를 다룰 수 있는 것입니다. 그러나 아무리 안전하게 개발된 화약이라고 하더라도 본의 아니게 고온 환경에 장시간 노출되거나 외부로부터 강한 충격을 받게 되면 폭발할 수도 있습니다. 예를 들어 적군이 쏜 포탄이나 차량의 화재 등에 의해 차량 내부에 보관하고 있던 폭약이나 추진제가 연쇄 폭발하는 경우도 있습니다. 기록에 따르면 추진제의 폭발이나 차량의 화재로 인한 인명 및 장비의 피해가 전투에서 적의 포탄 공격으로 발생하는 피해보다 크다고 합니다. 이런 이유로 연구자들은 화약류의 수송이나 저장 중 화약에 가해질 수 있는 각종 위협요소(열, 화재, 충격)로부터 폭발사고를 피할 수 있도록 둔감 탄약(insensitive munition)을 개발하여 적용하고 있습니다. 둔감화약은 말 그대로 외부의 자극에 둔감한 화약을 말하며, 불가피하게 각종 위협요소에 노출되는 경우 폭발 대신 연소가 일어나므로 인적·물적 피해가 최소화됩니다.

여기까지 읽고 이해하셨다면 화약에 대한 기본 지식은 어느 정도 갖추어졌다고 생각됩니다. 우리가 앞으로 이 책에서 다룰 대부분의 화약은 오늘 언급된 범위 안에 포함되어 있습니다. 이제 우리에게 남은 것은 '화약들을 활용하여 어떻게 하면 멋진 무기를 만들 수 있을까?'에 대한 대답입니다. 화약만 있다고 해서 무기가 되는 것은 아닙니다. 연구자들은 강력한 화약을 사용하여 아군에게는 피해가 없으면서도 적군에게는 엄청난 피해를 안겨줄 수 있는 무기들을 연구합니다. 앞으로 우리는 아주 논리적이고 합리적인 사고를 통해 과학으로 똘똘 뭉친 엄청난 무기들에 대해 조금씩 알아가도록 합시다.

역사적으로 화학무기(독가스)의 대명사는 염소가스입니다. 염소가스를 무기로 처음 사용한 것은 1차 세계대전이었습니다. 벨기에의 이프로[Ypres] 전투에서 독일이 상대국인 프랑스와 알제리군에게 염소가스 공격을 감행하여 엄청난 피해를 줬습니다. 재미있게도 염소가스를 개발한 사람은 공기 중의 질소와 수로부터 암모니아 합성에 성공한 독일의 화학자 프리츠 하버[Fritz Harber]입니다. 하버가 이 방법을 찾아낸 뒤에 사람들은 합성된 암모니아를 화학 비료의 원료로 사용함으로써 식량 위기를 극복할 수도 있었습니다. 덕분에 하버는 노벨상도 받았습니다. 하지만 그는 제1차 세계대전 동안 염소가스를 개발하고 무기화하는 데 선구적인 역할을 하였습니다. 그의 아내는 남편이 독가스를 만든 것에 엄청난 심리적 고통을 겪다가 자살을 선택하였습니다. 염소가스는 공기보다 무겁기 때문에 공기 중에 살포하면 참호나 터널을 채워버려 군인들은 꼼짝없이 죽어버립니다. 독일군은 5,730개의 염소가스 실린더를 설치하고 약 180t의 염소가스를 방출하여 연합군 5,000여 명을 죽였고, 1만여 명의 부상자를 만들었습니다.

06

# 탄약과 화기

인류가 만든 전쟁의 도구인 활과 화살은 화약의 발견으로 원거리 무기의 최강자 자리를 물려주게 됩니다. 아무리 활이 우수한 도구라고 하더라도 화승총이나 대포에 비교하면 그 위력이 '새 발의 피'였기 때문입니다. 가만히 생각해보면 화승총은 활과 비슷한 역할을 하는 것 같고, 화승총에서 발사되는 탄체는 화살과 같은 역할을 하는 것 같습니다. 이런 개념에서 보면 화승총이란 것이 화살과 별반 다른 게 없는 것 같습니다. 그러나 누구나 알듯이 화승총은 활보다 위력이 강합니다. 왜 그런 걸까요? 그렇습니다. 제가 지겹도록 말씀드렸던 화약의 사용 유무입니다. 활은 단순히 인간의 에너지를 효율적으로 이용한 도구라고 생각하면 되고, 화승총은 인간의 에너지보다는 화약의 에너지를 사용하는 도구라고 생각하시면 됩니다. 화약이 가지고 있는 에너지는 인간이 가지고 있는 에너지보다는 훨씬 작지만, 순간적으로 낼 수 있는 에너지,

즉 출력 면에서는 아주 큽니다. 즉, 화승총이란 인간이 적을 제압하기 위하여 자신이 가지는 에너지 방출의 한계를 뛰어넘어 훨씬 강력한 에너지 방출로 적을 제압하기 시작한 최초의 휴대용 무기입니다. 덕분에 5살 꼬마 아이도 총만 다룰 줄 알면 덩치 큰 호랑이를 한 번에 잡을 수 있게 되었습니다.

조총을 사용하는 일본 병사들

2004년 방영된 드라마 '불멸의 이순신'을 보면 조선을 침입했던 일본군들이 화승총의 일종인 조총(鳥銃)을 이용하여 우리나라 수군과 싸우는 장면들이 나옵니다. 조선군이 사용했던 화살에 비교해서 일본군의 조총은 정확한 원거리 공격이 가능하여 우세한 전력을 확보할 수 있었습니다. 드라마를 유심히 보셨다면 조총을 쏘기 위해서는 흑색화약을 총구 안으로 부어 넣고 꾹꾹 다진 다음 탄체를 넣어 적을 향해 격발해야 하는 장면이 기억나실 겁니다. 이러한 방식은 숙련된 사수라 할지라도 흑색화약을 넣을 때부터 탄체를 발사할 때까지 20초 남짓 걸릴 정도로 상당히 길었습니다. 지휘관 측면에서 보면 조총의 위력은 대단하였으나 장전 속도 면에서는 정말로 답답한 물건이 아닐 수 없습니다. 조선의 수군들도 이러한 약점을 알았기 때문에 일본군이 재장전할 때 반격하는 전략을 사용하였고, 다행스럽게 그 전투방법이 어느 정도는 먹혔습니다. 아마 요즘 신세대 군인들보고 이런 조총을 들고 전쟁터에 나가라고 한다면 싸우기도 전에 분통이 먼저 터질 것입니다. 마치 아주 느린 컴퓨터를 사용할 때 버퍼링을 보고 있는 기분과 같을 겁니다.

탄약의 일반적인 의미는 전투에 사용하는 총기나 포탄류, 폭탄류, 지뢰, 기뢰, 폭뢰 및 발사 화약, 기폭약, 점화 화약, 신관, 화생방 물질을 충전한 장치 등의 일체를 말합니다. 모두 다른 모양을 가졌지만 선택된 표적을 파괴한다는 점에서 같은 목적을 가지고 있으므로, 이를 총칭하는 단어로 탄약이라는 용어를 사용합니다. 위에서 설명한 일본군 조총용 탄체와 흑색화약도 탄약체계의 일부분이라고 볼 수 있습니다. 그러나 조총용 탄약체계는 아주 원시적이었습니다. 조총용 탄약체계는 탄체, 추진제(흑색화약), 추진제 점화장치가 분리되어 있으므로 사격하는 데 장시간이 소요될 수밖에 없었습니다. 연구자들은 이러한 발사 방식의 한계를 뛰어넘기 위해 많은 시행착오를 거쳐 새로운 탄약을 발명합니다. 마침내 연구자들은 탄체, 추진제, 점화장치가 일체형으로 제작된 현대적인 개념의 탄약을 개발하면서 일대 혁명이 일어납니다. 이 덕분에 사격하는 데 필요한 번잡한 행동들이 모두 사라져 재사격까지의 시간이 단축될 수 있었습니다. 이때부터 총기는 상대방에게 더욱 위력적인 존재로 인식되기 시작합니다.

총기에서 탄체가 발사되는 과정은 다음과 같습니다. 총기 안에는 날카로운 쇠망치('공이[firing fin]'라고 합니다)가 있는데, 방아쇠를 당기면 공이가 탄약의 점화용 화약을 때립니다. 점화용 화약은 충격을 받아 작은 폭발을 일으키고 탄피 안에 있는 추진제에 불을 붙여 줍니다. 다량의 추진제는 연소하면서 급격히 압력을 상승시키고 탄체를 빠른 속도로 총구 밖으로 밀어냅니다. 이때 탄체 속도가 2,500~3,500㎞/h 정도이므로 화살의 속도(180~290㎞/h)와 비교해 보면 엄청나게 빠르다는 것을 알 수 있습니다. 에너지는 속도의 제곱에 비례하니까 탄체가 갖는 에너지는 화살이 가지는 에너지보다 크며, 탄체 한 발이면 지구상의 모든 동물을 가뿐히 쓰러트릴 수 있습니다. 새나 잡던 '조총'은 탄피라는 개념이 도입되면서 지구상에서 가장 획기적인 무기로 등극하게 됩니다. 결국, 화살은 더는 총의 상대가 될 수 없게 되었습니다.

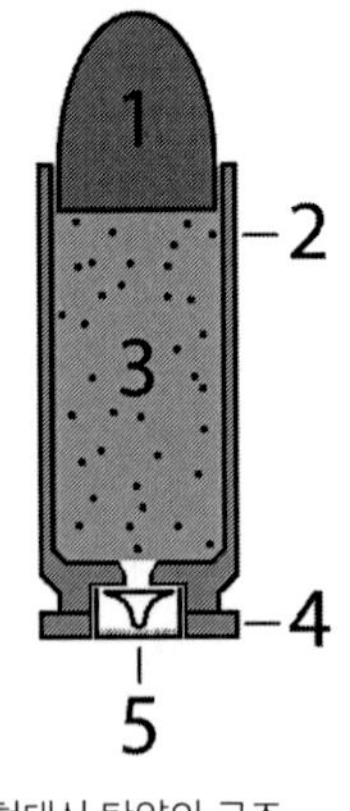


1. 탄체: 총을 쏘면 실제로 날아가는 부분.
2. 탄피: 추진제를 보호하는 케이스이며, 상단부에 탄체가 부착되어 있음.
3. 추진제: 탄체를 가속할 수 있는 화약.
4. 림: 총기가 탄약을 장전하거나 공이로 내려칠 때 케이스를 잡아주기 위한 구조물
5. 뇌관: 총기의 공기가 뇌관을 때리면 충격때문에 폭발함. 이 폭발로 추진제가 연소하기 시작함.

현대식 탄약의 구조

이런 현대식 탄약의 초창기 형태를 볼 수 있는 곳이 바로 미국 서부 개척 영화입니다. 여러분은 카우보이들이 양 옆의 허리춤에 차고 있던 멋진 리볼버revolver 권총이 기억나실 겁니다. 리볼버는 리볼링 건revolving gun의 줄인 말로서 탄약 챔버로 구성된 몸체가 회전하면서 탄약이 격발되는 구조로 되어 있습니다. 보통 한 번에 6발의 탄약을 장전할 수 있으며 아주 빠른 속도로 연사할 수 있다는 장점이 있었습니다. 다만 6발을 모두 쏘고 나면 몸체를 옆으로 제쳐 탄피를 털어 제거한 후, 다시 탄약을 챔버에 넣어야 하는 불편함이 있습니다. 이를 극복하기 위하여 최근에 사용되는 탄약은 서부 개척시대 때와는 달리 격발할 때마다 탄피를 총기 밖으로 배출되도록 설계되어 있습니다.

군대를 다녀온 남자들에게 탄피 이야기를 하면 괴로웠던 사격장이 생각날 것입니다. 탄피는 총기 사용의 효율성을 높여준 물건이었지만, 대한민국 남자에게는 괴로움과 고생을 주었습니다. 제가 군대에 있을 때는 사격 훈련 시 받은 탄약의 수량과 사격 후 회수된 탄피 수량이 정확하게 일치하지 않으면 내무반으로 돌아가지 못했습니다. 왜냐하면, 탄약에는 반드시 탄피가 존재하기 때문에 탄피가 없어졌다는 것은 탄약이 없어졌다는 것을 의미하기 때문입니다. 군에서 탄약 분실은 총기사고로 이어질 가능성이 농후하므로 관리자들은 그 수량을 아주 철저하게 관리합니다. 많은 군인은 실제 전쟁 시 쓰레기밖에 안 되는 탄피를 회수하느라 많은 고생을 하였습니다. 최근에는 소총에 탄피 회수 주머니를 부착하고 사격

연습을 하는 것 같습니다. 지휘관의 탄피 관리에는 도움이 될 수는 있겠지만, 실전과 같은 사격 훈련에는 전혀 도움이 되지 않습니다. 우리나라도 하루빨리 탄피 회수 따위보다는 실질적 사격 연습에 집중하는 날이 왔으면 좋겠습니다.

탄피가 주는 또 다른 고통은 '뜨거움'입니다. 군인들이 소총을 쏠 때마다 탄피가 옆으로 튀어나오는 것을 볼 수 있습니다. 이것은 추진제를 담고 있는 탄피가 자기 역할을 마친 후 총기 밖으로 버려지는 과정입니다. 탄피는 추진제의 연소현장에 있었던 물건인 만큼 굉장히 뜨겁습니다. 대부분의 군인이 오른손잡이이므로 탄피는 총기의 오른쪽으로 배출되도록 설계합니다. 그런데도 사격하는 동안 동료의 총기에서 배출된 탄피가 옷 안으로 들어가서 화상을 입는 상황이 발생하기도 합니다.

M4A1 소총에서 배출되는 탄피. 추진제를 보호하는 케이스이며, 상단부에 탄체가 부착되어 있습니다.

이제 탄피 이야기는 뒤로하고 빠른 속도로 비행하는 탄체 이야기를 하도록 합시다. 빠른 속도로 날아가는 탄체의 거리 및 시간 등을 뉴턴의 고전역학을 이용하여 아주 정확하게 예측할 수 있습니다. 이것은 탄도학이라는 학문의 한 영역이기도 합니다. 여기서 탄도학이란 총포탄·유도탄·로켓·폭탄 등 비행체가 추진제의 연소·폭발에 의해서 운동을 시작할 때부터 운동을 멈출 때까지 일어나는 여러 현상, 그 운동에 영향을 끼치는 여러 조건 등을 연구하는 학문을 말합니다. 뉴턴의 고전역학에 따르면 발사된 탄체의 발사 속도와 각도 및 비행 중의 환경 조건만 정확히 알고 있으면 미래에 탄체가 떨어질 장소와 시간을 예측할 수 있다고 합니다. 즉 총과 탄약을 정밀하게 제작하고 탄도학만 잘 이해한다면 먼 거리에 서 있는 사람을 총으로 쓰러트리는 것은 식은 죽 먹기입니다.

일반 병사들이나 저격수들이 사용하는 소총(라이플)은 직사화기라고 부릅니다. 직사화기란 화기에 의해 발사된 탄체의 궤적이 직선에 가까울 때를 말합니다. 말이 직선이지 실제로는 중력에 의해 약간은 곡선으로 비행합니다. 직사화기를 사용할 때는 화기에 부착된 조준경을 통해 목표물을 직접 눈으로 확인하고 사격을 합니다. 군인들이 소총을 들고 목표물을 조준한 다음 사격하는 것도 소총이 직사화기용으로 제작되었기 때문입니다. 소총 이외에도 전차에 장착된 대구경 전차포도 직사화기입니다. 무려 지름이 120㎜나 되는 탄을 쏠 수 있는 총기를 전차 상단부에 장착하고 다니는 것입니다. 직사화기는 탄체의 궤적이 직선에 가깝기 때문에 목표물을 빨리 타격할 수 있습니다. 또한, 추진제와 탄체가 일체형으로 제작될 수 있기 때문에 재사격까지의 시간이 짧다는 장점이 있습니다. 만약 저격용 총이나 전차의 화기가 직사화기가 아니라고 생각해 보십시오. 탄체가 목표물에 도달하는 데 수십 초의 시간이 필요하다면 목표물을 맞힐 확률이 낮아질 것이며, 재사격까지 소모되는 시간이 길어지므로 적군으로부터 먼저 공격당할 수도 있습니다.

그러나 직사화기가 무조건 좋은 것만은 아닙니다. 여러 가지 단점도 가지고 있습니다. 그중 첫 번째가 바로 사거리입니다. 우리가 창던지기나 투포환 경기에서 볼 수 있듯이 물체를 밀어주는 힘이 같다고 가정한다면 발사 각도가 45도일 때 가장 멀리 날려 보낼 수 있습니다. 즉 직사화기의 경우에는 탄체의 궤적이 직선이기 때문에 사거리의 제한이 큽니다. 이에 반해 탄체를 포물선으로 발사하면 사거리가 증가합니다. 이처럼 발사된 탄체의 궤적이 포물선인 화기를 곡사화기라고 부릅니다. 물론 직사화기를 사용해서 곡사화기처럼 탄체를 포물선으로 발사할 수 있습니다. 그러나 직사화기를 곡사화기처럼 사용하면 무기로서의 위력이 감소합니다. 그 반대의 경우도 마찬가지일 것입니다. 왜냐하면 연구자들은 탄체의 궤적에 따라 무기로서 가질 수 있는 장점이 무엇인지 충분히 이해하고 직사화기와 곡사화기를 설계하기 때문입니다. 각 화기에 사용되는 탄약 역시 그 목적에 맞도록 설계됩니다.

직사화기는 탄을 빠르고 정확하게 비행시켜 목표물을 뚫어버리는 것을 제1의 목적으로 개발됩니다. 그렇기 때문에 보통의 직사화기 목표물은 단 하나일 수밖에 없습니다. 재수가 좋아 목표물이 겹쳐 있으면 조금 더 효과를 볼 수 있을지도 모르겠습니다. 대신 탄이 목표물을 빠르게 타격할 수 있다는 점, 조준을 할 수 있으므로 정확도가 아주 높다는 점, 일단 맞으면 목표물에 확실한 피해를 줄 수 있다는 점 등에서 유리합니다. 연구자들은 직사화기용 탄약 체계를 개발할 때 이러한 장점을 극대화할 수 있도록 설계합니다. 즉, 실제로 비행하는 탄체는 목표물을 뚫어야 하므로 최대한 고밀도 재료로 만들고, 재장전까지의 시간을 줄이기 위하여 탄체와 추진제를 일체화시킵니다.

이에 반해 곡사화기는 먼 거리에 위치하는 넓은 지역의 목표물을 한꺼번에 타격할 때 유용합니다. 곡사화기는 탄의 궤적이 상대적으로 길기 때문에 단 하나의 목표물을 제거하기는 어렵습니다. 탄이 날아가는 동안 외부 환경에 의해 궤적이 변화될 가능성이 높고, 날아가는 동안 목표물이 움직일 수도 있기 때문입니다. 대신 탄이 비행 종말 단계에 다다르면 목표물 근처에서 폭발을 일으키도록 설계되어 있습니다. 만약 폭발의 살상 반경 속에 목표물이 존재한다면 탄의 파편에 의해 충분한 피해를 줄 수 있습니다. 따라서 대부분의 곡사화기용 탄은 케이스 안에 폭약이 들어 있는 구조로 되어 있습니다. 폭약이 폭발하면 케이스가 갈기갈기 찢어지면서 수많은 파편이 생기게 됩니다. 그러나 직사화기와는 달리 탄 내부에는 추진제가 존재하지 않습니다. 폭약 넣기도 아까운 공간에 추진제까지 넣을 수는 없기 때문입니다. 대신 추진제는 따로 사용합니다. 이러한 것을 분리장전식 탄약이라고 합니다. 보통 곡사포에서는 추진제를 장약이라고 표현하고 있습니다.

장약은 표준화된 크기로 약포 안에 충전되어 있습니다. 사용되는 장약 수량은 요구되는 사거리 및 발사 각도에 따라 달라집니다. 보통 사격의 준비과정에서 탄과 장약은 별도의 작업과정으로 화포의 약실 쪽으로 장전합니다. 대표적인 분리장전식 탄약은 155㎜ 곡사포입니다. 그러면 155㎜ 곡사포의 발사과정을 살펴봅시다. 먼저 폭약 덩어리로 구성된 탄(고폭탄)을 155㎜ 곡사포 약실에 집어넣습니다. 탄이 약실 안에 제대로 위치하였다고 판단하면 탄 바로 뒤쪽으로 추진 장약을 집어넣습니다. 이때 목표물의 거리를 고려하여 추진 장약의 개수를 결정합니다. 그런 다음 약실 뚜껑을 닫고 격발을 합니다. 보통 격발은 발사 시 발생하는 엄청난 소음과 포의 운동에 따른 위험성을 고려하여 끈으로 길게 연결한 후 조작합니다. 또는 원격 신호를 이용하기도 합니다. 탄은 추진 장약의 연소로부터 얻어지는 압력에 의해 목표물까지 날아가게 되고, 목표물에 도착한 직후 신관 신호 때문에 폭발합니다. 폭약의 폭발로 인해 탄을 감싸고 있던 케이스는 갈기갈기 찢긴 후 사방으로 파편을 날려 보냅니다. 비록 조그만 파편일지라도 그 속도가 상당히 빠르므로 치명상을 입게 됩니다. 살상 변경에 있는 지역은 말 그대로 완전 쑥대밭이 됩니다.

직사화기와 곡사화기는 인간을 죽일 수 있는 잔인한 무기이지만, 잔인함에도 정도의 차이가 있습니다. 우스운 질문일지도 모르겠지

독일 육군 PzH 2000 자주포의 155mm 탄약 체계. 좌측 아랫줄이 신관, 우측 아랫줄이 신관 체결 도구, 좌측 윗줄이 장약, 우측 윗줄이 포탄입니다.

만 여러분이 보시기에는 어떤 것이 더 인간적인 무기인 것 같습니까? 당연한 이야기겠지만 직사화기가 그나마 더 인간적인 무기입니다. 직사화기(소총이나 권총)에서 발사된 탄이 신체의 중요 부위만 피해간다면 빠른 응급처치나 외과 수술 등으로 생명을 구할 수 있습니다. 그러나 곡사화기의 경우, 탄체가 폭발하면서 발생하는 작은 파편들이 몸속에 박혀버리면 그것을 찾아내어 모두 제거하기란 몹시 어렵습니다. 이 때문에 치열한 포격전에서 운 좋게 살아남은 군인일지라도 몸에 박힌 파편 조각들과 함께 평생 살아가는 경우가 많습니다. 그들은 파편에 의한 극심한 고통으로 각종 후유증에 시달리며 살아갈 수밖에 없습니다. 국가가 상이용사들을 돌보고 책임져야 하는 중요한 이유이기도 합니다.

발사 후의 38구경 HP 탄의 모습. 탄체가 부딪히면 앞부분이 버섯처럼 벌어지면서 심하게 변형됩니다.

직사화기가 그나마 인간적이라고 하였지만, 이는 어떤 탄약을 사용하느냐에 따라 다른 이야기가 될 수도 있습니다. 같은 소총에 발사되는 탄약이라 할지라도 목적에 따라 탄체의 형상이 다릅니다. 특히 HP(hollow-point) 탄은 탄체의 머리 부분에 내부의 납심이 밖으로 노출되어 있습니다. 따라서 목표물을 타격할 때 탄체의 앞쪽이 버섯처럼 벌어지면서 탄체가 심하게 변형됩니다. 만약 사람이 맞으면 버섯 모양의 탄체가 장기 및 근육조직 속으로 이동하여 2차적인 손상을 입힙니다. 이때 버섯 모양 탄체는 신체 내부를 이동 혹은 회전하면서 탄체가 가지고 있던 모든 운동에너지를 소진합니다. 따라서 탄체가 표적을 관통하기보다는 표적 내부에서 정지하게 됩니다. 쉽게 설명해 드리자면 HP 탄은 오로지 사람을 죽여 다시는 일어서지 못하도록 만든 탄약입니다. 이 때문에 제네바협약에서는 HP 탄의 사용을 엄격하게 금지하고 있습니다. 최근 5.18 광주민주화운동 당시 계엄군이 시민을 향해 HP탄을 사용한 정황이 알려져서 사회적 물의를 일으키기도 하였습니다.

07

# 탄도학

탄도(Trajectory)란 총포탄, 유도탄 등 비행체(탄체)가 물리적인 힘이나 화약에 의해 가속되어 최종 목표에 도달하기까지 운동하는 궤적을 말합니다. 이러한 탄도를 연구하는 학문을 탄도학(Ballistics)이라고 합니다. 저격수가 정밀한 사격을 할 수 있다는 것은 탄체의 미래 위치를 상당히 정확하게 예측할 수 있다는 말과 같습니다. 총과 같은 직사화기뿐만 아니라 곡사포, 박격포 등의 곡사화기 역시 탄체의 미래 위치를 예측할 수 있습니다. 현재는 양자 역학과 상대성 이론 등과 같은 복잡하면서도 뛰어난 이론들이 존재하고 있지만, 뉴턴의 고전역학만 제대로 이해하고 있어도 탄체의 미래를 예측하는 것은 식은 죽 먹기입니다. 이런 걸 보면 뉴턴이라는 사람이 이 세상에 남기고 간 업적은 정말로 대단한 것 같습니다. 뉴턴은 물리학 분야에서 절대 지존으로 유명하지만, 물리학을 표현하기 위한 수학 분야에도 큰 영향을 미쳤습니다. 대표적인 것이 바로 미분적분학입니다.

미적분학은 경제학 분야에서도 사용됩니다. 수시로 변화하는 증권 시장도 초기조건과 매 순간의 환경조건을 완벽히 알고 있다면 다음날의 주가가 올라갈 것인지 내려갈 것인지 예측할 수 있습니다. 그런 이유로 수학이나 물리를 전공한 사람들이 경제를 전공한 사람과 함께 증권업계에서 종사하기도 합니다. 만약 주식으로 큰 돈을 벌고 싶은 사람이 있다면 지금부터라도 미적분학을 열심히 공부해 두시는 게 좋을 것 같습니다. 결국, 주식을 예측하여 돈을 버는 것이나 탄체의 거리와 시간을 예측하여 목표물을 제거하는 것이나 똑같은 이치에서 시작하는 겁니다.

그럼 고등학교에 배웠던 수학과 물리를 떠올리면서 탄도에 대해서 생각해 봅시다. 수학이 어렵다고 느끼시는 분은 그냥 대충 읽고 넘어가도 괜찮습니다. 탄체가 총구를 떠나서 목표물로 비행하는 동안에는 외부로부터 여러 가지 힘을 받게 되므로 탄체의 실제 운동을 정확하게 표현하기는 대단히 어렵습니다. 그러나 아래와 같은 가정을 하게 되면 문제는 간단해집니다.

첫째로 공기는 존재하지 않는다. 따라서 공기저항은 없다.

둘째로 지구의 중력가속도는 항상 일정하고 아래 방향을 향한다.

셋째로 지구는 평탄하고 회전하지 않는다.

사실 세 번째 가정은 두 번째 가정과 부합됩니다. 탄체의 궤적을 s라고 하면, 수평선 x축과 수직선 y축으로 좌표를 잡고 s 궤적을 표현할 수 있습니다. 질량 m인 탄은 원점에서 $V_0$의 속도로 수평에서 θ만큼 상향으로 발사되었다고 가정합시다. 뉴턴에 따르면 한 물체의 운동량 변화율은 물체에 가해진 힘과 같다고 말하고 있습니다. 운동량 P는 질량 m과 속도 v의 곱으로(P=m×v)로 정의됩니다. 따라서 이를 수식으로 표현하면 다음과 같습니다.

$$F=\frac{dP}{dt}=\frac{d(mv)}{dt}$$

여기서 t는 시간, F는 힘을 말합니다. 보통 우리가 사는 세상은 운동량이 변화하는 동안 질량이 변하지 않고 일정하므로 위의 식은 다음과 같이 표현될 수 있습니다.

$$F=m\frac{dv}{dt}=ma$$

여기서 a는 가속도라고 부르고 시간에 따른 속도 변화를 뜻합니다. 고등학교 때 우리는 그냥 F=ma라고 외웠는데, 사실 그 속에는 많은 물리적 의미를 포함하고 있습니다. 예를 들어 운전자가 가속페달을 깊게 밟으면 엔진의 힘이 증가하여 자동차의 속도는 시간이 지남에 따라 점차 증가하게 됩니다. 이때는 가속도가 0보다 큰 상태입니다. 만약 자동차가 등속도로 달린다면 시간에 따른 속도의 변화가 없기 때문에 가속도가 0인 상태입니다. 그러나 F=ma라는 단순한 식은 질량이 일정하고 속도가 광속보다 아주 작을 때만 적용할 수 있습니다. 위의 식에서 가속도 a는 다음과 같이 표현됩니다.

$$a=\frac{dv}{dt}=\frac{d}{dt}\left(\frac{ds}{dt}\right)=\frac{d^2s}{dt^2}$$

이 식은 거리를 미분하면 속도가 나오고, 속도를 미분하면 가속도가 나온다는 것을 말해주고 있습니다. 이제 궤적 s를 x축과 y축으로 분리하여 생각해 봅시다. 앞서 언급했던 첫째 및 둘째 가정을 돌이켜 보면 y축의 가속도는 중력가속도인 g가 된다는 것을 알 수 있습니다. 그럼 x 방향은 어떨까요? 탄이 총구를 지나갈 때는 가속력이 존재하지만, 탄이 총구를 떠나는 순간부터는 x 방향 가

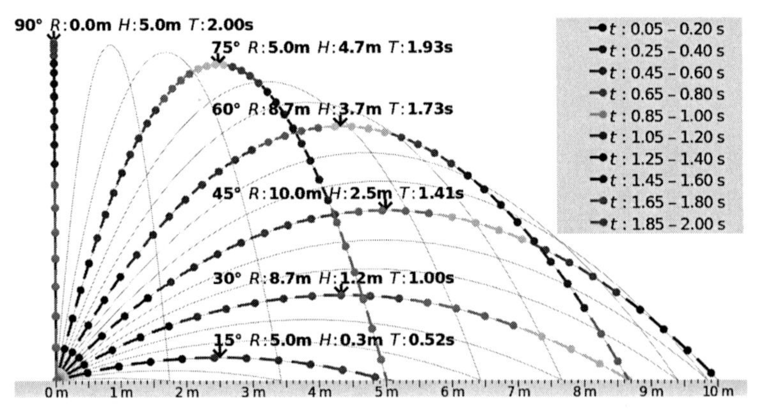

발사 각도에 따른 탄도의 궤도(초기 발사속도 10m/s). 발사 각도에 따라 사거리와 지표면에 도달하는 시간이 달라집니다.

속도는 0가 됩니다. 따라서 뉴턴방정식을 x 방향과 y 방향으로 구분하면 다음과 같은 진공탄도방정식을 얻을 수 있습니다. 이때 중력가속도의 (−)는 방향을 뜻합니다.

$$\frac{d^2x}{dt^2}=0,\quad \frac{d^2y}{dt^2}=-g$$

수학 시간 미적분 단원에서 배웠듯이 가속도에 대한 적분을 두 번 하다 보면 C1과 C2와 같은 초기조건 2개가 튀어나옵니다. 초기조건 중 하나는 물체의 초기 속도에 관련된 것이고, 나머지 하나는 초기 위치에 관련된 것입니다. 고전역학을 사용하여 탄도를 잘 계산하기 위해서는 위와 같은 초기조건 2개를 정확히 알고 있어야 합니다. 만약 탄의 초기 발사 위치를 $x_0$, $y_0$라고 하고, 초기 속도 $V_0$를 정확히 알고 있다면 아래와 같은 초깃값을 얻을 수 있습니다.

$$\frac{dx}{dt}\Big|_{t=0} = V_0\cos\theta_0\ ,\quad x_0(0)=0$$

$$\frac{dy}{dt}\Big|_{t=0} = V_0\sin\theta_0\ ,\quad y_0(0)=0$$

초기조건을 줬으므로 진공탄도방정식으로부터 아래와 같은 해를 얻을 수 있습니다.

$$x=(V_0\cos\theta_0)t$$

$$y=-\frac{1}{2}gt^2+(V_0\sin\theta_0)t$$

어디서 많이 보던 식인 것 같지 않습니까? 그렇습니다. 고등학교 물리책에 나오는 식입니다. 뭐 어쨌든 좋습니다. 우리에게 중요한 사실은 탄도라는 것은 초기조건만 알고 있다면 충분히 예측 가능하다는 점입니다. 만약 직사화기라고 생각하고 소총의 총구 각도 θ가 0도라고 합시다. 그러면 진공탄도방정식은 아래 식과 같이 더 간단해집니다.

$$x = V_0 t$$

$$y = -\frac{1}{2}gt^2$$

첫 번째 식에서는 총구에서 벗어난 탄의 x축 위치가 초기속도를 기울기로 하여 시간에 따라 비례한다는 것을 의미합니다. 이에 반해 y축 위치는 수직 방향의 자유낙하 운동과 똑같이 표현됩니다. 따라서 시간인 t=1초일 경우에는 4.9m, 2초 후에는 19.6m, 3초 후에는 44.1m 그리고 4초 후에 78.4m 떨어지게 됩니다. 그러므로 아무리 직사화기라 하더라도 총열이 목표를 정확히 일직선으로 지향하고 있다면, 그 탄은 절대로 목표를 명중할 수가 없습니다. 탄을 명중시키려고 하면 중력의 영향을 받아 굽어진 탄도가 목표의 중심을 통과하도록 총열의 방향을 목표보다 높게 잡아야 합니다. 이처럼 총열의 축선이 총구의 중심과 목표로 이루어지는 직선과 일정한 각도를 유지하도록 사격할 때 명중하게 됩니다. 이 일정한 각을 발사각이라고 합니다.

지금까지의 이야기는 우리가 탄이 발사되는 초기조건을 정확히 알고 있다는 것을 전제로 합니다. 보통 사람이라면 초기조건 그까짓 거 그냥 대충 측정하여 사용하면 된다고 생각할 수도 있습니다. 실제로 그렇게 사용해도 되는 경우가 많습니다. 그러나 꼭 그런 것만은 아닙니다. 주사위를 생각해 봅시다. 여러분은 완벽한 정육면체 모양으로 생긴 주사위를 가지고 있습니다. 주사위는 고전역학에 따른 물리법칙을 아주 충실히 따라 운동을 할 것입니다. 만약 주사위의 낙하 위치와 방향을 A로 설정하고 하늘 위로 던진다면 주사기가 땅에 떨어진 후 우리에게 보이는 숫자는 반드시 6이 나온다고 가정합시다. 그런데 주사위의 낙하 방향을 A 대비하여 0.1°만 다르게 하고 던진다면 주사위 숫자는 무엇이 나올까요? 쉽게 생각할 수 있듯이 반드시 6이 나오지는 않을 것입니다. 주사위는 초기조건에 민감하게 반응하고 있을뿐더러 외부환경에 대해서도 변화가 심하기 때문에 미래에 나올 숫자를 예측하기는 힘듭니다. 만약 제가 고전역학을 사용하여 주사위가 미래에 나올 숫자를 정확하게 예측 가능할 수 있다고 한다면 지금 이렇게 독방에 앉아 물리학 생각을 하며 글을 적고 있지는 않을 겁니다. 당장 미국의 라스베거스Las Vegas로 날아가 주사위를 던지며 엄청난 돈을 쓸어 담고 있을 것입니다. 우리가 일상생활에서 흔히 사용하는 '나비효과'라는 단어가 바로 이러한 부분을 설명하고 있습니다. 나비 효과(Butterfly effect)라는 표현은 미국의 기상학자 에드워드 로렌츠Edward Norton Lorenz가 1972년에 미국 과학부흥협회에서 실시한 강연의 제목인 '예측가능성 - 브라질에서의 한 나비의 날갯짓이 텍사스에 돌풍을 일으킬 수도 있는가?'에서 유래하였습니다. 그만큼 어떤 일이 시작될 때 있었던 아주 작은 양의 차이가 결과에서는 매우 큰 차이를 만들 수 있습니다. 곰곰이 생각해 보면 자연환경뿐만 아니라 우리 인생 자체도 초기조건과 외부환경에 아주 민감하게 변화하고 있다는 것을 느낄 수 있습니다. 만약 우리가 초기조건과 외부환경을 정확하게 알 수 있다고 한다면 우리의 아이들은 태어나는 순간부터 미래가 결정되어 버릴 수도 있습니다. 다행히 조물주는 그러지 못하도록 만들어 놓았습니다. 인생이라는 것은 예측 불가능하기에 살아갈 가치가 있는 것입니다.

그러나 무기로 국한하여 이야기하자면 상황은 달라집니다. 만약 발사되는 포탄이 초기조건이나 외부환경에 민감하게 반응하여 비행한다면, 쏠 때마다 의도하지 않은 위치에 떨어져서 무기의 역할을 제대로 수행할 수 없습니다. 발사하고 나서 '나 몰라라' 하는 것은 절대 있을 수 없는 일입니다. 잘못하다가는 무고한 시민들이나 아군이 다칠 수도 있기 때문입니다. 이러한 것을 극복하기 위하여 수많은 연구자는 다양한 과학을 적용하여 탄도 무기들의 비행 궤적을 초기조건과 경계조건에 둔감하도록 설계했습니다.

그럼 초기조건과 경계조건에 민감하지 않게 하기 위해서는 어떻게 설계를 해야 할까요? 가장 먼저 생각할 수 있는 것이 비행하는 동안 외부의 영향을 덜 받게 하려고 탄체 첫 부분을 최대한 유선형으로 제작하는 방법입니다. 만약 날아가는 탄체 끝이 접시 모양과 같이 넓게 제작되어 있다고 생각해 봅시다. 물체가 날아가는 동안 공기저항이 커서 멀리 날아가지 않을뿐더러 조금만 바람이 불어도 우리가 생각했던 비행궤도를 벗어나고 말 것입니다. 두 번째로 비행하는 탄체의 꼬리 부분에 날개를 달아 안정성을 확보하는 것입니다. 과거 전투에서 대표적인 원거리 무기로 사용하였던 화살의 끝 부분에 깃털을 부착한 것도 이러한 이유 때문이라고 볼 수 있습니다.

마지막으로 생각할 수 있는 것은 탄체를 회전시켜 안정성을 확보하는 것입니다. 탄체가 회전하면 자이로 원리(세차운동이라고도 합니다)에 의하여 비행 안정성을 높일 수 있습니다. 마치 팽이가 회전하면 넘어지지 않고 꼿꼿이 설 수 있는 것과 같은 원리입니다. 이런 이유로 대부분의 총기류를 보면 총열 내부에 탄체의 회전을 위한 홈이 새겨져 있는 것(강선이라고 합니다)을 볼 수 있습니다. 탄체는 강선에 끼여서 발사되므로 총열을 이동하는 동안 강선을 따라 회전하게 됩니다. 이렇게 총열 강선이 새겨져 있는 경우를 강선총이라고 합니다. 강선총은 사거리와 명중률 면에서 이전의 활강식 총(탄을 회전시키지 않는 총)과는 비교가 안 될 정도로 우수합니다.

사거리와 명중률이 중요한 저격용 총의 경우에는 탄약의 설계뿐만 아니라 품질관리에도 남다른 노력을 쏟습니다. 탄약을 제작하는 과정에서 발생할 수 있는 작은 실수 하나가 탄체의 비행 안정성에 영향을 미칠 수 있고, 결국은 저격수의 생명과 직결될 수 있기 때문입니다. 저격용 총은 단 한발의 탄약에 의해서 모든 것이 결정되는 만큼, 저격수에게 지급되는 탄약들은 완벽하게 같은 형상을 가져야 합니다. 또한, 추진제의 양, 탄약의 중량 등에 대해서도 철저한 품질관리도 필요합니다.

그러나 아무리 뛰어난 과학적 원리와 철저한 품질 관리로 제작된 저격용 총(+탄약)을 사용한다 하더라도 똑같은 위치를 계속해서 맞춘다는 것은 힘듭니다. 발사 시점마다 똑같은 초기조건을 가질 수 없고, 우연히 똑같은 초기조건을 가진다고 하더라도 주위환경이 수시로 변화하기 때문에 발사된 탄체가 완벽하게 똑같은 방향과 위치로 날아갈 수는 없습니다. 과거 2차 세계대전 당시 군인들도 이러한 과학적 원리를 이해했는지 몰라도, 포탄이 땅에 떨어져 생긴 구덩이에 몸을 숨기면 다시는 적이 쏜 포탄에 맞지는 않아 생존 확률이 높다고 생각하였습니다.

이제 탄도학의 정점, 저격수 이야기를 해보도록 합시다. 저격수는 전문 저격용 총으로 무장하여 매우 긴 사정거리의 표적을 제거할 수 있는 능력을 갖춘 군인을 말합니다. 일반적으로 저격수 1명이 보병 1개 중대의 이동을 저지할 수 있을 정도로 저격수의 군사적 가치가 큽니다. 보병은 자신들이 쥐도 새도 모르게 죽을 수 있다는 두려움 때문에 행군의 걸음을 멈추고 은폐물을 찾아 숨게 됩니다. 현대의 저격수는 보병 전투원과 함께 전투하지 않으며 임무에 필요한 최소한의 인원인 1~3명으로 저격팀을 만들어 독자적인 임무를 수행합니다. 저격팀 내에는 저격수와 함께 관찰병이 존재합니다. 망원경과 소총을 휴대하는 관찰병은 먼저 넓은 시야를 확보

아프가니스탄의 수도 카불의 동쪽 잘라라바드 지역에서 임무 수행 중인 미 육군의 저격팀(저격수와 관측병). 저격수는 관측병의 도움으로 목표물에 집중할 수 있습니다.

하여 저격수가 목표물에만 집중할 수 있게 도와줍니다. 저격수는 여차하면 목표물을 쏴야 하기 때문에 망원렌즈만 뚫어져라 보고 있습니다. 그래서 저격수의 시야는 좁습니다. 목표물 이외에는 주변에 무슨 일이 일어나는지를 알기가 힘듭니다. 관찰병은 넓은 시야로 이러한 문제점을 보완해 줍니다. 관찰병의 또 다른 역할 중의 하나가 탄 발사 시 초기조건을 조금 더 정확하게 저격수에게 제공하는 것입니다. 저격 시점이 다가오면 관찰병이 목표물과의 거리, 바람의 방향이나 세기 등을 저격수에게 정확하게 이야기해 줍니다. 이 이외에도 관찰병은 저격수를 보호하고, 지휘부와 통신하며, 임무 완료 여부도 확인해 줍니다. 최첨단 기술로 무장한 현대의 저격수는 관찰병의 도움으로 2㎞ 이상의 거리에서 움직이는 사람도 맞출 수 있다고 합니다.

실제로 영국군 왕실 기병대의 저격수 해리슨Harrison 하사는 2009년 무장세력 탈레반의 거점인 아프가니스탄 남서부 헬만드Helmand주 무사 칼라Musa Qala에서 2,478m이나 되는 거리에서 탈레반 병사를 초탄에 명중시켜 각종 세계 기록을 경신하였습니다[6]. 그것도 사거리가 1,500m만 보장되는 L115A3 저격용 총을 사용해서입니다. 저격수가 이 정도의 먼 거리에서 적을 정확하게 맞추기 위해서는 중력, 바람, 공기 밀도 등과 같은 조건들을 고려해야 합니다. 해리슨 하사의 증언에 따르면 자신도 초탄에 명중할 가능성을 높게 보지 않았고, 초탄의 탄착 지점을 지켜본 이후에 탄도를 수정할 계획이었다고 합니다. 그러나 그는 초탄뿐만 아니라 제2탄, 제3탄도 정확하게 적을 명중시켜 세계 최장거리 저격, 세계 최장거리 초탄 명중, 세계 최장거리 연속 저격 기록을 경신하게 되었습니다. 그가 이렇게 대단한 저격 성과를 거둔 것은 사격술이 뛰어나고 저격용 총이 우수한 것도 있겠지만, 주위 환경조건이 큰 운으로 작용했다고 볼 수 있습니다. 저격 당시 시계는 양호했고, 바람은 거의 불지 않았으며, 무엇보다 사격지점이 해발고도 1,043m의 고산지대여서 공기저항이 적었던 것이 큰 도움이 되었습니다.

저격수와 관련된 영화인 '에너미 앳더 게이트enemy at the gate(2001)'는 2차 세계대전 중 스탈린그라드 전투 당시 소련과 독일의 두 저격수 간의 대결을 그린 영화인데, 스탈린그라드 전투에서 242명의 적

---

6) 2017년 캐나다 특수부대 정예 저격병이 3,450m 거리에서 표적 사살에 성공하여 세계 저격 거리 신기록을 새롭게 세운 것으로 알려졌습니다.

군을 사살한 소련군의 저격수 바실리 자이체프Vasily Zaytsev와 독일 군의 악명 높은 저격수 하인츠 토르팔트Heinz Thorvald 간의 대결을 담고 있습니다. 두 저격수의 대립도 대립이지만 영화에 나오는 러시아의 모신-나강Mosin-Nagant M1891/30과 독일 나치의 마우저Mauser Kar98k의 대결도 볼 만합니다. 영화에서는 저격수의 능력이 얼마나 뛰어나던지 몇십 미터 떨어진 곳의 가느다란 줄도 단 한 발의 탄으로 끊어버립니다. 탄의 지름이 대략 5~7㎜ 정도임을 고려하면 줄을 끊어버리는 장면은 조금 지어낸 이야기라고 생각되기도 합니다. 어쨌든 저격수는 다른 전쟁 영화에서도 볼 수 있듯이 적이 두려움을 느끼게 할 만한 충분한 존재 가치가 있습니다.

트래킹포인트 XS1. 지능화된 소형 사격통제장치 덕분에 누구나 쉽게 저격수가 될 수 있습니다.
<사진출처: 트래킹포인트 사>

최근에는 사격의 정확도를 높이기 위해 IT(information technology) 기술을 도입한 저격용 총도 등장하였습니다. 트래킹포인트Tracking-point라는 미국 벤처회사는 장거리의 목표물을 쉽고 정확하게 맞힐

수 있는 저격용 솔루션을 개발하였습니다. 이 회사는 3D 그래픽, 레이저, 와이파이 기술과 함께 제트 전투기에서 사용되는 조준발사 기술을 적용해 500야드(약 457m) 거리에서도 목표물을 '누구나·실수 없이·더 빠르고·더 쉽게' 맞출 수 있도록 제작하였습니다. 축구장 길이가 100m라는 점을 고려하면 이보다 약 5배 거리에서도 조준 사격이 가능해지는 셈입니다. 통신 기술은 조준경으로 보는 영상을 스마트 기기에서도 실시간으로 볼 수 있도록 구현하였습니다. 트래킹포인트는 사격의 정확도를 높이기 위해 유도 방아쇠(guided trigger)와 네트워크 추적 조준경(network tracking scope)를 사용하였습니다. 이 조준경은 지정한 목표의 움직임을 추적할 수 있습니다. 사용자가 방아쇠를 누르면 사격통제장치가 목표물과의 거리, 기압, 온도, 지형의 경사 등을 종합적으로 계산해 언제 실제로 발사할지를 결정해 줍니다. 저격수가 해야 할 일은 저격용 총에 달린 사격통제장치가 시키는 대로 하는 것뿐입니다. 덕분에 아무리 초보자라 하더라도 이 총기만 가지고 있으면 프로급 저격 실력을 뽐낼 수 있습니다. 우리나라의 K11도 방식은 조금 다르지만 거의 유사한 기능을 제공하고 있습니다.

08

# 신관

세상 삶이 그렇듯이 사건이라는 것은 원인이 있어야 결과가 있습니다. 마찬가지로 폭약도 가만히 있다가 때가 되면 저절로 폭발하는 물건이 아닙니다. 담배 라이터lighter는 부싯돌이 필요하듯이 폭약도 폭발하게 하는 뭔가가 있어야 합니다. 신관이란 보통 포탄, 폭탄, 어뢰 등의 무기에 충전된 폭약을 점화시키는 장치로서 화약 측면에서 보면 폭발의 중요한 '원인'으로 작용합니다. 조금 더 구체적으로 설명하자면 신관이란 폭약이 터져야 할 때 확실히 터지게 해주고, 터지지 말아야 할 때는 절대 터지지 않게 해주는 장치를 말합니다. 즉, 신관은 폭약 폭발의 원인으로 작용할지, 하지 않을지를 스스로 정확하게 판단해야 합니다.

어찌 보면 신관의 역할이 별거 아닌 것 같지만 군인의 입장에서 보면 무엇보다 중요합니다. 만약 신관 기능에 이상이 있다고 가정해 봅시다. 군인들이 고폭탄이나 유도탄을 운반 또는 수리하는 도

중에 신관이 오작동하여 폭약이 폭발했다고 상상해 보십시오. 반대로 아군에게 돌진하는 적군을 향해 고폭탄이나 유도탄을 발사했는데 마지막 순간에 '꽝' 하고 터지지 않았다고 상상해 보십시오. 모든 경우가 정말 아찔한 순간이 아닐 수 없습니다.

실제로 한국전쟁 후 50년 이상 지난 지금에도 건설업체들이 기초공사를 하다가 과거 북한군이 사용했던 폭탄들을 발견하곤 합니다. 대부분이 한국전쟁 당시 신관의 작동 불량으로 폭발하지 않고 땅속 깊이 박혀 있었던 것입니다. 이러한 폭발물들이 발견되면 EOD(explosive ordnance disposal)반이 신속하게 출동합니다. 그들이 현장에 도착하여 제일 먼저 하는 일 중의 하나가 신관을 제거하는 것입니다. 신관이 안전하게 제거되면 아무리 폭약이 충전되어 있다 하더라도 예상하지 못한 폭발이 일어나지 않기 때문에 EOD 대원이 폭발물을 안전하게 이동, 처리할 수 있습니다.

방호복을 입고 폭발물을 처리하는 EOD 대원. 작업 중 폭발물이 터지면 아쉽게도 손은 보호받지 못합니다.

2009년 제임스 카

메론의 '아바타Avatar'를 제치고 제 82회 아카데미에서 6개 부분을 수상하면서 화제를 불러일으켰던 '허트 로커hurt locker'라는 영화에서도 신관에 대한 내용이 자세히 나옵니다. '허트 로커' 속 EOD 대원들은 전쟁이 한창 진행 중인 이라크를 배경으로 테러범들이 설치한 급조폭발물(improvised explosive device)을 해체하는 임무를 맡습니다. 영화를 자세히 보신 분이라면 주인공이 급조폭발물을 해체하기 위하여 킬 존kill zone에 들어가서 급조폭발물에 설치된 신관을 제거하는 장면이 기억날 것입니다. 여기서 킬 존이란 폭발물이 설치된 지점으로부터 25m 이내의 거리를 말합니다. 작은 폭발물이라도 폭발의 위력이 치명적이기 때문에 죽음에 노출된 공간을 킬 존이라고 부르는 것이지요. 폭발물 제거 대원인 제임스 중사는 두려움은 잊은 채 마치 우주복과 같은 두툼한 방호복을 입고 킬 존에서 폭발물을 해체합니다. 주인공이 입은 방호복의 무게는 무려 50kg로서 웬만한 여성 한 명의 몸무게와 유사합니다. 입고 있는 그 자체가 고통이라 할지라도 킬 존에서 예상치 못한 폭발로부터 살아남기 위해서는 어쩔 수 없이 착용해야 합니다. 그런 만큼 EOD 대원들은 항상 강인한 체력과 정신력으로 무장되어 있어야 합니다. 그러나 영화에서와 같이 제아무리 뛰어난 대원이라 할지라도 죽음의 공간에서 폭발물을 해체하는 작업은 그리 쉬운 일이 아닙니다. 만약 여러분께서 주인공이었다면 임무 완수라는 사명감과 죽음의 공포 사이에서 어떤 생각을 했을까요? 영화 '허트 로커'는 여성 최초로 아카데미 감독상을 받은 캐서린 비글로우Kathryn

Bigelow 감독 특유의 섬세한 심리묘사와 생생한 비주얼로 폭발물 제거 대원들의 모습을 긴장감 있게 그려냈다는 호평을 받고 있습니다. 안 보신 분이 계신다면 잠시 책을 덮고 영화부터 보시길 바랍니다.

다시 신관 이야기를 합시다. 이제는 어떻게 하면 신관을 작동하지 않아야 할 때 작동하지 않고, 작동해야 할 때 반드시 작동하게 만드는가에 대해서 알아봅시다. 곡사포를 예를 들어 설명하면 쉽게 이해할 수 있습니다. 우리나라 곡사포의 대표인 KH-179 견인포와 K9 자주포는 155㎜ 고폭탄을 사용하여 광범위한 지역을 초토화할 수 있습니다. 고폭탄은 금속 케이스 안에 폭발력이 아주 강한 폭약들로 충전되어 있습니다. 다른 무기에 비교해 구조가 단순하고 생산 가격도 저렴하여 아직도 육군 화력의 상당 부분을 차지하고 있습니다. 고폭탄의 상부에는 금속케이스 안의 폭약을 폭발시킬 수 있는 신관이 장착되어 있습니다. 신관의 내부는 폭약을 점화할 수 있도록 작은 화약이 포함되어 있습니다. 즉, 외부로부터 들어오는 신호를 통해 신관 내부에서 작은 폭발이 일어나게 하고 그 에너지를 이용하여 다시 주폭약을 폭발시킵니다. 여기서 신관 내부에 포함된 화약은 다양한 조건들이 부합될 때만 폭발이 일어나도록 설계되어 있습니다. 여기서 말하는 조건들이란 고폭탄이 포를 통해 발사할 때만 발생할 수 있는 물리적 조건입니다. 즉 고폭탄이 포를 통해 발사되지 않으면 신관에 어떠한 충격 신호가 들어오더라도 절대 터지지 않도록 만드는 것입니다. 그럼 고폭탄이 포를 통해 발사되는 조건에는 무엇이 있을까요? 가장 먼저 생각할 수 있는 것이 엄청난 가속도입니다. 바꾸어 말하면 고폭탄은 곡사포를 통해 발사되지 않으면 엄청난 가속도를 얻기란 사실상 불가능합니다. 실제로 고폭탄이 포신 속에서 발사될 때 받는 가속도는 중력가속도의 약 10,000~30,000배 정도 됩니다. 따라서 연구자는 신관을 설계할 때 "고폭탄이 고가속도 환경에 노출되면 신관을 작동시켜라"라는 조건부 명령을 간단한 기계 장치로 만들어 설치해 놓습니다.

한 개의 조건만으로는 부족합니다. 그럼 고폭탄이 포를 통해 발사되면 얻을 수 있는 특별한 환경이 또 뭐가 있을까요? 그렇습니다. 바로 회전입니다. 앞에서도 설명해 드렸듯이 고폭탄은 비행 안정성을 확보하기 위해서는 회전이 필요하고, 이를 위하여 포신에는 강선이 존재합니다. 연구자는 신관을 설계할 때 "고폭탄이 회전을 하면 작동하라"라는 조건부 명령도 기계 장치로 만들어 놓습니다. 예를 들어 평상시는 신관과 주폭약 사이를 이어주는 폭발 통로가 고리에 의해 차단되어 있다가 회전이 발생하면 회전력에 의해 고리가 빠지면서 통로를 열어주는 기계 장치가 설치됩니다. 어쨌든 신관은 앞서 언급한 두 가지 조건 중 한 개만 만족하면 절대로 동작하지 않고 두 가지 모두 만족할 때만 작동하도록 제작된 것입니다. 과연 고폭탄이 포신 이외 장소에서 고가속도와 회전력을 모두 만족하는 환경에 노출될 가능성이 얼마나 될까요? 억지로 만들고 싶어도 힘들 것입니다. 이렇게 고폭탄에는 신관이 있기 때문에 병사들이 안전하게 운반할 수 있고, 실수로 떨어뜨리더라도 터지지 않는 것입니다.

이제 신관이 작동해야 할 때를 생각해 봅시다. 일단 포탄이 곡사포의 포신을 통해 발사되면 앞서 언급한 조건을 모두 충족되므로 신관 내 안전장치가 제거됩니다. 폭발 명령만 내려지면 신관은 곧바로 폭약을 터트릴 수 있습니다. 그러면 포탄 속의 신관은 폭발 명령의 시점을 어떻게 결정할까요? 신관 작동의 가장 기본적인 입력 신호는 충격으로써, 충격 때문에 동작하는 신관을 '충격식 신관'이라고 합니다. 곡사포에서 발사한 포탄은 포물선 운동을 한 후 마지막에 땅에 떨어지게 됩니다. 탄이 땅과 접촉하는 순간 신관에는

155㎜ 고폭탄의 상단부에 장착된 신관. 신관을 돌리면 고폭탄과 분리될 수 있습니다. 보관이나 이동 중에는 신관을 분리·보관합니다.

상당히 큰 충격이 전달됩니다. 신관은 충격 신호를 기점으로 고폭탄에 폭발 명령을 내리게 되고, 고폭탄 속의 폭약은 순식간에 폭발하여 근처에 운집한 적군들에게 피해를 줍니다.

저는 신관을 이형기 시인의 '낙화'라는 시를 인용하여 표현하고 싶습니다. "터져야 할 때가 언제인가를 분명히 알고 있는 신관의 뒷모습은 얼마나 아름다운가?"라는 구절이 잘 어울리는 것 같습니다. 충격식 신관의 경우 마지막 순간에 제대로 동작하기 위해서는 충격과 같은 물리적 신호가 필요합니다. 바꾸어 생각하면 충격식 신관은 안전장치가 제거되어 폭발할 준비가 되어 있다 하더라도 마지막 순간에 충격 신호가 없으면 절대로 폭발하지 않습니다. 여기서 바로 충격식 신관의 한계가 나타납니다. 만약 내가 가진 포탄으로 비행 중인 적군의 항공기를 떨어뜨리고 싶다면, 엄청난 사격술로 무조건 항공기를 맞춰야 합니다. 그래야 충격 신관이 작동하기 때문입니다. 말이 쉬워 맞춘다는 것이지 넓은 하늘을 빠른 속도로 날아다니는 항공기를 포탄으로 맞춘다는 것은 정말 힘든 일입니다. 밑 빠진 독에 물을 부어본 사람이라면 충격식 신관에 한계를 느끼고, "내가 쏜 포탄이 목표물 근처에 가서 터져주기만 한다면 목표물을 타격하기 쉬울 텐데…."라고 아주 아쉬워할 것입니다.

실제로 2차 세계대전 이전에는 항공기 한 대를 격추하기 위하여 평균 2,400발의 탄약이 필요하였다고 합니다. 엄청나게 많은 탄약을 하늘로 쏟아부어봤자 대부분이 허공을 가를 뿐 항공기에는 피해가 거의 없다는 것을 의미합니다. 그러나 반대로 항공기의 입장에서는 날개 아래에 장착한 폭탄 하나만 제대로 떨어뜨리면 수백 명을 죽일 수 있고, 몇천 t급 함정도 침몰시킬 수 있습니다. 과거 공군에게 지상군은 말 그대로 제물에 가까운 존재였습니다. 어쨌든 인간이란 원하고 바란다면 기술이 진보하기 나름입니다. 미국은 2차 세계대전 동안 충격식 신관의 한계를 뼈저리게 느끼고 진공관을 사용하는 VTvariable time 신관을 개발해 냅니다. VT 신관은 다른 말로 근접신관이라고도 합니다. 즉, 뭔가에 근접했다고 판단되면 신관이 작동합니다. VT 신관은 1개의 소형 전지와 전파 송수신기, 5개의 진공관으로 이루어진 단순한 장치로서, 전파를 포탄 주위로 쏜 다음 전파가 목표물을 맞고 돌아오면 그것을 분석하여 신관을 작동시키는 구조였습니다. 신관에 일종의 소형 레이더가 장착되어 있었다고 생각하시면 됩니다. 이러한 근접 신관의 등장으로 미군의 항공기 격추율은 5~10배로 향상되었습니다. 일본군 항공기들이 미군 항공기의 공격을 가까스로 뚫고 함정 근처까지 날아오더라도 그들에게는 VT 신관이 내장된 포탄이 기다리고 있었습니다. 일본 조종사들은 제대로 된 공격 한번 못해보고 새롭게 개발된 VT 신관의 제물이 되어버리고 말았습니다. 더욱 불행한 사실은 전투에 참여했던 일본군 항공기가 거의 격추되어버리는 바람에 이 무서운 신관의 등장에 대해 일본 지휘부에 보고할 사람마저 없었다는 점입니다. 이 전투 이후 VT 신관은 급속히 보급되었고, 이후 벌어진 마리아나 해전 등에서도 일본군에게 악몽을 선사했습니다.

2차 세계대전 당시 미 전함 미주리호의 대공포 공격을 피해 가미카제 공격을 감행하는 일본의 A6M 제로기

신관은 기본적으로 개발자의 의도를 잘 담고 있어야 합니다. 사람의 마음이라는 게 어디 "물체에 가까이 가면 터지라"밖에 없겠습니까? 연구자들은 군인들의 다양한 생각들을 반영하여 신관을 설계하기 때문에 그 종류도 다양합니다. 예를 들면, 인마 살상용에는 격발식인 순발신관이, 선체·장갑차 등의 강철판을 뚫는 데는 관성식인 지연신관이, 대공용(對空用)에는 시계식 시한신관이나 VT 신관과 같은 근접신관이, 대잠용(對潛用)에는 자기·음향·수압 등의 근접신관이 사용됩니다. 이 이외에도 목적에 따라 수없이 많은 종류의 신관이 존재합니다. 또한, 센서 기술이 발달할수록 더 많은 종류의 신관이 개발될 것입니다.

09

# 전차

전차(戰車)는 말 그대로 싸우기 위해 만들어진 자동차입니다. 한국전쟁 당시에는 '땅끄'라고 부르기도 했습니다. 현대식 전차의 개념은 1차 세계대전 당시 영국에서 최초로 제안하였습니다. 그 당시 영국군과 독일군은 참호를 파고 지루한 싸움을 계속하고 있었습니다. 참호에서 먼저 뛰어나가 적을 공격하는 쪽이 전투에서 패배할 확률이 높았기 때문에 아무도 선불리 참호 밖으로 나가려고 하지 않았습니다. 그만큼 참호 속에 숨어 적과 상대하는 것은 지휘관이 결정한 최선의 전술 중의 하나였습니다[7]. 1차 세계대전 당시 영국군 입장에서는 아군의 피해를 최소화하면서도 참호 속에 적을 제압할 수 있는 획기적인 방법이 필요하였습니다. 고심 끝에 영국의 연구자들은 전차라는 것을 개발하게 됩니다. 전차는 적의

7) 현대 전투에서도 진지 구축 시 참호는 기본입니다. 군대를 다녀온 사람이라면 야삽으로 참호를 팠던 경험들이 한번쯤은 있을 겁니다.

소총 공격에도 끄떡없도록 두꺼운 철판으로 승무원을 방어해 주었고, 참호도 쉽게 건널 수 있도록 무한궤도를 가지고 있었습니다. 또한, 참호 속에 숨어 있는 적을 쉽게 공격할 수 있도록 기관총이 양옆에 장착되어 있었습니다.

세계 최초의 전차인 영국의 Mark V. 적의 소총 공격에도 끄떡없도록 두꺼운 철판으로 승무원을 방어해 주었고, 참호도 쉽게 건널 수 있도록 무한궤도를 가지고 있었습니다.

처음에는 전차에 장착된 기관총만으로도 적을 충분히 제압할 수 있었지만, 상대방도 튼튼한 장갑을 가진 전차를 개발하게 되면서 기관총으로는 뭔가 부족하게 되었습니다. 전차가 상대할 대상이 보병부터 전차까지 확대된 것입니다. 전차 개발자들은 적군의 튼튼한 전차도 한 방에 날릴 수 있도록 강력한 포가 필요했을 뿐만 아니라, 상대방이 쏜 포탄에도 견딜 수 있도록 더 단단한 장갑이 필요하게 되었습니다. 결국, 과거의 무기들이 그랬듯이 전차들도 상대를 뚫을 수 있는 공격력과 상대의 어떤 공격도 막을 수 있는 방어력이 동시에 요구되는 숙명적 과제에 놓이게 된 것입니다. 이런 숙제 속에서 전차가 개발되다 보니 지금의 형상처럼 커다란 포, 단단한 장갑, 무한궤도가 전차를 대표하는 이미지로 수렴하게 되었습니다. 그럼 전차포부터 살펴보도록 합시다.

혹시 어릴 적에 친구들과 함께 껌 멀리 뱉기 놀이를 한 적이 있으신가요? 친구들보다 껌을 멀리 뱉기 위해서는 혀를 둥글게 말고 그 속에 껌을 넣은 후 허파에 모은 공기로 껌의 뒤쪽을 순간적으로 '훅' 하고 불러줘야 합니다. 여기서 혀를 마는 이유는 껌이 날아가는 방향을 정확히 잡아주고, 껌에 최대한 많은 에너지를 전달하기 위해서입니다. 전차의 포에서 탄체가 발사되는 것도 껌 뱉기와 기본 원리는 같습니다. 혀를 둥글게 말아 껌에 에너지를 전달하는 것과 같이 전차에서도 탄체에 에너지를 공급하기 위하여 포신이 필요합니다. 곡사포와 똑같은 원리이지만, 상세히 들어가 보면 곡사포와는 조금 다릅니다. 곡사포용 탄약은 고폭탄과 추진제를 따로 제작하지만, 전차포용 탄약은 탄체와 추진제가 한 몸체로 제작합니다. 곡사포는 후방에 위치하여 광범위한 적 지역을 초토화하기 위해 사용하고, 전차포는 전선의 선봉에서 적 전차와 가시권 내에서 전투를 벌이기 위해 사용합니다. 따라서 전차포는 적 전차의 두꺼운 철판을 뚫어야 하고 재장전도 빨라야 합니다. 어찌 보면 전차포의 원리와 발사과정은 M-16, AK-47의 소총들과 거의 유사합니다. 즉 전차포를 발사하면 탄체는 날려 보내고, 추진제가 담겨있던 탄피는 배출하는 개념입니다. 다만 탄체의 크기, 모양, 구조가 다를 뿐입니다.

포신은 탄체에 에너지를 공급하고, 탄체의 발사 방향을 결정하기 때문에 전차에 있어서 가장 핵심적인 구성품입니다. 현대의 미국 및 NATO 회원국과 한국, 일본의 주력 전차들은 대부분 활강포를 사용합니다. 활강포란 포신 내부에 아무런 강선이 없는 포로서 강선포와 대칭되는 개념입니다. 앞서 설명해 드렸듯이 강선은 탄체에 회전력을 주기 위하여 포신 내부에 파인 나선형 홈을 말합니다. 대부분 소총의 총열에는 이러한 강선이 존재합니다. 탄체는 강선을 지나면서 회전을 하게 되고 각운동량보존법칙에 의해 비행 중 측풍이 불어도 원하는 경로로부터 크게 벗어나지 않고 날아갈 수 있습니다. 탄체가 날아갈 때의 회전속도는 포선의 강선 형태, 탄의 발사속도, 탄의 공기역학적 특성, 무게 분포 등에 의해 결정됩니다. 탄체의 회전속도가 빠르다고 해서 무조건 좋은 것은 아닙니다. 탄체를 너무 회전시키면 탄체의 앞부분이 아래로 처져서 공기저항이 커지게 됩니다. 탄체의 회전을 통해 비행 안정성이 향상되면 비행 안정용 날개를 탄체에 붙이지 않아도 됩니다. 그만큼 탄약을 작게 만들 수 있습니다. 탄약의 부피가 감소하면 전차 내부에 더 많은 탄약을 적재할 수 있고, 탄약의 제작 단가도 줄일 수 있습니다. 그래서 20세기 초 이후 대부분의 총포(보병의 소총부터 전차포, 곡사포, 전함용 함포까지)에는 강선이 존재하였습니다.

그러나 전차포에 강선을 적용하여 사용하다 보니 조금 예외적인 상황이 발생하였습니다. 탄체가 회전하면서 불리한 상황들이 생긴 것입니다. 2차 세계대전까지는 대부분 전차가 강선포만 사용하더라도 전차의 장갑을 뚫을 수가 있었지만, 그 이후에는 그 한계를 보이기 시작하였습니다. 실험을 통해 연구자들은 단단한 장갑을 뚫기 위해서는 가늘고 길게 설계된 철갑탄이 필요하다는 것을 알아냈습니다. 철갑탄이란 아주 단단한 금속(그냥 쇠는 아니고 텅스텐이나 기타 강도가 높고 비중이 큰 금속류)으로 된 막대기라고 생각하시면 됩니다. 그러나 철갑탄의 길이가 길어지면 강선을 통한 회전만으로는 탄이 비행 중에 제대로 안정이 되지 않았습니다. 팽이도 높이가 높으면 회전을 시켜도 쉽게 쓰러지는 것과 같은 이치입니다. 그러나 관통력을 높이기 위해선 탄의 형상이 가늘고 길어야만 했으므로 연구자들은 딜레마에 빠지게 되었습니다. 결국, 연구자들은 회전의 효과를 버리는 대신 철갑탄 뒷부분에 날개를 달아 탄체의 비행 안정성을 확보하였습니다. 탄체는 우리 선조들이 만들었던 화살의 모양으로 되돌아가게 되었습니다.

현재 대부분의 선진국에서 운용 중인 전차용 포탄은 그 형상과 작동 원리가 비슷한데, 제일 흔한 것이 날개안정 분리 철갑탄입니다. 영어로는 APFSDS(armour-piercing fin-stabilized discarding sabot)라고 합니다. 이때 '날개안정'이라는 말은 탄체의 꼬리 부분에 날개를 달아 탄체의 비행을 안정성을 높였다는 것을 의미하고, '분리'라는 말은 추진제의 에너지를 탄체에 전달하기 위하여 사용된 탄저대(sabot)가 탄체 비행 중에 분리된다는 것을 의미하며, '철갑탄'이라는 것은 말 그대로 적의 철갑을 뚫는 탄체라는 것을 의미합니다. 그리고 이러한 날개안정 분리 철갑탄은 회전하면 안 되기 때문에 활강포에서만 발사할 수 있습니다.

최신의 전차들은 활강포를 사용하여 가늘고 긴 모양의 철갑탄을 쏠 수 있게 됨으로써, 장갑 관통력을 더 향상할 수 있었습니다. 그러나 날개안정 분리 철갑탄은 강선포에 발사한 탄체에 비교해서 측풍에 대한 영향을 더 크게 받기 때문에 장거리 사격 시 명중률이 떨어지는 단점이 있었습니다. 그러나 현대에 와서는 사격통제장치(fire control system)의 발달로 측풍이 불어도 높은 명중률을 얻을 수 있습니다. 전차의 포탑에는 환경감시 센서라는 것이 있는데, 이것으로 현재 대기의 온도, 습도, 측풍 등을 감지하여 전차포의 조준점을 바로잡아 주기 때문입니다. 즉 활강포를 탑재한 전차는 발달한 컴퓨터 덕분에 측풍이 불어도 높은 명중률을 유지할 수 있게 된 것입니다. 또한, 2㎞ 밖 이상에서 적 전차와 교전을 벌일 일이 생각보다 적기 때문에 측풍과 같은 외부 환경의 영향도 감소하였습니다. 이제 활강포를 적용 안 할 이유가 없게 되었습니다. 이 이외에도 활강포는 강선을 만들지 않아도 되므로 포신 제작비가 절감되고, 강선이 없으므로 강선포보다 수명이 향상되며, 성형작약탄의 사용이 쉬워진다는 장점이 있습니다. 따라서 현대의 전차에서는 대부분 활강포를 적용하고 있습니다.

이제 포신 속을 여행하는 탄체에 관해서 이야기해 봅시다. 최신 전차에 사용하는 탄약은 지름이 대략 120㎜ 정도나 됩니다. 권총이나 소총에 사용하는 소구경 총탄을 크게 만들어 놓았다고 생각하시면 됩니다. 전차포에서 탄이 발사되면 탄피는 남겨두고 탄체만 날아가게 합니다. 이때 탄체가 어떤 형태로 제작되느냐에 따라서

탄저대(sabot)가 세 갈래로 벗겨지며 운동에너지탄(날개안정 분리철갑탄)이 빠른 속도로 날아가는 것을 볼 수 있습니다.

운동에너지탄이 관통한 철판

운동에너지(kinetic energy)탄과 성형작약(HEAT, high explosive anti-tank)탄으로 나눌 수 있습니다. 지금까지 설명해 드렸던 날개안정 분리 철갑탄이 바로 운동에너지탄입니다. 운동에너지탄은 말 그대로 발사되는 탄체의 운동에너지를 이용하여 적을 제압하는 방식입니다. 뉴턴 역학을 생각해 보면 탄체의 운동에너지($=1/2mV^2$)는 속도의 제곱에 비례하고 질량에 비례합니다. 따라서 적의 두꺼운 장갑을 한방에 뚫기 위해서는 탄체의 속도와 무게를 증가시켜야 합니다. 상식적으로 생각해 보면 탄체의 속도를 빠르게 하려면 탄체를 밀어주는 추진제의 양을 증가시키거나, 포신을 길게 하여 탄체가 오랫동안 힘을 받을 수 있게 하면 됩니다. 또한, 탄약의 구조를 개선하여 추진제의 에너지가 탄체의 운동에너지로 전환되는 효율을 증가시키고, 탄체의 형상을 최적화하여 비행 중 공기저항을 줄이면 됩니다. 그러나 추진제를 증가시키면 포신 내부의 압력이 증가하게 되므로 포신의 두께도 같이 증가해야 합니다. 전차의 기동성을 고려한다면 포신의 길이도 무작정 길게 할 수는 없습니다. 이처럼 탄체의 속도를 높이는 것이 운동에너지를 증가시키는 제일 효과적인 방법이기는 하나, 여러 가지 제약조건이 따릅니다.

| 재료명 | 비중 ㎏/㎥(@20℃) |
| --- | --- |
| 철(Iron) | 7,874 |
| 알루미늄(Aluminum) | 2,700 |
| 구리(Copper) | 8,920~8,960 |
| 납(Lead) | 11340 |
| 우라늄(Uranium) | 19,100 |
| 텅스텐(Tungsten) | 19,250 |
| 은(Silver) | 10,500 |
| 금(Gold) | 19,300 |
| 백금(Platinum) | 21,450 |
| 이리듐(Iridium) | 22,500 |
| 오스뮴(Osmium) | 22,610 |

대표적인 금속들의 밀도

그렇다면 운동에너지를 증가시키기 위해 남아 있는 선택은 무엇일까요? 바로 탄체의 무게를 증가시키는 것입니다. 탄체의 무게를 증가시키려면 밀도가 높은 재료로 탄체를 제작하면 됩니다. 오로지 밀도만 생각하면 세상에서 가장 무거운 금속류인 백금이나 이리듐 등을 사용하여 탄체를 만들면 됩니다. 하지만 아무리 돈이 많은 미국이라도 고가의 백금을 이용하여 많은 수의 탄체를 생산하는 것은 현실적으로 불가능합니다. 결국, 적당한 가격에 높은 밀도를 가지는 금속을 선택해야 합니다. 그런 점에서 텅스텐이 탄체의 재료로 많이 사용됐습니다. 하지만 텅스텐 역시 그렇게까지 저렴한 금속은 아닙니다. 전차용 탄체는 한두 발 생산할 것이 아니기 때문에 지구상에 존재하는 재료 중에 매장량이 많아야 하고, 가격도 싸야 합니다. 무기를 개발하는 연구자라면 항상 돈을 생각해야 합니다. 항상 그랬듯이 전쟁은 돈으로 하는 겁니다.

걸프전 당시 미국은 주력전차인 M1A1을 위하여 운동에너지탄의 가격과 성능을 모두 만족시켜야 하는 상황에 놓였습니다. 미국의 탄약 개발자들은 우라늄에 주목하였습니다. 우라늄은 다른 금속류에 비교해서 밀도가 높으면서도 상대적으로 가격이 저렴했고, 매장량도 많았습니다. 특히 미국에서는 핵폭탄이나 핵연료를 만드는 과정에서 우라늄 폐기물이 많이 발생하였습니다. 따라서 우라늄을 이용하여 탄체를 제작하면 적은 돈으로도 큰 효과를 얻을 수 있었습니다. 폐우라늄으로 제작된 탄체를 열화(劣化) 우라늄탄이라고 부르는 것도 이러한 이유 때문입니다.

우라늄 238은 지구상에 널리 매장돼 있는 흔한 금속원소 중의 하나입니다. 우라늄 238은 반감기가 45억 1,000만 년으로 아주 느린 속도로 방사선(α선)을 방출하며 원자핵이 자연 붕괴하는 물질입니다. 생각과는 달리 우라늄 238로부터 발생하는 방사선량은 인체에 위협을 가할 정도로 위험한 수준이 아닙니다. 그러나 동위원소인 우라늄 235는 강한 방사선(중성자)을 방출하면서 핵분열을 일으키기 때문에 핵폭탄이나 핵연료에 이용되는 아주 위험한 물질입니다. 자연계에 존재하는 우라늄 광석은 우라늄 238이 99.28%, 우라늄 235가 불과 0.72%의 비율로 존재하고 있습니다. 미국에서는 다량의 핵무기를 제조하기 위하여 우라늄 광석에서 우라늄 235만 추출하고 나머지는 폐기물로 처리해 왔습니다. 그런데 폐기물에는 우라늄 238만 존재해야 하지만 실제로는 추출하지 못한 미량의 우라늄 235가 남아 있게 되고 강한 방사선을 방출할 수도 있습니다.

따라서 폐기물을 그냥 버리지 못하고 두꺼운 콘크리트로 만들어진 방사능 보관 장소에 따로 보관할 수밖에 없었습니다. 이 와중에 폐기물인 열화우라늄으로 탄체를 만들면 탄체의 성능 및 생산 가격을 동시에 만족시킬 수 있었습니다. 또한, 열화우라늄은 텅스텐보다 낮은 온도에서 발화가 되므로 적에게 더 큰 피해를 줄 수 있었습니다. 그 당시 미군 입장에서는 열화우라늄이 최고의 아이디어였을 것입니다. 그러나 걸프전 이후 이라크 전쟁터 부근에 사는 주민들과 전차에 탑승했던 미군들이 백혈병이나 암에 걸리는 비율이 증가하면서 최고 성능을 발휘하던 열화우라늄탄은 환경단체로부터 의심을 받기 시작합니다. 또한, 코소보나 보스니아 분쟁에서도 '발칸 신드롬Balkan Syndrome'이라고 하는 유사한 증상들이 많이 발생했습니다. 대부분의 언론매체에서는 열화우라늄탄에 의한 방사능 피해일 것으로 의심하였습니다. 하지만 미군은 방사능에 의한 영향은 확인되지 않았다며 이를 강하게 부정하였습니다.

1997년에 개봉된 영화 '자칼Jackal'을 보면 킬러 역할로 나오는 브루스 윌리스가 폴란드제 ZSU-33 14.5㎜ 기관총을 구매하여 영부인을 살해하려는 장면이 나옵니다. 사실 이 총은 실제로 존재하는 총은 아니고 영화용으로 만들어진 소품입니다. 몸체 부분은 50구경(50/100인치) 브라우닝Browning M2 중기관총이 쓰였습니다. M2 중기관총은 미군에서 1920년대부터 쓰이기 시작해서 아직도 쓰고 있는 물건으로 걸작 중 걸작으로 칭송받고 있습니다. 영화에서 브루스 윌리스는 M2 중기관총과 열화우라늄탄의 조합으로 총의 위력을 극대화합니다. DIY로 제작된 총기를 벌판에서 시험하는 장면을 보신다면 '맞으면 바로 사망'이라는 단어밖에 떠오르지 않습니다.

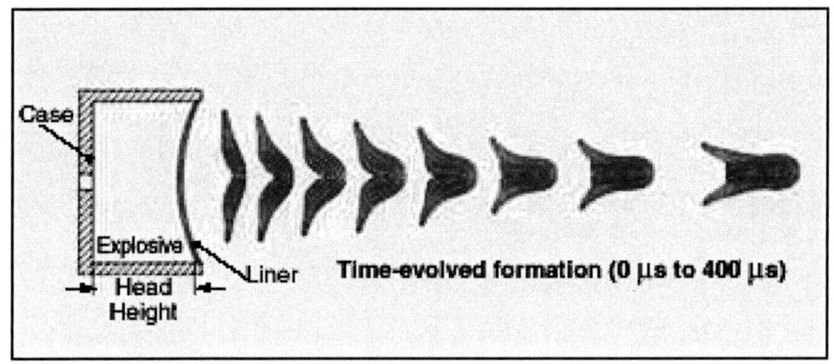

성형작약탄의 작동원리. 폭약 폭발로 인해 금속 제트가 형성되어 철판을 뚫습니다.

전차에서는 운동에너지탄과 함께 성형작약탄을 사용합니다. 성형작약탄은 다른 말로 대전차 고폭탄, 화학에너지탄이라고 부르기도 합니다. 성형작약(成型炸藥)탄은 단어에서 유추할 수 있듯이 어떤 모양으로 성형된 폭약 덩어리가 폭발하면서 적의 장갑을 뚫도록 만들어져 있습니다. 왜 이런 단어를 사용하였는지는 차차 알게 될 것이니 일단 먼저 작동원리에 대해서 살펴보기로 합시다.

운동에너지탄은 물체가 가지고 있는 질량의 운동에너지를 이용하여 적의 장갑을 뚫는 방식이고, 성형작약탄은 화약의 폭발에너지를 이용하여 장갑을 뚫는 방식입니다. 따라서 두 종류의 탄은 작동하는 방식이 완전히 다릅니다. 운동에너지탄은 탄체가 날아가 적의 장갑과 부딪쳤을 때 폭발하지 않고 자신이 가지고 있는 운동에너지만으로 두꺼운 철판을 뚫습니다. 하지만 성형작약탄의 경우, 탄체가 적의 장갑을 만나는 즉시 폭약이 폭발하게 되고 그 에너지에 의해서 원뿔 모양의 금속(보통 라이너liner라고 합니다)이 일자 모양의 제트를 형성하여 장갑을 뚫습니다. 이때 중요한 것이 금속라이너입니다. 금속라이너는 원뿔 모양이기 때문에 폭약도 원뿔 모양으로 충진되어 있습니다. 따라서 폭약이 폭발하면 에너지가 원뿔의 꼭짓점에 집중되어 고온·고압의 강력한 금속 제트를 만들어 낼 수 있습니다. 이는 우수한 장갑 관통 능력을 보이는데, 미국에서는 '먼로Monroe 효과', 독일에서는 '노이만Neumann 효과'라고 부릅니다. 1920년대에 미국과 독일의 과학자인 '먼로'와 '노이만'이 각각 발견하였는데, 모두 자국의 사람의 이름을 붙여 성형작약탄의 효과를 설명하고 있습니다.

먼로나 노이만과 마찬가지로 무기들이 개발될 때 개발자의 이름을 사용하여 작명하는 경우가 많이 있습니다. 예를 들어 세계에서 가장 많이 생산되어 사용되고 있는 AK(Avtomat Kalashnikova) 소총 역시 구소련의 총기 개발자인 '칼라시니코프'가 자신의 이름을 이용하여 작명하였습니다. 전 세계 테러리스트를 포함한 많은 사람은 그것이 사람 이름인지도 모르고 그냥 대명사처럼 사용하고 있는 것입니다. 무기뿐만 아니라 포드, 포르쉐, 페라리 등과 같이 유명한 자동차 회사들도 창업자의 이름을 상호로 사용하고 있습니다. 이런 걸 보면 사람들은 하이젠베르크나 페르미 등과 같은 뛰어난 물리학자들보다 칼라시니코프, 포드, 포르쉐 등과 같은 발명가를 더 많이 알고 있을지도 모릅니다. 어쨌든 지금 이 책을 읽고 있는 여러분들도 기발한 아이디어로 뭔가를 개발한 다음, 자신의 이름으로 작명해 보시는 것도 좋다고 생각합니다. 아인슈타인이나 뉴턴처럼 획기적인 이론이나 원리를 발견한 후 자신의 이름을 사용하는 것이 더 의미 있겠지만, 현존하는 이론과 원리를 이용하여 세상에 하나뿐인 무기를 개발한 다음 자신의 이름으로 작명하는 것도 멋지지 않습니까?

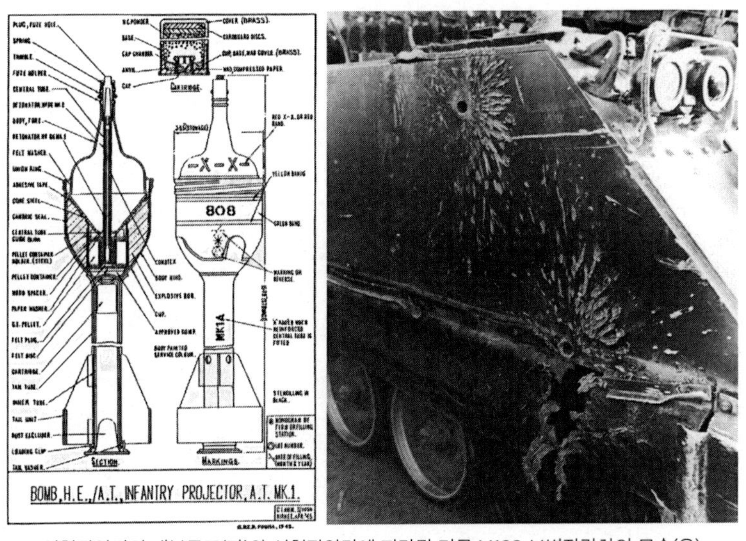

성형작약탄의 내부구조(좌)와 성형작약탄에 피탄된 미국 M133 보병장갑차의 모습(우)

이야기가 또 다른 곳으로 빠진 것 같습니다. 다시 성형작약탄의 이야기로 돌아갑시다. 이제 어떻게 하면 강력한 성형작약탄을 만들 수 있는지 생각해 봅시다. 앞에서는 운동에너지탄과 성형작약탄의 작동원리가 다르다고 했지만, 그 근본을 살펴보면 운동에너지탄과 크게 다를 바는 없습니다. 즉, 결국 두꺼운 장갑을 뚫기 위해서는 질량을 가진 물체가 속도를 가지고 철판에 부딪쳐야 한다는 점은 같습니다. 다만 장갑을 뚫은 재료와 그 재료가 속도를 얻는 방법이 다를 뿐입니다. 쉽게 말해 운동에너지탄의 경우 장갑을 뚫는 것은 화살 모양의 탄체 그 자체이고, 이것은 발사 후 포신 속에서 연소하는 추진제의 에너지에 의해 속도를 얻습니다. 이에 반해 성형작약탄의 경우 장갑을 뚫는 것은 금속 제트이고, 금속 제트는 장갑 접촉 후 폭약 폭발 때문에 속도를 가집니다. 성형작약탄에도 추진제가 있는데 그것은 단지 금속라이너와 폭약이 저장된 탄체를 비행시켜 주는 역할밖에 수행하지 않습니다. 만약 성형작약탄의 탄체가 금속라이너 없이 폭약만 가지고 있다면, 폭약 폭발 때문에 두꺼운 철판만 휘어질 뿐 구멍은 뚫리지 않을 것입니다. 바꾸어 생각하면 성형작약탄에서는 폭발 후 형성되는 금속 제트가 운동에너지의 날개안정 철갑탄과 같은 임무를 수행한다고 생각하시면 됩니다.

그럼 여러분이 무기 개발자라면 세계 최고 수준의 관통력을 가지는 성형작약탄을 만들기 위해서 무엇을 어떻게 해야 할까요? 뭐 고민할 것 없습니다. 운동에너지탄과 방법이 똑같습니다. 상식적으로 두꺼운 장갑을 관통하려면 보다 많은 운동에너지를 확보해야 합니다. 이를 위해서는 금속 제트의 밀도를 크게 하고, 폭발 후 금속 제트가 날아가는 속도를 빠르게 해야 합니다. 먼저 금속 제트의 밀도를 크게 하는 방법에 대해서 생각해 봅시다. 금속 제트의 원형은 원뿔 모양의 금속 라이너라고 하였습니다. 보통 금속 라이너는 구리나 구리 합금을 사용합니다. 구리는 비중이 적당히 높은 데다 적당히 부드러워 폭약 폭발로 인해 강력한 금속 제트를 만들 수 있습니다. 또한, 다른 금속에 비교해서 가격이 저렴하여 대량생산하기도 좋습니다. 그렇다고 꼭 구리만 사용되는 건 아닙니다. 필요에 따라서 구리 말고도 철이나 알루미늄, 심지어 유리 따위도 사용할 수 있습니다. 이것보다 더 강력한 것을 원한다면 밀도가 더 높은 중금속을 사용할 수도 있습니다.

두 번째로 금속 제트의 분사 속도를 증가시켜 관통력을 높이는 방법에 대해서 살펴봅시다. 앞서 설명해 드렸듯이 금속 제트는 폭약폭발 때문에 금속라이너가 붕괴하여 형성된다고 하였습니다. 따라서 금속 제트의 분사 속도를 증가시키려면 폭약의 폭발력이 커야 합니다. 즉, 폭발압력과 폭발속도가 우수한 화약을 개발하여 사용하면 관통력을 증가시킬 수 있습니다. 과거에는 폭발 화약으로 단지 TNT(Trinitrotoluene)만 사용하였습니다. 이후 TNT와 PETN(Pentaerythritol tetranitrate)이 혼합된 펜톨라이트Pentolite를 사용하면 폭발속도가 증가한다는 것을 발견하게 됩니다. 그러다가 폭발속도를 더 빠르게 하려고 TNT에 RDX(Research Department eXplosive)가 혼합된 컴포지션composition B를 사용하게 되었고, 최근에는 HMX(High Melting eXplosive)와 약간의 폴리머가 혼합된 PBX(Polymer-Bonded eXplosive)가 사용되기도 합니다. 지금도 폭약의 폭발속도를 증가시키기 위한 연구자의 노력이 계속되고 있으며, 이와 함께 폭발속도도 계속 증가하는 추세에 있습니다.

세 번째로 생각할 수 있는 것이 금속 라이너의 형상입니다. 라이너 모양이 변하면 그 뒤에 충진되는 폭약의 형태도 달라질 것입니다. 만약 라이너의 내각이 작으면 폭약 폭발 때문에 형성되는 금속 제트의 모양은 길고 가늘어질 것입니다. 반대로 내각이 커지면 금속 제트의 모양은 짧고 두꺼운 형태로 됩니다. 이러한 금속 라이너의 형태는 성형작약탄의 사용 목적에 따라 달라집니다. 예를 들어 관통력에 중점을 두고 싶다면 라이너의 내각을 작게 설계해야 합니다. 그렇게 해야 금속 제트가 가늘고 길게 변하고, 뚫는 구멍의 크기는 작지만 두꺼운 방탄재료를 쉽게 파고들어 갈 수 있기 때문입니다. 그렇다고 내각을 너무 작게 하면 오히려 폭약이 집중되는 효과가 나빠질 수 있습니다.

알라의 요술봉이라 불리는 RPG-7

성형작약탄은 발사하는 방법에 따라서도 위력이 변할 수 있습니다. 만약 성형작약탄이 강선포를 통해 발사되면 탄체가 회전하면서 적 장갑에 부딪힙니다. 이때 폭발과 금속 제트가 원심력에 의해 사방으로 분산되어 버려 그 위력이 크게 감소합니다. 그래서 강선포에서 발사되는 성형작약탄은 탄체 외부에 헛돌 수 있는 라이너가 추가로 장착됩니다. 그래야 강선이 라이너만 돌리게 되어 탄체는 회전하지 않기 때문입니다. 특히 2차 세계대전 당시에는 대부분 전차가 강선포를 장착하고 있었기 때문에 이러한 추가 장치가 필요하였습니다. 그러나 현대의 전차는 강선포 대신 활강포를 주로 사용하므로 이러한 추가 장치 없이 성형작약탄을 사용할 수 있게 되었습니다.

성형작약탄은 전차용 탄약으로만 사용하는 것이 아닙니다. 역사상 가장 최고의 무기이자 테러리스트의 상징적 무기인 RPG-7 역시 성형작약탄을 이용합니다. 성형작약탄의 원리를 이해하셨다면 RPG-7이 왜 최고의 무기로 칭송받는지 알 수 있을 것입니다. 운동에너지탄은 빠른 초기 속도를 필요하므로 운동에너지탄을 발사하기 위해서는 포신 및 주변장치가 커져야 합니다. 또한, 탄체는 고밀도 재료를 사용하여 복잡한 기계 가공으로 제작하므로 탄약이 고가라는 단점이 있습니다. 그러나 성형작약탄은 발사 속도가 느려 발사 장치를 단순하게 만들 수 있습니다. 또한, 저렴하고 간단한 구조의 탄약으로 두꺼운 적의 장갑을 효과적으로 뚫을 수 있습니다. 실제로 RPG-7은 암시장에서 40만 원 정도면 구매할 수 있습니다. 이 정도면 단언컨대 가격 대비 파괴력은 세계 최고 수준입니다. 40만 원의 무기로 50억 원 이상 하는 전차를 파괴한다면 정말 남는 장사가 아니겠습니까? 반대로 전차 입장에서는 40만 원짜리 무기에 파괴될 수 있으니 어떡해서든 막아야 할 녀석 중 하나입니다. 이런 이유로 많은 아랍권의 테러리스트들은 미군을 포함한 연합군에 대항할 목적으로 RPG-7을 사용하고 있습니다. 이것이 RPG-7을 '알라의 요술봉'이라고 부르는 이유입니다.

10

# 장갑/방호

전차는 육군 전술의 핵심인 기갑사단을 대표합니다. 2차 세계대전 당시 뛰어난 지휘관으로 이름을 떨쳤던 미국의 패튼Patton, 독일의 롬멜Rommel, 영국의 몽고메리Montgomery 장군 등이 모두 기갑사단을 근간으로 그들의 화려한 전술들을 생각해 내었습니다. 그런 만큼 지휘관들은 전장에서 전차를 잃는 것을 누구보다도 싫어합니다. 더욱이 전차가 값싼 대전차 무기들에 당한다면 지휘관의 살점이 떨어져 나가는 느낌일 것입니다. 미국의 게임 회사인 블리자드Blizzard사에서 만든 스타크래프트starcraft 게임에서 저그zerg의 저글링zergling에 의해 시저 탱크siege tank를 잃었을 때와 비슷한 기분이라고 표현한다면 조금이나마 이해가 될 겁니다. 예나 지금이나 적의 공격으로부터 전차를 보호하는 것은 무엇보다 중요한 문제로 인식되고 있습니다. 대부분의 전차가 두꺼운 철판으로 둘러싸여 있는 것도 이러한 이유 때문입니다.

전차는 소총탄을 아무리 맞아도 끄떡없습니다. 다만 대구경(大口徑)의 운동에너지탄과 성형작약탄 공격은 문제가 될 수 있습니다. 이런 공격 때문에 조금이라도 장갑이 뚫리면 전차 내부의 승무원은 치명상을 입을 수 있습니다. 그럼 전차들은 어떻게 해야 이러한 탄들을 효과적으로 막을 수 있을까요? 최고의 장갑 재료는 적의 어떤 공격에도 뚫리지 않을 정도로 단단해야 하고, 전차의 서스펜션suspension이나 동력 계통에 무리가 가지 않도록 가벼워야 합니다. 그러나 지구상의 존재하는 재료들은 밀도가 클수록(무거운 재료일수록) 단단한 성질을 가집니다. 대부분 전차가 50~70t에 이르는 육중한 몸무게를 자랑하는 이유도 이 때문입니다. 그런데도 연구자들은 가볍지만 단단한 장갑 재료를 찾기 위하여 오늘날에도 연구에 매진하고 있습니다. 하지만 반도체 기술과는 달리 기술발전 속도가 그다지 빠르지는 않습니다. 따라서 주어진 무게 한도 내에서 장갑 재료를 잘 배치하거나, 장갑 재료 외에도 다른 방법을 사용하여 전차의 방호력을 향상하려고 노력합니다.

에너지 측면에서 장갑/방호의 방법을 생각하면 더 쉽게 접근할 수 있습니다. 운동에너지탄과 같은 고에너지로 나를 공격한다면 어떻게 막아야 하는 걸까요? 첫 번째는 운동에너지탄의 에너지가 전차 내부로 전달되지 않도록 밖으로 튕겨내면 됩니다. 두 번째는 운동에너지탄의 에너지가 전차내부의 승무원까지 도달하기 전에 장갑 재료 내에서 흡수·발산 시키면 됩니다. 세 번째는 공격한 에너지를 다른 에너지를 사용하여 막아버리면 됩니다. 이후 소개되는 장갑/방호의 방법들은 모두 이러한 3가지 방법들 중 하나를 기초로 한 것입니다.

전차에 적용되고 있는 실제적인 방법들을 이야기해 봅시다. 에너지를 튕겨낼 수 있는 제일 쉬운 방법은 '경사'를 이용하는 것입니다. 같은 재료일지라도 경사를 이용하면 장갑 성능을 향상시킬 수 있습니다. 전차의 장갑재가 경사를 두고 설치되는 것을 '경사 장갑'이라고 합니다. 이러한 경사 장갑은 현대 전차의 외형에서 쉽게 찾아볼 수 있습니다. 장갑재가 지평면과 비슷한 각도로 설치되면 여러 면에서 유리한 점이 많아집니다. 먼저 적 전차에서 발사한 탄은 지면과 수평 방향으로 날아오므로 장갑재가 경사를 두고 설치되면 탄의 입사각이 커지는 효과가 있습니다. 쉽게 생각하면 넓은 호수에서 돌 튕기기를 하는 것과 똑같은 원리입니다. 아무런 생각 없이 돌을 던지면 물속으로 바로 가라앉지만, 수면과 최대한 수평이 되도록 던지면 입사각이 커져 돌이 물속으로 들어가지 않고 여러 번 튕기는 현상을 볼 수 있습니다. 마찬가지로 적이 발사한 탄 역

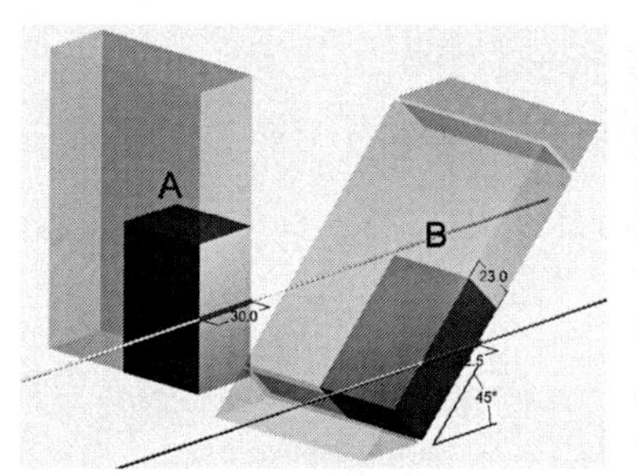

경사 장갑의 원리(좌)및 경사 장갑을 제대로 볼 수 있는 이스라엘 메르카바 Mk 4M 전차(우)
<사진출처:MathKnight>

시 큰 입사각으로 장갑 재료에 진입하면 바깥으로 튕겨 나갈 확률이 높아집니다. 튕겨 나간다는 것은 탄체의 운동에너지가 장갑 재료로 일부만 전달 혹은 발산되고, 나머지 에너지는 다시 운동에너지 형태로 외부로 나간다는 것을 의미합니다.

경사 장갑의 두 번째 장점은 탄이 뚫고 지나가야 하는 장갑재의 두께가 증가한다는 것입니다. 두께가 증가하면 탄체의 운동에너지가 장갑 재료 내에서 100% 소진될 수 있다는 것을 의미합니다. 아래 그림과 같이 B 장갑 재료는 A보다 두께가 얇지만, 45도 경사를 주게 되면 A보다 더 두꺼운 장갑효과를 볼 수 있습니다. 간단히 수식으로 생각해보면 경사각이 $\alpha$인 경우 장갑 재료는 $1/\cos(\alpha)$만큼 두꺼워질 수 있는 것입니다. 이러한 이유로 전차 개발자들은 전차의 외곽선을 디자인할 때 아주 신중하게 설계합니다. 1도 차이로 장갑의 두께가 달라져 적이 쏜 탄으로부터 뚫릴 수도, 막을 수도 있기 때문입니다. 전차 장갑 관련 연구자의 고민이 가장 잘 표현된 전차가 바로 이스라엘의 메르카바Merkava 전차입니다. 중동전쟁을 통해 다양한 실전 경험을 보유한 이스라엘은 전차 설계 때부터 아주 큰 경사각으로 전면 장갑을 설계하였습니다. 경사각이 크면 전차 모양이 이상할 것 같지만 실제 모습을 보면 완전 사랑에 빠질 정도로 멋지고 맵집 좋게 보입니다. 이처럼 같은 장갑 재료라 하더라도 배치나 경사에 따라서 장갑 성능이 크게 변화될 수 있습니다.

2014년 개봉한 영화 '퓨리fury'에서는 독일 타이거Tiger 전차 1대와 미군의 M4 서먼Sherman 전차 3대의 전차전 장면이 잘 묘사되어 있습니다. 그동안 전쟁 액션 영화는 많았으나 전차를 소재로 한 영화는 드물었는데, 퓨리에서는 전차 액션의 참맛을 느낄 수 있습니다. 3대의 셔먼 전차에서 발사된 75㎜ 철갑탄은 타이거 전차의 장갑을 뚫지 못하고 그냥 튕겨 나가 버립니다. 타이거 전차의 장갑 두께도 두꺼웠지만, 딱 봐도 타이거 전차의 장갑구조 및 형상이 셔먼 전차보다 훌륭해 보입니다. 이에 반해 타이거 전차의 88㎜ 전차포는 셔먼 전차를 원샷 원킬one shot one kill로 보내 버립니다. 전차의 전투 장면도 좋았지만, 타이거 전차를 만난 셔먼 전차 승무원의 당혹스러움, 두려움, 처절함, 안도감의 감정 변화를 연기자들이 잘 표현하고 있으니 꼭 보시기 바랍니다.

2차 세계대전 당시 독일 팬저 전차의 공간 장갑 <사진출처:Bukvoed>

현대의 전차에서는 경사 장갑과 함께 공간 장갑도 많이 적용되어 있습니다. 공간 장갑이란 단어 뜻에서 알 수 있듯이 장갑판재 사이에 공간을 두어 전차의 방어력을 향상하는 것을 말합니다. 단순히 판재 사이에 존재하는 빈 공간이 무슨 장갑 역할을 하는가 하고 의구심이 생길 수 있지만, 생각보다 그 효과는 상당합니다. 이유는 간단합니다. 만약 주장갑 앞에 일정한 공간을 두고 고강도 장갑을 설치한다면, 적의 운동에너지탄이 먼저 바깥쪽 장갑에 부딪히면서 탄체가 회전하거나, 입사각이 변하거나, 부러지면서 그 위력이 크게 감소하게 됩니다. 덕분에 주장갑을 뚫을 수 없게 되는 것입니다. 성형작약탄의 경우 판재 사이의 공간에 물, 모래, 기름 같은 다른 물질이 채워두면 성형작약탄이 폭발하면서 생기는 금속 제트를 분산시켜 주는 효과가 있습니다. 일부 전차에서는 공간 장갑의 공간을 연료탱크로 활용합니다. 혹은 기관총용 탄약이나 텐트, 군장 등의 물건을 보관하면 성형작약탄에 대한 방어력을 향상할 수 있습니다. 이처럼 공간 장갑을 잘 활용하면 장갑 능력을 향상할 수 있을 뿐만 아니라 전차의 가격과 무게를 동시에 낮출

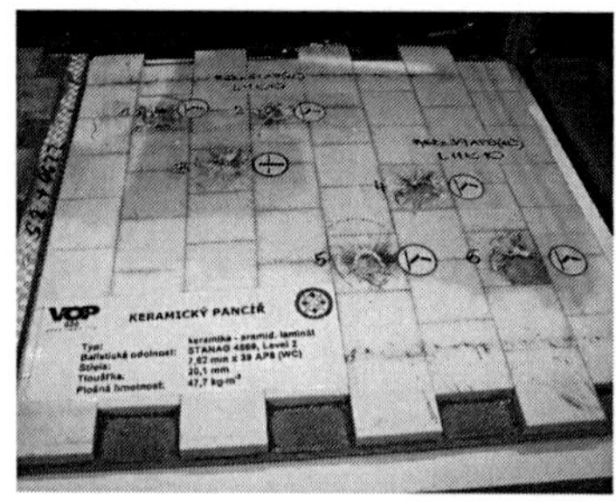

세라믹-아라미드 복합 장갑의 방탄 시험 결과(좌)와 초밤장갑으로 유명한 영국의 챌린저 탱크(우)

수 있다는 장점이 있습니다. 따라서 최신 전차일수록 공간 장갑을 효과적으로 적용하고 있습니다.

뭐니 뭐니 해도 장갑의 최신 기술은 복합 장갑입니다. 복합 장갑은 장갑판을 이중으로 만들고 그사이에 세라믹, 티타늄, 강화플라스틱, 복합재료 등의 재료를 겹쳐서 만든 구조입니다. 운동에너지탄 입장에서는 계속해서 밀도와 경도가 달라지는 장갑 재료를 만나는 것과 같습니다. 이때 운동에너지탄은 탄체의 중심이 흔들리거나 입사각이 변화하여 운동에너지가 빠르게 분산되므로 더 이상 장갑 재료를 뚫지 못하게 됩니다. 어찌 보면 공간 장갑의 발전된 개념으로도 볼 수 있습니다. 이러한 복합 장갑은 순수한 강철로 만든 장갑보다 가벼울 수 있으나, 같은 장갑 능력을 갖추기 위해서는 부피가 커져야 하는 단점이 있습니다. 또한, 세라믹, 복합소재 등과 같은 고가의 소재가 사용되고 작업공정이 복잡하기 때문에 가격이 높습니다. 이러한 단점에도 불구하고 복합 장갑을 사용하는 목적은 성형작약탄에 대한 방호력을 강화하기 위해서입니다. 일반적으로 전차끼리 교전할 경우에는 운동에너지탄을 사용하는 게 효과적입니다. 하지만 실제 전장에서 전차는 보병이나 헬기를 만나 교전할 확률이 더 높습니다. 보병이나 헬기는 전차처럼 강력한 포신을 가지고 있지 않기 때문에 운동에너지탄보다는 성형작약탄으로 공격합니다. 따라서 고가의 전차를 보호하기 위하여 성형작약탄에 대한 방호력 강화는 반드시 필요합니다. 복합 장갑은 경도가 우수한 세라믹 재료를 내부에 포함하고 있으므로 성형작약탄에 대한 우수한 방호능력을 보여줍니다.

복합 장갑은 영국의 초밤chobham이라는 지역에 위치한 한 연구소에서 개발되기 시작하였습니다. 덕분에 복합 장갑은 소위 초밤 장갑chobham armor이라고 부르기도 합니다. 이후 세계 각국에서도 이와 유사한 장갑을 독자적으로 개발하거나, 기술도입하여 자국 전차에 적용하였습니다. 일본은 'Z장갑'이라는 독자적인 복합 장갑을 개발하여 90식 전차에 탑재하고 있는 것으로 알려져 있습니다. 우리나라는 1970~1980년 당시 방탄 기술이 걸음마 수준이었기 때문에 M1 에이브람스 전차의 장갑재와 유사한 복합 장갑을 기술 도입하여 K1 전차 초~중기 모델에 사용하였습니다. 그 당시에도 우리나라는 미국의 중요한 우방국이었지만, 미국 기술진은 한국 기술진을 배제하고 복합 장갑을 제작했을 정도로 방탄기술의 노출 및 이전을 꺼렸습니다. 미국뿐만 아니라 다른 선진국에서도 복합 장갑의 기술은 기밀 사항으로 분류하고 있습니다. 그런데도 국내 연구진들은 한국형 복합 장갑을 독자 개발하여 K1 후기형이나 K1A1 전차에 탑재하여 전차의 방호 성능을 강화했습니다. 최근 우리나라에 배치되고 있는 K2 전차 및 K21 보병 장갑차량에서도 순수 국내 기술의 복합 장갑이 적용되고 있습니다. 최근 개발된 크게 고경도 강철, 복합재료 보호덮개, 세라믹 판, 충격흡수용 고연성 접착제 필름, 유리섬유 복합재가 차례로 적층되어 있는 구조입니다. 먼저 고경도 강철은 소구경 탄에 의해 내부 세라믹 판이 파괴되는 것을 보호하고, 1차 장갑재의 임무를 수행합니다. 복합재

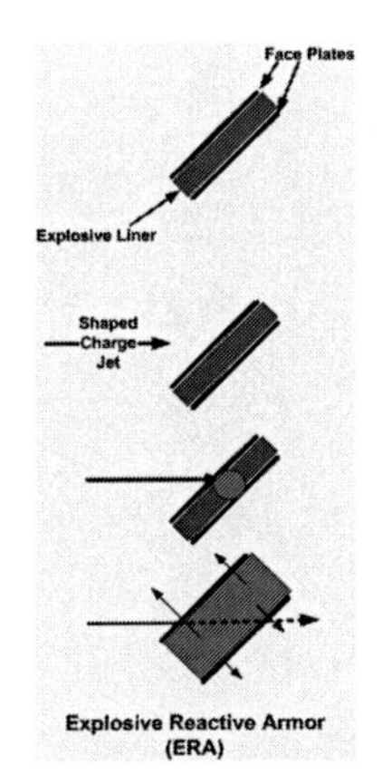

반응 장갑의 작동원리(좌)와 외부에 반응 장갑을 장착한 러시아 T-72 전차(우). 반응 장갑은 에너지를 에너지로 막는 원리입니다.

료 보호덮개는 운동에너지탄 피탄 시 파손되는 세라믹 판의 파편 분산을 방지하고 고정해 줍니다. 세라믹 판은 강철보다 4배 이상 경도가 높아서 고속으로 이동하는 운동에너지 탄체를 파쇄할 수 있습니다. 고연성 접착제 필름은 유동성이 높은 부드러운 재질로서 운동에너지탄에 의해 충격을 받은 세라믹 판이 파괴되는 것을 방지합니다. 케블라와 같은 재료인 유리 섬유 복합재는 고속의 운동에너지탄과 마찰을 일으키면서 에너지를 흡수하는 역할을 수행합니다.

지금까지 설명해 드렸던 방호기술들은 전차가 등장한 이후 수많은 실전 데이터를 바탕으로 일궈낸 재료 기술의 집합체라고 해도 과언이 아닙니다. 스타크래프트에서 시저탱크의 방호력 업그레이드가 필요하듯이 최신의 방호기술이 적용될수록 전차의 맷집이 좋아지기 때문에 전투에서 승리할 확률이 높아집니다.

그런데도 군인들은 적이 발사한 탄체를 조금 더 적극적인 방법으로 제압하고 싶어 했습니다. 그렇게 해서 개발된 것이 바로 반응 장갑(reactive armor)입니다. 반응 장갑이란 기존의 장갑과는 완전히 다른 방식으로 적의 공격을 무력화시키는 장갑구조입니다. 즉 튼튼한 재료를 사용하여 적의 공격을 막는 일반적인 장갑 개념과는 다르게 이열치열(以熱治熱) 혹은 맞불 방법으로 상대방의 공격을 막습니다. 반응 장갑은 2장의 장갑판 사이에 폭발성 물질로 채워진 구조입니다. 적이 발사한 성형작약탄이나 운동에너지탄이 반응 장갑과 부딪히면 내부의 폭발성 물질이 폭발하여 금속 제트나 탄체를 변형 혹은 이동시켜 관통력을 약화하는 원리입니다. 특히 반응 장갑은 성형작약탄을 효과적으로 무력화시킬 수 있기 때문에 수십억짜리 전차가 저가의 대전차로켓(RPG 등)에게 당하는 것을 막을 수 있게 해주었습니다. 하지만 반응 장갑은 일회용이라서 한번 사용되면 더 사용할 수는 없습니다. 실제로 이러한 사실을 잘 알고 있는 게릴라군들은 총으로 먼저 반응 장갑을 폭발시킨 후, 대전차 로켓을 반응 장갑이 없어진 부분에 조준, 발사하여 전차를 잡기도 합니다. 또한, 최근 개발되고 있는 대전차 유도탄의 경우에는 탠덤tandem 탄두를 가지고 있어서, 유도탄 앞쪽에 위치하는 탄두는 반응 장갑을 제거하고, 뒤쪽에 위치한 주탄두가 장갑을 뚫도록 설계되어 있습니다.

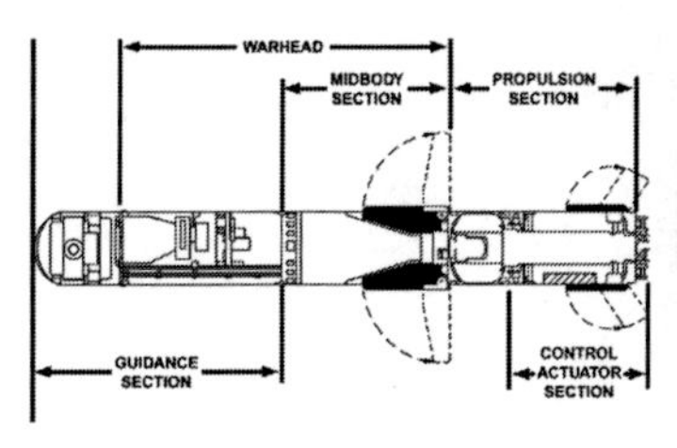

재블린 대전차 유도탄(FGM-148)의 내부구조(좌)와 발사장면(우)

미국의 최신의 대전차 유도탄 재블린Javelin(FGM-148)은 적 전차를 완벽하게 제압할 수 있도록 탠덤 탄두 구조로 되어 있습니다. 발사된 유도탄이 적 전차와 부딪치는 순간 선행 탄두(warhead의 상단)가 폭발하면서 적 전차를 덮고 있는 반응 장갑을 제거해 줍니다. 이후 곧바로 뒤쪽에 위치하는 주 탄두(warhead의 후단)가 폭발하여 적 전차의 장갑을 뚫어버리는 것입니다. 위의 유도탄 구조에서도 볼 수 있듯이 선행 탄두가 주 탄두에 의해 발생한 메탈제트에 영향을 주지 않게 하려고 유도탄 앞쪽에 위치하는 선행 탄두의 중심축이 유도탄 중심축으로부터 벗어나 있는 것을 확인할 수 있습니다.

11

# 전열화학포

전차를 보면 가장 눈에 띄는 것 중의 하나가 상부에 가지고 있는 커다란 포입니다. 당연히 전차의 가장 중요한 공격수단인 만큼 강력한 전차포의 개발은 무엇보다 중요합니다. 전차가 발명되었을 때부터 현재까지의 전차포는 추진제가 연소하면서 발생하는 높은 압력으로 탄체를 발사하였습니다. 그럼 추진제는 어떻게 연소를 시작할까요? 가스레인지처럼 전기 불꽃을 일으켜 추진제를 점화시킬 수도 있지만, 전차포는 더욱 구조가 간단하면서도 확실한 방법을 사용합니다. 보통 전차포에서는 추진제를 점화시키기 위해서 충격식 폭발 화약을 사용합니다. 즉, 소구경 총기와 유사한 방식으로 탄이 발사됩니다. 포수가 발사 스위치를 누르면 공이가 충격식 폭발 화약(primer)을 때려 작은 폭발을 일으키게 하고, 이 작은 폭발이 추진제를 빠르고 정확하게 점화해 줍니다. 점화용 화약은 탄의 가장 아래쪽에 위치하며, 충격식 폭발 화약이 점화가 되면 아래쪽에서 위쪽으로 화염이 전파되어 전체 추진제를 연소시킵니다.

보통 소구경 탄체의 경우는 크기가 수십 ㎜이기 때문에 추진제의 연소속도나 연소패턴은 그렇게 큰 문제가 되지 않습니다. 그러나 전차포와 같이 탄의 크기가 수백 ㎜ 이상 경우에는 추진제가 어떻게 연소되느냐가 중요한 문제일 수 있습니다. 전차포의 경우 추진제의 연소시간이 매우 짧기 때문에 탄체가 전차포 외부로 발사되기 이전에 이미 연소를 끝내 버립니다. 그 말은 충격 화약이 폭발함과 동시에 추진제가 연소를 시작해서 순식간에 포신 내부의 압력을 최대로 끌어올려줍니다. 급격히 상승한 압력 때문에 탄체는 가속을 받아 빠른 속도로 바깥 방향으로 날아가게 됩니다. 탄체가 이동함에 따라 연소 기체가 존재할 수 있는 공간은 점차 넓어지면서 탄체를 밀어주는 압력이 서서히 감소하게 됩니다.

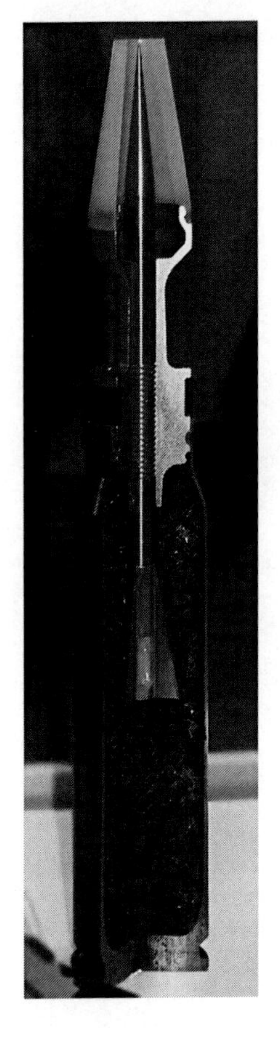

운동에너지탄의 절개도. 아래의 파란색 부분이 충격식 폭발 화약입니다. 충격식 화약의 폭발로 인해 추진제(검은색 알갱이)가 연소를 시작합니다. <그림제공: Spike78>

연구자들은 전차포를 설계할 때 포신 내부의 최대 압력값을 가장 중요하게 생각합니다. 추진제의 연소에 따라 포신 내의 압력을 분석한 후, 최대 압력값을 바탕으로 포신의 두께를 결정합니다. 만약 두께를 잘못 선정하였다면 추진제의 연소 압력 때문에 전차포가 찢어질 수 있습니다. 그러나 만약 순간적으로 나타나는 최대 압력값을 낮추는 대신 탄체가 포신을 지나는 동안 계속하여 동일한 압력을 유지할 수 있다면 어떨까요? 연구자는 최대 압력값으로 포신을 설계할 이유가 없기 때문에 전차포를 더욱 가볍고 효과적

번개는 자연현상에서 볼 수 있는 플라즈마입니다.

으로 제작할 수 있을 것입니다. 그래서 연구자들은 기존의 충격식 폭발 화약을 이용한 점화 방식을 탈피하여 새로운 방식으로 추진제를 점화시키기 위해 고심하였습니다. 그리고 바로 플라즈마 점화 방식을 이용한 전열화학포(Electro Thermal Chemical Gun)를 개발하기에 이릅니다.

플라즈마Plasma는 기체, 액체, 고체와 함께 제4의 물질 상태라고 알려져 있습니다. 보통 플라즈마라고 하면 이온화된 기체로서, 기체 상태의 물질에 계속 열을 가하여 온도를 올려주면, 이온 핵과 자유전자로 이루어진 입자들의 집합체가 만들어집니다. 우리 주변에서 관찰할 수 있는 플라즈마 상태로는 조명으로 사용하고 있는 형광등과 길거리에서 흔하게 볼 수 있는 네온사인 등이 있습니다. 그리고 자연현상의 플라즈마로는 천둥의 친구인 번개와 북극지방 밤하늘에 발생하는 오로라aurora가 있습니다.

플라즈마를 이용해 추진제를 점화하면 다양한 효과를 기대할 수 있습니다. 충격식 폭발 화약의 경우 한번 폭발이 시작되면 더 이상의 제어가 힘들지만, 플라즈마는 전기적으로 제어할 수 있습니다. 추진제를 점화시키기 위한 플라즈마의 에너지량을 제어하게 되면 추진제의 연소를 제어할 수 있습니다. 기존 방식에서는 탄체가 포신을 이동함에 따라 내부 압력이 점차 감소하였지만, 전열화학포는 플라즈마를 통해 추진제의 연소를 제어하여 탄체가 진행하는 동안의 내부 압력을 일정하게 유지할 수 있습니다. 즉, 기존 충격식 폭발 화약은 탄체를 짧고 굵게 밀어주지만, 플라즈마 점화 방식은 같은 에너지를 탄체가 포신을 이동하는 동안 꾸준한 힘으로 밀어줄 수 있습니다. 덕분에 최대 압력값을 낮출 수 있으므로 포신의 두께를 줄일 수 있습니다.

그러나 한 가지 생각해야 할 부분은 플라즈마를 이용한 전열화학포가 사용된다고 해서 탄체의 초기 속도가 엄청나게 증가하지 않는다는 점입니다. 왜냐하면, 기존의 전차포나 전열화학포에 포함하고 있는 추진제의 재료와 무게가 같으므로 탄체를 밀어주는데 사용되는 에너지량도 같기 때문입니다. 단지 전열화학포는 같은 추진제를 보다 효과적으로 연소시킬 수 있기 때문에 탄체의 속도를 약간 증가시킬 수는 있습니다. 이런 사실만 보자면 전열화학포의 효과가 생각보다는 적은 것 같습니다. 저도 처음에는 그렇게 생각하였습니다. 그러나 플라즈마 점화의 장점은 다른 곳에서 찾을 수 있었습니다.

현재 추진제의 가장 큰 단점은 연소속도가 온도에 민감하게 변화한다는 것입니다. 추진제가 연소한다는 것을 구체적으로 표현하자면 추진제의 연료와 산화제가 화학반응을 일으켜 고온·고압의 기체를 생성하며 에너지를 발산하는 것입니다. 고등학교 화학 시간에 배웠듯이 일반적으로 화학반응의 속도는 온도와 반응 물질의 농도에 비례합니다. 특히 온도는 화학반응에 있어서 아주 중요한 변수로서 화학반응 속도와 exp 함수의 관계가 있습니다[8]. 우

8) 온도가 증가함에 따라 화학반응 속도가 지수함수 형태로 증가합니다.

리가 음식물을 장기보관하기 위하여 냉동실에 넣어두는 이유도 이러한 이유입니다. 보관하는 온도가 낮으면 낮을수록 반응속도가 급격히 느려지기 때문에 냉동실에 몇 년간 보관하여도 음식의 신선도를 그대로 유지할 수 있습니다. 1993년 개봉한 영화 '데몰리션 맨Demolition Man'에서와 같이 인간을 급속 냉동하여 장기보관 하였다가 먼 미래에 해동하여 되살리는 장면들도 이러한 원리 때문에 가능한 것입니다.

다시 전차포 이야기로 돌아갑시다. 어쨌든 전차포를 사용하는 군인들은 탄체의 속도가 온도와 관계없이 일정하기를 바랍니다. 만약 여름과 겨울에 발사된 탄체의 속도가 다르다면 어떻게 될까요? 여름에는 전차포로 적의 전차를 뚫을 수가 있었는데, 겨울이 되면 (추진제의 연소속도가 느려져) 똑같은 전차포로 적 전차를 뚫지 못할 수도 있습니다. 또한, 탄체의 비행궤적이 달라지므로 발사 정확도에도 영향을 줄 수 있습니다. 탄 한발에 목숨이 왔다 갔다 하는 군인 입장에서 보면 정말 큰 문제가 아닐 수 없습니다.

무게가 같다면 추진제가 가지고 있는 에너지량은 똑같습니다. 그러나 일단 겨울과 같이 주위 온도가 낮아지면 추진제의 연소속도가 낮아지게 됩니다. 또한, 추진제의 연소 에너지는 추위로 차가워진 자신과 포신의 온도를 높이는 데 일부 사용하므로 약간의 에너지손실이 발생합니다. 그러나 전열화학포를 사용하게 되면 이러한 온도에 따라 발생하는 연소속도나 에너지 손실은 초기에 공급되는 플라즈마의 에너지로 보상이 가능합니다. 따라서 전열화학포를 사용하게 되면 주변 온도와 관계없이 항상 일정한 탄체 속도를 기대할 수 있습니다.

전열화학포의 또 다른 장점은 2차 피해에 대한 안전성을 확보할 수 있다는 것입니다. 기존 전차포의 추진제는 그 자체가 폭발물이므로 피격 시 원치 않는 추진제의 폭발로 인해 추가적인 피해를 볼 수 있었습니다. 그러나 전열화학포의 경우에는 강력한 전기에너지로 플라즈마를 발생하여 추진제를 활성화하므로 그만큼 둔감한 추진제를 사용할 수 있습니다. 그 결과, 피격이나 화재 발생 시 추진제의 폭발로 인한 추가적인 피해를 감소시킬 수 있습니다.

하지만 현실적으로 전열화학포를 적용하기에는 적지 않은 문제점이 있습니다. 전차가 전열화학포를 사용하기 위해서는 플라즈마 점화장치에 약 200kJ 이상의 전기에너지를 공급해 줘야 합니다. 이를 위해서 전차 내부에는 대용량 전원장치가 설치되어야 합니다. 그러나 아쉽게도 현실적으로 전차에는 대용량 전원장치를 장착할만한 공간이 없습니다. 단, 주엔진을 발전기로 사용하고 2차전지와 하이브리드 한다면 전원공급이 가능할 수 있습니다. 이럴 경우 주엔진은 동력계통과 물리적으로 연결되어 있지 않고 전기 생산만 담당하기 때문에 전차는 전기모터로 기동해야 합니다. 아시다시피 우리는 이런 형태를 하이브리드 구동 방식이라고 부릅니다.

현재 전 세계적으로 도요타 프리우스Prius와 같이 하이브리드 구동 방식의 자동차가 기존의 내연기관 자동차를 빠르게 대체하고 있습니다. 하지만 군수용 차량 중에서는 하이브리드 구동 방식을 찾아보기란 쉬운 일이 아닙니다. 왜냐하면, 군에서는 민수보다 훨씬 혹독한 환경에서 운용할 수 있는 하이브리드 구동 체계를 요구하고 있기 때문입니다. 전열화학포를 사용하려면 하이브리드 구동 방식이 필요하지만, 언제쯤 전차에 그 기술이 적용될지는 아무도 예측할 수 없습니다.

하이브리드 구동 방식도 문제지만, 전열화학포의 상용화의 또 다른 걸림돌은 독일에서 개발한 추진제입니다. 현재 독일은 SCDB(Surface Coated Double Base)라는 신기술을 적용하여 온도에 따라 일정한 연소 속도의 특성을 가지고, 둔감 성능도 동시에 만족하는 추진제를 개발 완료하였습니다. 즉 군이 복잡한 전열화학포 기술 없이 신형 추진제의 개발만으로도 전열화학포와 유사한 효과를 얻을 수 있습니다. 따라서 차세대 전차에서 무리하게 전열화학포를 탑재할 이유가 없어지게 되었습니다. 그럼 전열화학포는 세상의 빛도 보지 못한 채 사라지는 것일까요? 그건 아닙니다. 비록 전열화학포가 실제 전투에 사용될 가능성은 조금 낮아졌지만, 아직 많은 사람은 전열화학포가 미래 전차포를 위한 좋은 후보 기술이라 생각하고 있습니다.

12

# 레일건

2009년 개봉한 영화 트랜스포머Transformers 2에서는 미국 함정이 레일건rail gun을 사용하여 파리미드 꼭대기로 올라가는 적 로봇을 저지하는 장면이 나옵니다. 영화에서는 레일건의 존재가 군사기밀로 취급되었습니다. 그만큼 레일건은 미래 전장의 주도권을 확실히 가져올 수 있는 강력한 무기로 인식되고 있습니다. 파괴력을 높이기 위하여 탄체가 가지는 운동에너지를 크게 하고 싶어도 종래의 추진제 방식으로는 ㎞/s 정도가 한계였습니다. 선진국에서는 기존의 한계 속도를 극복하기 위하여 화약이 아닌 전기로 탄체를 가속하는 신개념 전기포에 대해 연구를 진행했습니다. 전기포는 작동원리상 화약에 의해 발생하는 포신 내부의 압력 문제를 벗어날 수 있기 때문에 탄체를 음속의 약 7배 이상의 속도로 가속할 수 있습니다.

연구자들은 이미 2가지 방법을 사용하여 전기에너지로 탄을 가속할 수 있다는 것을 알고 있었습니다. 첫 번째가 바로 레일건 방식입니다. 레일건은 2개의 활주 레일에 탄체를 얹고, 레일에 강한 전류를 순간적으로 흘려 탄체를 가속시키는 구조입니다. 레일건의 자세한 원리는 나중에 다시 설명해 드리겠습니다. 두 번째는 코일건 coil gun 방식이며, 원통 모양의 코일에 순간적으로 강한 전류를 흘려 그 안에 장착된 탄체를 가속시키는 방법입니다. 레일건은 코일건보다 연속적인 힘을 탄체에 가할 수 있기 때문에 더욱 강력한 무기가 될 수 있습니다. 따라서 미국과 영국 같은 선진국에서는 레일건의 연구개발에 더욱 관심을 가지고 투자를 집중하고 있습니다.

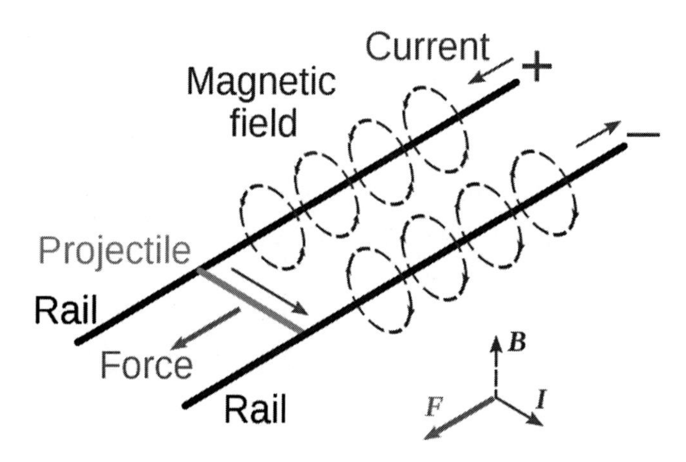


레일건의 작동 원리. 두 개의 레일(rail) 사이에 탄체(projectile)를 놓고 고전류를 흘리면 연속적인 힘을 받을 수 있습니다.

레일건은 1918년 프랑스 발명가 루이스 옥타브 Louis Octave 에 의해서 최초로 개발되었습니다. 그의 아이디어는 실제로 1922년 미국에서 특허까지 받았지만, 실용적인 제품과는 거리가 멀었습니다. 그 당시 기술 수준으로는 레일건을 실제로 제작할 수 없었기 때문에 사람들의 머릿속에서 곧 지워져 버립니다. 실제적인 의미의 레일건은 2차 세계대전 당시 온갖 기상천외한 무기들을 생각해내던 독일군의 장교 요하임 한슬러Joachim Hansler에 의해서 다시 거론됩니다. 1944년 말 연합군의 공습이 극에 달했던 때, 한슬러는 레일건을 대공포로 사용하는 것을 제안하였습니다. 독일 공군은 그의 제안을 승인하여 연구 개발을 지원하였으나 실제로 레일건은 제작하지는 못하였습니다. 하지만 당시 한슬러가 남겼던 스케치와 설계 도면들은 현대적 의미의 레일건의 시조로 보기에 무방할 정도로 뛰어났습니다.

레일건은 아주 기초적인 과학 원리로 동작합니다. 전기가 통할 수 있는 두 개의 금속 레일(이것 때문에 레일건이라 부릅니다)을 서로 평행하게 놓고, 하나는 음극으로, 다른 하나는 양극으로 사용합니다. 그리고 금속 물질(탄체)을 양극과 음극인 레일 사이에 삽입하면 전류는 레일→금속 물질→레일을 통해 흐를 수 있게 됩니다. 그러면 플레밍의 왼손 법칙(그리고 로렌츠 힘)에 의해 레일 사이에 놓인 금속 물질(탄체)은 앞으로 나가려는 힘을 받게 됩니다. 이 힘은 전류의 크기에 비례합니다. 이때 가장 핵심인 것은 탄체가 레일 속을 이동하는 동안 상호 접촉을 계속 유지해야 로렌츠의 힘을 지속해서 받을 수 있다는 것입니다.

2차 세계대전 이후에는 레일건을 무기화시키기 위해 독일에 이어 미국, 영국 등의 나라도 연구에 뛰어들게 됩니다. 특히 미 해군은 레일건을 새로운 함포로 사용하고 싶어 했습니다. 그러나 독일과 마찬가지로 레일건을 실전에 사용할 수준의 무기로 만드는 것은 쉽지 않다는 것을 알게 됩니다. 원리는 정말 간단하지만, 그것을 구현하는 게 어려웠습니다.

그럼 레일건 개발이 쉽지 않은 이유에 대해 살펴보도록 합시다. 우선 레일건에 사용되는 금속 탄체와 레일 사이의 마찰 문제가 있습니다. 금속 탄체가 연속적으로 로렌츠 힘을 받기 위해서는 레일과의 접촉이 유지되면서 전류가 연속적으로 흘러야 합니다. 이런 상태에서 금속 탄체의 속도가 올라가면 마찰에 의해 열이 발생합니다. 금속 탄체가 마찰열에 의해서 부피팽창을 하면 레일과의 마찰은 더욱 커질 수 있습니다. 만약 마찰열을 줄이기 위하여 금속 발사체와 레일 사이의 접촉 면적을 줄이고 접촉 압력도 낮추게 되면 반대로 큰 전류를 흘릴 수 없습니다. 결과적으로 조금만이라도 레일건의 설계나 제작이 잘못되면 성능이 제대로 나오지 않을뿐더러 몇 번 발사하지 못하고 망가지게 됩니다. 연구자들은 지금도 이러한 문제를 해결하기 위하여 금속 발사체와 레일 모두 특수한 내열 재료로 만들거나 마찰열을 줄일 수 있는 특별 대책을 강구하고 있습니다.

두 번째 문제는 레일건 작동 시 금속 탄체뿐만 아니라 레일 자체도 전자기력에 의해서 힘을 받는다는 것입니다. 가뜩이나 금속 탄체와의 마찰열로 뜨거워진 레일이 상호작용으로 힘을 받게 되면 레일이 휘어지거나 파손될 수 있으며, 이런 문제들은 레일건의 수명을 단축하고 대형 사고의 원인이 될 수 있습니다.

세 번째 문제가 바로 에너지입니다. 레일건이라는 것도 결국 자연의 섭리를 벗어날 수 없습니다. 금속 탄체가 음속의 7배의 속도를 얻기 위해서는 그만큼의 많은 에너지가 순간적으로 공급되어야 합니다. 그렇다고 해서 레일건만을 위한 발전소를 지을 수는 없습니다. 현대 기술로 이러한 문제를 해결하기 위해서는 거대한 커패시터capacitor와 펄스 발전기compulsator를 사용하여 고출력 전원장치를 개발해야 합니다. 이 전원장치는 오랜 시간 동안 커패시터에 전기에너지를 저장하였다가 레일건이 작동할 시 단시간에 저장한 에너지를 공급해 줘야 합니다. 과거 '드래곤볼'이라는 인기 만화책에서 주인공인 손오공이 기(氣)를 모았다가 한꺼번에 에너지를 발산하는 것과 비슷한 개념입니다. 어쨌든 전원장치의 커패시터 뱅크bank는 많은 전기에너지를 담고 있어야 하므로 그 크기가 무지막지하게 큽니다. 전원장치를 소형화하기 위해서는 커패시터의 에너지 밀도를 향상해야 합니다. 하지만 이게 말처럼 쉬운 일은 아닙니다. 전원장치의 낮은 기술 수준(특히 커패시터의 에너지 밀도)이 미국에서 레일건의 실전 배치가 지연되고 있는 이유 중의 하나입니다.

마지막으로 언급할 문제는 금속 탄체입니다. 금속 탄체는 발사 시 엄청난 열과 전자기력에 노출되므로 기존 형태의 고폭탄(High Explosive)을 사용하는 것은 불가능합니다. 왜냐하면, 열로 인해 폭약의 폭발 가능성이 있고 엄청난 가속도 때문에 신관이 오작동할 수 있기 때문이다. 따라서 탄체는 고열과 마찰에 견딜 수 있는 단순 금속 재질로 제한을 둘 수밖에 없습니다.

이런 많은 문제점에도 불구하고 선진국들은 왜 레일건 개발에 막대한 연구비를 투자하고 있는 것일까요? 그것은 이제 화약의 에너지만을 이용해 포탄의 사정거리를 늘리는 것은 한계에 도달했다고 판단하기 때문입니다. 재래식 포는 화약의 폭발 에너지를 이용하여 포탄을 발사하기 때문에 더욱 긴 사정거리를 확보하기 위해서는 화약의 양을 늘려야 합니다. 그러나 화약량이 증가하다 보면 폭발 초기에 포신과 약실이 압력을 견디지 못하고 그냥 찢어져 버릴 것입니다. 이처럼 화약을 이용한 포는 물리적 제약 요소가 존재하기 때문에 포의 위력을 향상하는 것이 한계가 있습니다.

미국 레일건 시험발사 장면(2010년). 좌측 아래를 보시면 고속 카메라가 1/1,000,000 초 단위로 촬영했다는 것을 알 수 있습니다.

이에 반해 레일건은 화약의 폭발력 대신 전자기력을 이용하기 때문에 전원공급체계가 충분한 전류를 공급한다면 기존 포의 물리적 한계를 초과하는 위력을 얻을 수 있습니다. 또한, 전류를 제어하면 포의 위력도 제어가 가능해집니다. 재래식 포와는 달리 금속 발사체가 레일을 떠나는 순간까지 지속해서 일정한 힘을 받을 수 있기 때문에 충분한 길이의 레일만 있으면 엄청난 속도로 가속할 수 있습니다. 만약 더 강한 에너지로 포탄을 발사하려면 레일의 길이와 공급 전력량만 증가해 주면 됩니다. 물론 기존의 화포체계 대비 발사 비용도 저렴합니다.

이렇게 빠른 속도로 탄체를 발사하면 사정거리가 늘어나는 것은 물론이고 정확도 및 파괴력도 향상할 수 있습니다. 물론 탐지도 힘들어집니다. 레일건용 탄체는 전기전도성을 높이기 위하여 단순히 금속 덩어리로만 제작되므로 운동에너지로만 목표물을 타격합니다. 이는 과거에 사용했던 돌이나 금속 재질의 포탄과 비슷한 개념이지만, 탄체가 가지는 운동에너지는 비교가 되지 않습니다. 미 해군 NSWC(Naval Surface Warfare Center)에서는 2010년 12월에 레일건을 사용하여 33MJ의 포구 에너지를 달성하였다고 공식 발표하였습니다. 실험 결과에 의하면 레일건의 금속 탄체는 항공기용 복합 장갑으로 제작된 실험용 판재 수 미터를 관통하고 표적을 파괴하였습니다.

레일건 기술이 일반화되면 전장의 모습도 달라질 것입니다. 전차도 고속으로 비행하는 전투기를 공격할 수 있을 것이고, 해상의 전투함에서는 수백 ㎞나 떨어진 해안의 목표물을 정밀하게 타격할 수 있을 것입니다. 특히 미 해군은 레일건 기술에 가장 적극적입니다. 미국에서 최근에 건조된 줌왈트Zumwalt 함정(DDG-1000)은 애초부터 4개의 크고 작은 가스터빈 발전기가 전력만 생산하도록 설계하였습니다. 이 함정은 발전기에서 생산된 전력을 공급받아 고출력 전기모터로 추진합니다. 덕분에 함 내에는 언제나 전력이 풍부합니다. 따라서 미국은 레일건을 줌왈트 함정에 먼저 적용하려는 계획을 세우고 있습니다.

레일건 기술이 함포와 같은 공격용 무기에만 사용되는 것은 아닙니다. 항공모함에서는 레일건과 유사한 원리로 항공기를 가속하여 이륙을 돕습니다. 항공모함은 활주로가 짧기 때문에 항공기를 이륙 가능한 최소속도까지 가속해 줘야 합니다. 보통 전투기가 자체 엔진의 힘으로 이러한 속도까지 가속하기 위해서는 약 450m의 최소거리가 필요합니다. 반대로 전투기가 착륙할 때에도 약 1,000m 정도의 활주로가 필요합니다. 그러나 니미츠Nimitz급 항공모함이 세계에서 가장 큰 함정이기는 하나, 비행갑판이 그렇게까지 길지는 않습니다. 항공모함에서 운용하는 모든 항공기는 종류와 관계없이 100m 이내에서 이륙하고, 착륙해야 합니다. 자체 엔진의 힘으로는 거의 불가능한 이야기입니다. 이를 극복하기 위해서 전투기가 이륙할 때는 캐터펄트catapult라는 사출장치가 필요하고, 반대로 착륙할 때는 강제착함장치가 필요합니다. 미 해군의 항공모함은 핵반응로의 열에너지로 증기를 발생하여 터빈을 돌리는데, 이

증기의 일부를 이용하여 항공기를 사출시킵니다. 문제는 어쩌다 한 번씩 증기압력이 부족한 채로 사출장치가 작동하기도 하는데, 이때 항공기는 사출장치로부터 충분한 힘을 받지 못하여 그냥 바다로 추락할 수 있습니다. 니미츠급 항공모함이 사용하는 사출장치는 함정에서 차지하는 부피가 엄청날 뿐만 아니라 시스템 중량만 해도 1,500t에 이르며, 사출장치 운용요원만 해도 100명이 넘는다고 합니다. 이에 반해 최근 건조된 포드Ford급 항공모함은 EMALS(Electro-Magnetic Aircraft Launching System)라는 전자기식 사출장치를 채용하고 있습니다. 즉, 증기의 압력이 아니라 강력한 전자기력을 사용하는 방식입니다. 항공모함에서 전자기력으로 항공기를 이륙시키는 것은 레일건이 금속포탄을 밀어내는 것이나, 잠실 롯데월드 아트란티스 롤러코스터가 급발진하는 것이나 같은 원리입니다. EMALS를 채용하면 구조가 단순하고 정비가 간편하여 유지보수가 쉬울 뿐만 아니라 부피와 무게도 엄청나게 줄어든다는 장점이 있습니다. 이에 따라 포드급 항공모함에는 모두 4개의 EMALS가 장착됩니다. 기존의 증기 사출장치는 95MJ의 에너지를 줄 수 있는 데 비해, EMALS는 무려 122MJ의 에너지를 발산할 수 있어 사출장치의 일대 혁신이라고 인식되고 있습니다.

13

# 레이저

미래 학자들은 가까운 미래를 지배할 가장 강력한 무기로 레일건과 함께 레이저Laser를 꼽고 있습니다. 그래서인지 레이저는 공상과학영화에 단골 기로 많이 등장하곤 합니다. 1980년에 개봉한 조지 루카스George Lucas 감독의 스타워즈Star Wars 영화를 보면 제다이Jedi 기사단에 대항하는 적군들이 소총 대신 레이저 무기를 사용하였습니다. 과거 공상과학 영화의 소재로만 사용될 것 같은 레이저는 이미 현대 사회의 산업과 의학 영역에서 많은 변화를 가져다주었습니다. 레이저는 기술발전과 함께 응용 분야를 더욱 확장하고 있으며, 특히 선진국들은 무기화된 레이저를 선점하기 위해 밤낮으로 연구개발에 몰두하고 있습니다.

레이저는 미국의 물리학자 찰스 타운스Charles Townes에 의해서 연구가 시작되었습니다. 원래 타운스는 처음부터 레이저 분야를 연구하지는 않았습니다. 타운스는 1939년에 물리학 박사학위를 받은 후 미국 벨Bell 연구소에 들어가서 레이더 연구를 먼저 수행하였습니다. 그는 비록 군대를 갔다 오지도 않았지만, 국가를 위한 일이라고 생각하고 열심히 연구에 매진하였습니다. 레이더는 특정 파장의 전자기파를 공간으로 퍼뜨리는데, 이들 전자기파가 전함이나 항공기 같은 물체에 부딪혀 반사되어 다시 돌아오면 이를 분석하여 그 물체가 어디 있는지를 식별해 냅니다. 이때 전자기파의 파장이 짧을수록 목표물을 보다 정확하게 파악할 수 있습니다. 따라서 군에서는 항공기 항법 및 폭격용 레이더 장치에 활용할 수 있도록 기존 파장(3~10㎝)보다 짧은 0.25㎝의 마이크로파의 개발을 타운스에게 요구하였습니다. 마침내 그의 팀은 더욱 정확도가 높은 레이더 시스템을 개발하기에 이르렀지만, 일부 시제품이 B-52 폭격기에 탑재되어 운용되었을 뿐 양산단계까지는 이르지는 못했습니다. 비록 타운스는 레이더를 연구하면서 눈에 띄는 업적을 이룬 것은 없지만, 그가 연구했던 결과들은 추후 레이저 개발로 이어지게 되었습니다.

**전자기파 스펙트럼**

| 이름 | 파장 | 주파수(㎐) |
|---|---|---|
| 감마선 | < 0.02㎚ | > 15E㎐ |
| X-선 | 0.01㎚~10㎚ | 30E㎐~30P㎐ |
| 자외선 | 10㎚~400㎚ | 30P㎐~750T㎐ |
| 가시광선 | 390㎚~750㎚ | 770T㎐~400T㎐ |
| 적외선 | 750㎚~1㎜ | 400T㎐~300G㎐ |
| 마이크로파 | 1㎜~1m | 300G㎐~300M㎐ |
| 라이오파 | 1㎜~100㎞ | 300G㎐~3k㎐ |

전자기파 스펙트럼. 마이크로파는 파장대가 1㎜~1m로서 주로 레이더에 많이 사용됩니다. 주파수 Hz 앞에 있는 접두사 k(kilo)는 곱하기 103, M(mega)는 $10^6$, G(giga)는 $10^9$, T(tera)는 $10^{12}$, P(peta)는 $10^{15}$, E(exa)는 $10^{18}$을 의미합니다.

1930년대에는 마이크로파와 같이 파장이 짧은 전자기파를 만들려면 진공관이 필요하였습니다. 진공관은 공기를 뺀 유리관과 그 안에 들어 있는 도선과 금속판으로 된 전극으로 구성되어 있습니다. 진공관은 높은 진공 속에서 금속을 가열할 때 방출되는 전자를(에디슨 효과) 전기장으로 제어하여 정류, 증폭 등의 특성을 얻을 수 있었습니다. 그러나 타운스가 원했던 마이크로파를 생성하기 위해서는 진공관 수준의 기술로는 한계가 있었습니다.

이를 극복하기 위한 새로운 장치는 영국의 레이더 연구 결과로부터 얻을 수 있었습니다. 2차 세계대전 당시 영국은 독일의 공격에 대응하기 위하여 성능이 더 향상된 레이더가 필요하였습니다. 영국이 사용하던 레이더의 파장은 150㎝(200MHz)로 길었고 출력도 10W 정도 수준이었습니다. 영국은 레이더의 성능 향상을 위해 파장을 더 짧게 만들 수 있는 새로운 장치가 필요하였습니다. 이미 1920년 미국 제너럴 일렉트릭General Electric의 물리학자 앨버트 홀Albert Hall은 마그네트론magnetron 장치[9]를 개발하였습니다. 1939년 영국 버밍엄Birmingham 대학의 헨리 부트Henry Boot와 존 랜들John Randall는 이 장치를 개선하여 강력한 마이크로파를 생성할 수 있는 공진공동 마그네트론resonant-cavity magnetron이라는 장비를 선보였습니다. 1940년 부트와 랜들은 실험을 통해 자신들이 개발한 장치가 이전 장치들보다 훨씬 출력이 강하고(~500W) 파장(~10㎝)이 짧

9) 운동 전자에 대한 자기장의 작용을 이용하여 마이크로파를 발진시키는 장치를 말합니다.

다는 것을 확인하였습니다. 마침 레이더 개선의 임무를 부여받은 타운스는 공진공동 마그네트론 장비로부터 결정적인 도움을 받아 그가 원하는 마이크로파를 획득할 수 있었습니다. 그러나 그에게는 또 다른 문제가 가로막고 있었습니다. 타운스가 원했던 파장의 마이크로파는 공간으로 퍼져나가면서 안개, 비, 구름 등에 흡수되어 레이더의 탐지거리가 짧다는 단점이 있었습니다.

타운스는 안타깝게도 제2차 세계대전이 끝날 때까지 마이크로파의 수증기 흡수 문제를 해결하지 못하였습니다. 그는 종전 이후 콜롬비아 대학Columbia University으로 옮긴 후에도 마이크로파 흡수에 대한 연구를 계속 수행하였습니다. 그러다 갑자기 문제를 풀 수 있는 새로운 아이디어가 떠올랐습니다. 그것은 전자회로를 이용하여 마이크로파를 만드는 기존 방법에서 벗어나, 분자 자체를 조작하여 마이크로파를 만드는 방법이었습니다. 그는 마이크로파를 잘 흡수하고 파장에 따라 강력하게 상호작용을 하는 물질인 암모니아를 선택하였습니다. 타운스는 암모니아 분자들을 높은 에너지 준위로 격리시킨 다음 적절한 크기의 마이크로파 광자로 충격을 주었습니다. 이때 암모니아로 입사된 광자는 많지 않았지만, 암모니아로부터 대량의 광자가 나온다는 사실을 알게 되었습니다. 즉 입사된 복사선이 아주 크게 증폭된 것으로, 24GHz의 고에너지 복사선 빔을 만들 수 있었습니다.

1953년 12월, 타운스는 드디어 어느 방향으로든 강력한 마이크로파를 생성할 수 있는 장치 개발에 성공하였습니다. 그는 이 과정을 '자극받은 분자의 복사에 의한 마이크로파의 증폭'의 뜻인 메이저(MASER, microwave amplification by stimulated emission of radiation)라 불렀습니다. 이론은 아주 간단하였습니다. 암모니아 분자가 마이크로파의 복사에 노출되면 두 가지 변화가 일어납니다. 첫째는 에너지 준위가 낮은 곳에서 높은 곳으로 올라가는 것이고, 다른 하나는 에너지 준위가 높은 곳에서 낮은 곳으로 내려가는 것입니다. 보통의 경우는 에너지 준위가 올라가는 과정이 훨씬 많이 일어납니다. 하지만 모든 암모니아 분자를 높은 에너지 준위에 있게 한다면 낮은 에너지 준위로 떨어지는 과정이 많이 일어나게 됩니다. 이때 마이크로파의 복사가 1개의 광자를 제공하면 암모니아 분자 1개가 낮은 에너지 준위로 떨어지는데, 동시에 암모니아 분자로부터 전자 1개가 방출됩니다. 즉 최초에 제공된 전자와 암모니아 분자에서 방출된 전자, 이렇게 총 2개의 전자가 있게 됩니다. 다시 2개의 전자는 2개의 암모니아 분자를 흔들고 2개의 전자가 방출되어 총 4개의 전자기 존재합니다. 다음에는 8개의 전자가 방출되는 등 연쇄작용이 일어나 처음에 입사된 하나의 전자에 의해 같은 크기를 갖고 같은 방향으로 행동하는 전자의 폭발적인 이동이 일어나게 됩니다.

암모니아 메이저 시제품을 조작하는 타운스

타운스는 마이크로파를 증폭시킬 수 있다는 것은 다른 파장대의 전자기파도 증폭이 가능할 거로 생각하였습니다. 이는 빛도 전자기파의 한 종류이니 증폭할 수 있다는 말과 다름이 없습니다. 즉 메이저(MASER)의 첫 글자인 microwave가 light로 바뀔 수 있다는 것을 직감적으로 알고 있었습니다. 타운스는 미국의 아서 레너드 숄로Arthur Leonard Schawlow라는 물리학자의 도움으로 메이저의 원리를 마이크로파 영역에서 끌어내서 가시광선이나 자외선과 같은 파장이 더 짧은 영역까지 확장하였습니다. 마이크로파는 파장이 약 1㎜임을 고려하면 파장이 약 0.001㎜인 광파는 정말 짧은 파장이라는 것을 알 수 있습니다. 여하튼 그들은 한 가지 파장으로만 존재하고 한 방향으로 정확히 진행할 수 있는 간섭성 빛을 생산하는 장치 개발에 착수하였고, 1958년 아서 숄로와 함께 가시광선을 사용한 메이저, 즉 레이저(laser)를 만드는 방법을 제안한 논문을 발표하였습니다.

사실 레이저의 개발의 중요한 아이디어는 아인슈타인이 제공하였습니다. 보어는 자연방출(spontaneous emission)과 유도흡수(induced absorption)에 대한 설명을 통해 빛과 원자와의 상호작용에 대한 가설을 세웠습니다. 보어의 원자 가설에서 말하는 자연방출이란 높은 에너지 상태에 있는 원자가 낮은 에너지 상태로 변화하면서 그 차이에 해당하는 빛을 스스로 방출하는 것을 말합니다. 이때 빛을 방출하는 가능성은 확률적으로 마구잡이로 일어납니다. 이와 달리 유도흡수는 낮은 에너지 상태의 원자가 빛을 흡수하여 높은 에너지 상태로 전이하는 것을 말합니다. 이 경우 그 에너지 차이와 똑같은 빛이 입사하여야 합니다. 아인슈타인은 이러한 보어의 원자 가설에 약간의 아이디어를 더해 유도방출이란 새로운 현상을 발견합니다. 유도방출(induced emission)은 원자가 높은 에너지 상태(들뜬 상태)에 있다가 외부의 빛에 자극을 받아서 낮은 에너지 상태로 내려가면서 빛을 방출하는 것을 말합니다. 여기서 중요한 부분이 외부의 빛에 의한 자극입니다. 즉, 자연방출과 유도방출의 차이는 전자의 경우 외부의 자극 없이 자기 스스로 에너지 상태가 변화하면서 빛을 방출하는 것이고, 후자는 외부 빛에 의한 자극 때문에 에너지 상태가 변화하면서 빛을 방출하는 것입니다. 유도방출을 위해서는 원자를 자극하는 빛의 파장과 이에 의해 방출되는 파장이 같아야 합니다.

보통의 광원이 내는 빛은 광원의 무수히 많은 원자가 제멋대로 빛을 방출하기 때문에 방출되는 빛의 파장이 제멋대로입니다. 예를 들어 태양도 프리즘을 사용하여 빛을 분리해서 보면 빨주노초파남보와 같이 다양한 파장의 빛들이 모여 있는 것을 확인할 수 있습니다. 고등학교 때 배운 빛의 삼원색처럼 파장이 다른 빛들이 중첩되면 흰색의 빛으로 변화되면서 점점 밝아집니다. 그러나 광원의 무수히 많은 원자가 만일 동시에 같은 파장의 빛을 낸다면 진폭이 증가하면서 더욱 강력한 단일 파장의 빛이 될 것입니다. 그것은 하나의 빛에 의해서 같은 파장의 두 개의 빛이 만들어지고, 다시 네 개의 빛이 만들어지는 것과 같이 유도방출이 기하급수적으로 확산하면서 같은 파장의 빛이 특정한 방향으로는 보강간섭을 하여 매우 강력하게 될 수 있습니다.

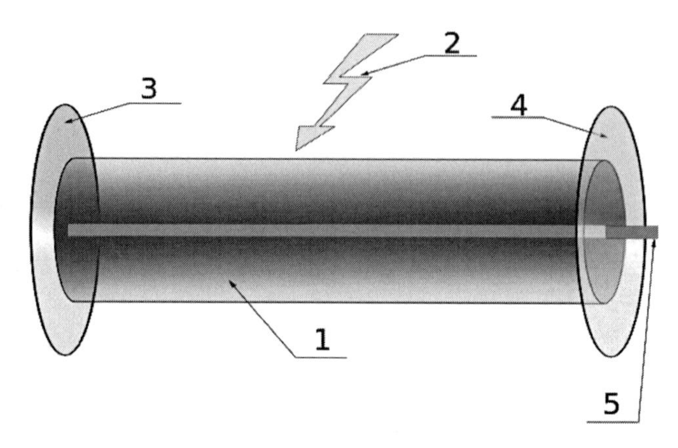


일반적인 레이저의 구성. 1: 이득 매질(Gain medium), 2: 레이저 펌핑 에너지(Laser pumping energy), 3: 고반사거울(High reflector), 4:출력결합거울(Output coupler), 5: 레이저빔(Laser beam) <그림제공:Tatoute>

그러나 위와 같은 원리를 이해하고 유도방출이 발생할 수 있는 조건을 만든다고 하더라도 모든 원자가 한꺼번에 빛을 방출하도록 만들지는 못합니다. 이는 한 원자가 방출하는 빛이 다른 원자를 자극할 확률은 그렇게 크지 못하기 때문입니다. 따라서 그러한 기회를 많이 가질 수 있도록 레이저 매질이 들어있는 관의 양단에 거울을 평행으로 배치하고 그 거울 사이에 빛이 무수히 반사되면서 거의 모든 원자가 유도방출에 가세하도록 만들어야 합니다. 관 속을 뛰노는 빛은 그 거울 내부에서 공명 상태로 존재할 수 있어 이를 레이저 공진기라고 합니다. 레이저 공진기의 관을 따라 나란하게 진행하는 빛은 계속 가세하는 유도방출의 빛에 의해 빛의 세기가 점점 커지게 됩니다. 빛의 세기가 커지면 그곳에 있는 매질을 더 많이 자극하기 때문에 들뜬 상태가 된 매질이 충분히 공급되기만 한다면 빛은 기하급수적으로 성장하게 됩니다. 이것이 바로 우리가 원하는 레이저 빛이 되는 것입니다.

레이저라고 하면 첫 번째로 떠오르는 특징이 바로 직진성입니다. 레이저는 과거에 한 번도 보지 못했던 새로운 형태의 빛을 만들어 냈습니다. 기존 광원에서는 빛을 파동으로 제어하는 방법이 없어 공간을 통해 무작위로 에너지를 전달하였습니다. 즉 조명장치에서 생성된 빛은 특정 방향이 아닌 사방으로 퍼져 나갔습니다. 이에 반해 레이저는 공진기에서 두 개의 거울 사이를 축 방향으로 수백 번 왕복한 다음 공진기로부터 튀어나오기 때문에 계속 직진하려는 성질을 가집니다. 따라서 레이저는 퍼지지 않고 가느다란 빛으로 아주 멀리까지 보낼 수 있습니다. 바꾸어 생각하면 과거에는 전자기파가 3차원 공간에 무작위로 퍼져 나가기 때문에 전자기파로 에너지를 전달하는 것은 효율이 매우 떨어졌으나 직진성이 강한 레이저가 발견되면서 공간으로 에너지를 흩어버리지 않고 전자기파를 한곳에서 다른 곳으로 이동할 수 있게 되었습니다. 1962년에 달을 향해 발사된 레이저는 40만㎞의 우주 공간을 지나 달에 도착하였을 때 지름이 약 3㎞ 정도밖에 퍼지지 않았다고 하니 레이저의 직진성이 어느 정도인지 가늠할 수 있습니다.

레이저의 두 번째 특징은 파장의 균일성입니다. 레이저 빛은 유도방출 원리에 의하여 원자의 특정한 에너지 준위 차만 이용하므로 발생하는 빛의 파장의 분포가 매우 일정합니다. 태양광은 프리즘을 통해 분산되면 빨주노초파남보와 같이 여러 개의 파장을 가진 빛으로 나뉘는 것을 볼 수 있습니다. 하지만 레이저의 경우 프리즘을 통과시키더라도 빛의 분산이 거의 없습니다. 따라서 레이저가 일정한 파장의 빛으로 이루어져 있음을 확인할 수 있습니다. 이 성질을 이용하면 동위원소 분리, 원격 미량원소의 측정, 분광분석 등에 응용할 수 있습니다.

레이저의 세 번째 특징으로 고휘도성입니다. 휘도란 일정한 넓이를 가진 광원 또는 빛의 반사체 표면의 밝기를 나타내는 물리량으로써 광원의 지향성 및 출력밀도에 의해 좌우됩니다. 여러분은 초등학교 시절에 볼록렌즈를 이용하여 태양 빛을 모아 종이를 태웠던 추억들을 가지고 계실 것입니다. 한곳으로 모인 태양 빛은 눈으로 볼 수 없을 정도로 휘도가 아주 높습니다. 빛도 일종의 에너지니까 휘도가 높다는 것은 그만큼 많은 에너지가 집중되어 있다는 것을 의미합니다. 레이저는 볼록렌즈를 사용해야 휘도가 증가하는 태양 빛과는 달리 레이저 자체가 휘도가 높은 빛입니다. 때에 따라서 레이저의 휘도가 태양의 몇천 배까지 되기도 합니다. 그 때문에 레이저는 볼록렌즈 없이도 출력만 잘 조절하면 종이를 쉽게 태울 수 있습니다. 이 특성을 활용하여 다양한 기계 가공(절단, 용접, 천공, 표면처리)을 하거나, 강력한 레이저를 이용한 무기로도 사용할 수 있습니다.

레이저의 마지막 특징은 가간섭성입니다. 가간섭성이란 대단히 높은 규칙성, 시간적이나 공간적으로 예측할 수 있는 성질을 의미하는 용어로서, 파장이 같은 가지런한 정현파의 집합인 상태를 말합니다. 레이저는 파장, 위상, 편광 등이 균일하게 잘 정돈된 전자기파이므로 매우 높은 가간섭성을 가지고 있습니다. 즉 레이저 내부를 살펴보면 수많은 전자기파가 존재하고 이들은 결이 잘 맞는다고 생각하시면 됩니다. 이 특성을 잘 이용하면 다양한 물리량을 측정할 수 있습니다. 예를 들어 생각해 봅시다. 만약 레이저가 반거울에 의해서 두 갈래로 분리된 후 하나는 목표 지점으로 바로 이동하고 다른 하나는 조금 둘러가게 했다고 합시다. 일단 두 레이저는 같은 광원에서 출발하였기 때문에 위상과 파장은 같을 것입니다. 이때 목표 지점을 향해 둘러가는 레이저가 외부 환경에 의해서 위상이 조금 변화하면 그 영향이 두 레이저가 만나는 목표 지점에서 아주 선명하게 나타날 것입니다. 다시 말해 두 레이저는 초기에 파장과 위상이 같았기 때문에 약간의 위상변화가 보강간섭 혹은 상쇄간섭을 뚜렷하게 만들게 되는 것입니다. 이러한 변화를 잘 관측하고 계산을 하게 되면 속도, 거리 등과 같은 다양한 물리량을 정확하게 측정할 수 있을 뿐만 아니라 홀로그래피, 미소 변위 및 진동 해석, 비파괴 검사 등에도 활용할 수 있습니다. 이렇게 레이저의 가간섭성은 물리량 계측의 정확도를 높여주었기 때문에 유도탄에 장착되는 장비들은 레이저를 앞다퉈 적용하게 되었습니다. 덕분에 현재 개발되는 최첨단 유도탄들은 목표물을 타격하는 정확도가 과거보다 월등히 향상되었습니다. 이처럼 최첨단 무기를 개발하는 연구자들에게는 레이저가 기적의 빛으로 여겨졌습니다.

레이저의 기본적인 이론은 아인슈타인이나 타운스에 의해서 발견되었지만, 실제 레이저 장치는 1960년에 미국의 물리학자 테오도르 메이먼Theodore H. Maiman에 의해 만들어졌습니다. 그는 산화알루미늄에 산화크롬을 첨가한 인조 루비 막대를 이용해 태양 표면에서 방출되는 빛보다 네 배 강한 붉은 빛을 얻을 수 있었습니다. 메이먼이 개발한 레이저는 고체 상태인 루비로부터 광원을 획득하기 때문에 고체 레이저라고 하며 현재에도 고출력의 광 펄스원으로 이용되고 있습니다. 한편 같은 해에 벨연구소는 네온(Ne)과 헬륨(He) 기체를 혼합한 광원을 사용하는 레이저 장치를 만들었습니다. 현재에는 많은 과학자의 노력으로 레이저를 발생시킬 수 있는 수많은 매질이 발견되었고, 레이저의 파장 범위는 가시 영역에서 자외선 및 전파 영역까지 넓힐 수 있게 되었습니다.

과학의 발달은 군에서 레이저를 보다 적극적인 방법으로 사용할 수 있게 만들었습니다. 즉 단지 각종 무기 속에 장착되어 물리량을 측정하던 한계를 벗어나 레이저를 이용하여 직접 적을 공격하는 수준까지 도달하였습니다. 사실 레이저를 군사용 무기로 사용한다는 개념은 1970년대부터 등장하였고, 미국을 중심으로 수십조 원에 달하는 금액이 레이저 연구에 투자되었습니다. 그러나 완벽하게 실전배치가 되어 전투에 사용한 레이저 무기는 없습니다. 실용화될 것 같기도 하지만 다양한 기술적, 환경적 난간들이 앞을 가로막았습니다.

에너지 관점에서 보면 레이저는 다른 무기와는 확연히 다릅니다. 기존의 무기에서는 살상과 파괴를 위하여 탄체의 운동에너지나 폭약의 폭발에너지를 이용합니다. 그러나 레이저는 빛에너지로 목표물 온도를 높여 무력화시키는 원리를 이용합니다. 어린 시절 볼록렌즈로 햇빛을 모아 개미를 공격하는 것과 유사한 원리입니다. 그러나 아무리 고출력 레이저라 하더라도 폭약의 출력과 비교하면 그 크기가 너무 작기 때문에 짧은 시간 동안의 공격만으로는 적을 무력화하기 어렵습니다. 따라서 레이저로 목표물을 공격할 경우에는 목표물의 표면 온도가 상승할 때까지 레이저를 한 곳만 지속해서 쏴야 하는 단점이 있습니다. 고정된 목표물은 쉽겠지만, 움직이는 목표물의 한 부분을 레이저로 계속 가리키는 것은 상당히 어려운 기술입니다. 하지만 고체 레이저 기술의 등장과 제어 기술의 발전으로 인해 레이저 무기의 대중화는 가까운 미래에 시작될 것이라 예상됩니다.

그럼 군사용 레이저에 대해서 조금 더 자세히 살펴보도록 합시다. 초기에는 현재 산업에 널리 사용되고 있는 이산화탄소 레이저(파장 10.6μm)가 군사용으로 개발되기 시작합니다. 하지만 이산화탄소 레이저는 대기의 습도가 높을 경우 레이저의 감쇄율이 증가하여 야전용으로는 적합하지 못하였습니다. 그 후, 1980년대 개발되기 시작한 불화수소 레이저(파장 2.7μm)는 고에너지 획득이 가능하고, 레이저 빔의 파장이 불화중수소 레이저(파장 3.8μm)보다 짧아 레이저 빔을 조절하는 집속광학계 크기를 작게 만들 수 있었습니다. 특히 불화중수소 레이저는 이스라엘 북부 골란Golan 고원을 레바논의 카츄사Katyusha 로켓 공격으로부터 방어하기 위한 지상 고정형 전술 고에너지 무기 THEL(tactical high energy laser)로 개발된 후, 실제 2000년과 2001년에 28개의 캬츄사 로켓 요격에 성공하기도 했습니다.

THEL(Tactical High Energy Laser)의 모습

개발된 THEL은 400kW급의 출력을 자랑하고 있었습니다. 기술적 문제점을 대부분 해결하였지만, 그 중량이 무려 180t에 이르렀고 부피도 대형 컨테이너 3개 정도였기 때문에 이동할 수 없는 시스템이었습니다. 이러한 문제를 해결하기 위하여 이동할 수 있도록

대형 컨테이너 트럭 1대 크기 정도로 축소하는 MTHEL(mobile THEL)이 개발이 추진되었으나, 이스라엘이 골란고원을 시리아에게 반환함에 따라 개발 필요성이 없어져 개발 사업은 중단되고 말았습니다.

이 이외에도 미국은 500㎞ 밖의 탄도유도탄을 요격하고자 2MW급 출력의 산소-요오드 화학 레이저(파장 1.3μm)를 개발하였습니다. 그리고 이를 커다란 항공기에 탑재하는 연구를 거의 완료 단계까지 진행했으나, 막대한 개발비 부담으로 인해 실용화는 계속 미루어두고 있는 상황입니다. 개발비도 문제지만 기술적으로도 난제가 몇 개 존재하였습니다. 그중 하나가 항공기에 장착된 레이저로 어떻게 장거리에 있는 목표물을 정확히 조준하느냐는 것입니다. 기본적으로 레이저는 에너지로 가열시켜 목표물을 녹이는 무기입니다. 따라서 목표물이 고온으로 가열될 때까지 레이저를 지속해서 조사해 주어야 합니다. 바꾸어 말하면 레이저로 목표물을 맞힌다고 하더라도 즉시 파괴되지 않습니다. 따라서 500㎞ 떨어져 있는 목표물을 레이저로 파괴하고 싶으면, 레이저 조준장치는 어떤 상황에서도 목표물을 정밀하게 추적하고 조사해야 합니다. 만약 조준장치가 0.001도라도 어긋난다면 목표지점에서는 $500{,}000\text{m} \times 0.001^\circ \times \pi/180^\circ = 8.72\text{m}$나 벗어날 것입니다. 그러나 레이저가 이동하는 장비에 탑재되거나 목표물이 움직이고 있다면, 레이저로 한 곳만 계속 쏘는 것이 어려워집니다. 미국도 그 기술이 어려워 항공기에 레이저를 싣지 못했습니다. 그나마 항공기 탑재 화학 레이저

(air borne laser, ABL)에 대해서는 조금씩 연구예산을 지원하는 방식으로 명맥을 유지하고 있습니다. 하지만 지상용으로 널리 개발되던 불화중수소(DF, deuterium fluoride) 화학 레이저 프로그램은 2005년에 모두 종료하였습니다. 불화중수소 레이저 경우, 불임과 중독을 일으키는 불소가스를 대량으로 사용하고 있어 군수지원과 안전상의 문제가 컸고, 가스연료의 부식성 문제까지 제기되는 등의 다른 문제가 있었기 때문입니다.

이러한 문제에 대응하기 위하여 현재에는 전기에너지를 레이저로 바로 전환할 수 있는 고체 레이저 개발에 모든 노력을 기울이고 있습니다. 여기서 고체 레이저는 현재 전자부품에 널리 사용되는 다이오드를 사용하여 레이저를 발진시키는 시스템입니다. 즉 수많은 다이오드에서 나온 레이저 빛을 광섬유를 통하여 집적시킨 이후, 모인 빛을 광학계를 이용해 목표에 집중시키는 방법을 사용하고 있습니다. 고체 레이저는 1.06㎛ 대역을 가지고 있어 대기 투과도가 우수하고 소형화가 가능하며, 무엇보다 다른 레이저와 달리 에너지원으로 위험한 가스연료를 사용하지 않는 장점이 있습니다. 다만 다이오드가 빛을 방출하는 과정에서 많은 열에너지가 방출되므로 이에 대한 냉각에 상당한 노력이 필요해 현재 사용한 기술로는 100㎾급의 출력이 한계로 알려져 있습니다.

그런데도 고체 레이저는 미래 발전성이 크고 100㎾급의 출력이면 전술적으로 사용할 수준이 된다고 판단하므로 지속적인 연구개발을 수행하고 있습니다. 특히 미국에서는 고정된 자국 전술 기지를 보호할 수 있도록 500~1000m 이내로 접근하는 박격포탄이나 로켓탄을 요격하는 HEL-TD(High Energy Laser Technology Demonstrator) 사업을 2007년부터 시작하였습니다. HEL-TD는 대형 전술 트럭 1대에 100kW급의 레이저와 기타 냉각 및 조준장치 모두를 포함하는 시스템이며, 현재 개발이 성공적으로 진행되어 가까운 미래에 배치가 가능할 것으로 판단되고 있습니다. 미 해군에서도 레벨 1에서 kW급, 레벨 2에는 100kW급, 레벨 3에서는 수백 kW급으로 점차 고체 레이저의 출력을 높여 대함유도탄과 탄도유도탄을 제거할 수 있도록 해군용 고에너지 레이저 프로그램을 진행하고 있습니다.

흔히 레이저를 지향성 에너지 무기라고 말합니다. 근대에 개발된 대부분의 무기는 살상과 파괴의 목적으로 화약을 사용하였습니다. 화약은 순간적으로 많은 에너지를 방출할 수 있다는 장점이 있으나, 그 에너지 방출의 방향을 제어하기는 어려웠습니다. 즉 화약이 폭발하면 순식간에 에너지가 사방으로 흩어져 버리기 때문에 화약의 폭발력을 원하는 방향으로만 집중하기가 어렵다는 단점이 있었습니다. 덕분에 다른 피해 없이 원하는 목표물만 타격하는 것이 불가능하였습니다. 과거 전쟁 시 폭격 때문에 민간들의 피해가 컸던 것도 이런 이유 때문입니다. 이에 반해 레이저 같은 지향성 무기는 에너지의 방향 및 출력을 쉽게 제어할 수 있을 뿐만 아니라 직선으로 이동하기 때문에 원하는 목표물만 정확히 타격할 수 있다는 장점이 있습니다. 이러한 장점 때문에 유도탄 방어체계로 레이저를 사용하는 이유입니다.

많은 사람은 레일건과 레이저를 미래형 무기체계라고 말합니다. 두 무기체계가 기존 무기체계와 비교하여 가장 크게 차이 나는 점은 무기를 운용하기 위해서는 엄청난 양의 전기가 필요하다는 것입니다. 2차 세계대전만 하더라도 대부분 병사나 무기들에 전기가 필요하지는 않았습니다. 하지만 이라크전이나 아프카니스탄전과 같은 최근 전쟁을 살펴보면 통신장비, 레이더, 열상장비 등 전기가 없으면 전투할 수 없을 정도로 전장 환경이 바뀌었습니다. 하지만 전기는 이때까지만 하더라도 병사용 전자장비나 무기체계용 전자장비에 전력을 공급하는 역할을 벗어나지 못했습니다(전력 사용량이 그다지 크지 않았습니다). 하지만 기술발전으로 인해 이러한 테두리를 벗어나 무기체계의 추진까지 전기 사용의 범위를 확장하고 있습니다. 이미 소형 무인항공기, 잠수함, 줌왈트 최신 함정에서는 전기를 사용하여 추진력을 얻고 있습니다. 디젤과 가솔린 엔진과 같은 내연기관은 더는 바퀴나 프로펠러와 물리적으로 직접 연결되어 있지 않습니다. 내연기관은 단지 전기 생산을 위해 발전기를 돌릴 뿐입니다. 가까운 미래에는 전기의 사용량이 더욱 커져 추진뿐만 아니라 실제로 살상과 파괴를 수행하는 위한 에너지로 사용될 것입니다. 즉 미래에는 레일건이나 레이저처럼 전기가 전자 장비의 전원공급, 추진 모터의 전원공급, 살상과 파괴 장비의 전원공급 등을 모두 담당하며 무기체계의 핵심으로 주목받을 것입니다.

14

# 레이더

우리가 레이더radar(RAdio Detecting And Ranging)를 이해하기 위해서는 먼저 전자기학을 알아야 합니다. 또 전자기학을 이해하기 위해서는 쿨롱Coulomb, 앙페르Ampére, 패러데이Faraday를 거쳐 맥스웰Maxwell의 업적을 알아야 합니다. 그러나 쿨롱과 앙페르부터 시작하면 시간이 오래 걸리고 따분할 수 있으므로 제가 존경하는 과학자인 패러데이부터 시작하도록 합시다. 아인슈타인Einstein의 연구실에는 패러데이의 초상화가 뉴턴, 맥스웰과 함께 걸려 있었다고 하니, 정말 대단한 과학자임은 분명합니다. 패러데이는 1791년 런던 뉴잉턴 버츠Newington Butts에서 가난한 대장장이의 아들로 태어났습니다. 10형제 중 장남이었던 패러데이는 집안이 너무 가난해서 초등학교도 다니지 못했습니다. 그러나 과학에 대한 열정은 남달랐기에 왕립연구소의 데이비Davy 화학교수의 조수가 될 수 있었습니다. 사실 데이비 교수는 패러데이의 뛰어남을 처음부터 알고 있지는 않았습니다. 그냥 '실험기구를 씻는 정도의 허드렛일만 할 수 있겠지'라고만 생각하였습니다. 그래서 초창기에는 패러데이에게 실험실에서 제일 하찮은 일만 시켰습니다. 그런데도 패러데이의 실험에 대한 타고난 감각은 조금씩 두각을 나타내었습니다. 패러데이는 매번 최선을 다해 실험 내용을 이해하려고 노력하였습니다. 그러면서 서서히 유능한 실험자로 능력을 보여주기 시작했습니다. 스승인 데이비 교수도 그런 능력자를 아낄 수밖에 없었습니다. 추후 많은 화학적 사실을 발견한 데이비가 "자신의 생애 최대 발견은 패러데이를 발견한 것이다"라고 말했을 정도이니 패러데이가 정말 뛰어났긴 했나 봅니다.

패러데이의 초상화(1826년 작)

패러데이의 업적을 이해하려면 외르스테드Oersted의 실험을 먼저 알아야 합니다. 1820년 외르스테드는 전류가 흐르는 전선 아래에 나침반을 두면 전류의 영향에 의해 지침이 남북 방향에서 약간 어긋나는 사실을 실험을 통해 발견했습니다. 그 당시 대부분의 사람은 자기장(자기마당)은 자석에 의해서만 만들어진다고 생각했지만, 외르스테드의 실험 때문에 전류가 흐르는 도선 주위에서도 자기장이 생긴다는 것을 알아낸 것입니다. 왠지 서로 독립적이라고 생각될 수 있는 전기와 자기가 아주 밀접한 관계가 있다는 사실을 보여주는 실험이었습니다. 그럼 외르스테드의 실험 결과를 보고 다음에 생각할 수 있는 것은 무엇이었을까요? 대부분의 과학적 사실들은 대칭성을 가지고 있기 때문에 "전류에 의해서 자기장이 만들어진다면, 반대로 자기장에 전류를 만들 수도 있을 것이다."이었을 겁니다. 그래서 많은 과학자는 전선 주위로 자석을 넣어보면서 전류 발생 여부를 확인하는 등, 외르스테드 실험에 대한 역실험을 수행하였습니다. 그러나 누구도 자석에 의해서 전선에 전류를 발생시킬 수는 없었습니다. 초기의 패러데이 역시 그랬습니다. 패러데이는 외르스테드의 실험 이후 11년이 지난 다음에야 전선들이 감겨 있는 코일 속에 막대자석을 출입하여 유도 전류가 생기는 현상을 발견하였습니다. 이로써 패러데이는 전자기의 상호작용을 실험으로 증명할 수 있었습니다. 패러데이는 다른 사람들과는 달리 자기장 자체를 움직여야 한다는 생각을 하여 중요한 과학적 실마리를 풀어낼 수 있었습니다. 이는 패러데이가 명확하게 에너지 보존 법칙에 대하여 충분히 이해하고 있었기에 가능하였습니다. 그럼 패러데이의 에너지 보존 법칙을 이용한 과학적 사고를 따라가 보도록 합시다.

전류는 단위시간당 흐르는 전하의 양으로서, 도선 속을 움직이는 전자의 흐름이라고 생각하시면 됩니다. 전자, 전류 등과 같은 단어는 눈에 보이지 않아 쉽게 이해하기 어렵기 때문에 눈에 보이는 유체와 비교하며 생각하면 이해가 쉽습니다. 도선을 배관이라고 생각하고, 전자를 그 속에 흐르는 유체라고 생각한다면 전류는 배관 속에 흐르는 물의 양(=유량)이라고 볼 수 있습니다. 흐르는 물과 배관 사이에는 마찰이 존재하므로 배관의 길이가 길어질수록 출구에서 물의 압력과 흐름이 약해집니다. 마찬가지로 전자 역시 마찰이 존재하는 도선에서 흐를 경우 열이 발생함과 동시에 시간이 지나면서 흐름이 약해질 것입니다. 그러므로 마찰에 의한 에너지 감소분을 보충하는 일을 외부에서 해 주면 전류가 지속해서 흐를 수 있습니다. 그러한 사실은 "에너지의 증가량은 외부에서 이루어진 일과 같다"라는 역학적 에너지 보존 법칙과 유사해 보입니다.

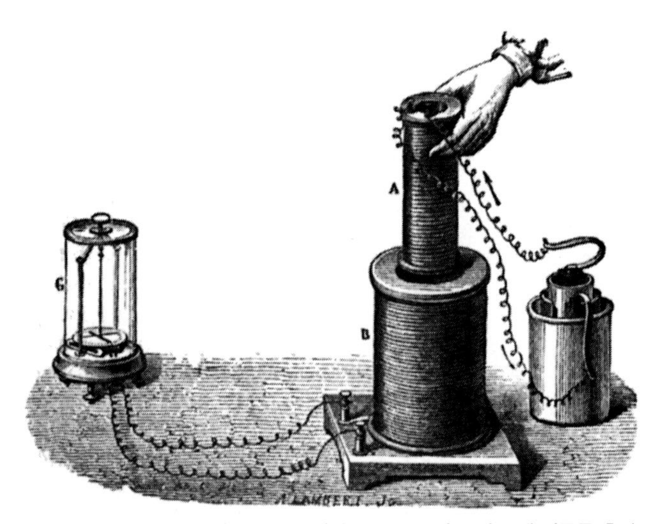


패러데이의 실험장치. 오른쪽의 원통형 병은 전지(battery)로서 코일(A)에 전류를 흘려주어 코일(A) 주위로 자기마당을 만듭니다. 코일(A)을 코일(B)의 안쪽에서 위아래로 움직여 주면 코일(B)에 유도전류가 발생하여 이와 연결된 검류계(G)에서 확인할 수 있습니다.

이러한 개념을 전류와 자기의 관계에 도입하려던 패러데이는 자기장에서 전류를 발생시키기 위해서는 외부에서 일을 더 해줘야 한다고 생각이 들었는데 바로 그것이 핵심이었던 것입니다. 즉 전선에 유도전류를 발생시키기 위해서는 자석을 움직여서 일을 보탤 필요가 있었던 것입니다. 패러데이는 간단한 실험 장치를 통해 자기 생각이 타당하였다는 것을 재확인하였으며, 마침내 전자기 유도의 법칙을 확립하였습니다.

패러데이가 전자기 유도 법칙을 실험적으로 보여주긴 하였으나, 뭔가 아쉬운 구석이 있었습니다. 그것은 바로 수학이었습니다. 수학은 과학적 사실을 표현할 수 있는 좋은 언어입니다. 아무리 좋은 과학적 사실이라 할지라도 수학적 언어로 표현하지 못한다면 완벽하게 이해하였다고 말할 수 없습니다. 패러데이는 학교에서 정규 교육을 받은 적이 없었으므로 수학은 전혀 몰랐습니다. 그러나 시각장애인들이 청각이나 촉각 등이 발달한 것처럼 패러데이는 수학을 몰랐지만, 덕분에 특정 현상을 이미지로 만드는 능력이 탁월하였습니다. 즉 수식으로 이론을 표현하기 어려웠기 때문에 그림으로 나타낼 수밖에 없었던 것입니다. 그는 전자기 현상과 같이 눈에 보이지 않는 것을 기하학적 모델로 설명하는 일에 뛰어났습니다. 패러데이 시대에는 수학이라는 도구를 사용한 이론의 정밀성은 그다지 요구되지 않았던 시기로 직관적인 이미지의 힘으로 창조적인 일이 많이 이루어졌던 것도 사실입니다.

현대의 과학적인 발견에도 그렇겠지만, 자연의 진리를 파악하기 위해서는 제일 먼저 머릿속에 그려지는 이미지를 이용하여 그 자체를 이해해야 합니다. 흔히들 이것을 과학적 사고라고 부릅니다. 실제로 아인슈타인Einstein의 위대한 연구인 상대성 이론도 기본적으로는 직관이 필요했던 연구였습니다. 특수 상대성 이론 이후 발표된 일반 상대성 이론은 수학을 잘하지 못했던 아인슈타인 대신에 친구인 그로스만Grossmann이 수식화하는 데 중요한 역할을 했었습니다.

패러데이는 수학적으로는 정리되지 않은 이미지를 많이 남겼습니다. 이것들은 나중에 천재 수학자 맥스웰에 의해 수학적 언어로 표현되어 세상에 빛을 보게 되었습니다. 즉 패러데이가 남긴 이미지의 본질적인 중요성을 발견하고 과학적 사고를 이해한 후 그 이미지를 수식으로 만들어 전자기파에 관한 맥스웰 방정식을 유도해낸 것입니다. 이로써 전자기학은 집대성되었고, 그것이 오늘날의 전자기파 기술의 전성시대로 연결되었습니다.

이렇게 전자기학 역사의 서막은 시작되었습니다. 이제 그 본질에 대해서 살펴보도록 합시다. 전기와 자기 현상은 장(=마당)의 개념을 써서 이해하는 것이 좋습니다. 물체와 물체 사이에는 접촉을 통해 힘을 직접 전달하는(혹은 받는) 경우도 있지만, 자신의 주위 공간에 '장'을 만들어 상호작용을 하기도 합니다. 이 '장'에 놓은 다른 물체는 '장'에서 힘을 받는다고 생각하면 됩니다. 예를 들어 우리는 지구가 만드는 중력장에 의해 놓여 있고 힘을 받아 똑바로 설 수 있습니다. 만약 전하, 곧 전기를 띤 입자 두 개가 존재한다면 두 전하가 힘을 직접 주고받는 것이 아니라 전기장을 통해 간접적으로 주고받게 됩니다. 자석에 의한 생기는 자기장도 마찬가지 원리로 이해하시면 됩니다.

초기에는 '장'이란 개념을 물질 사이의 상호작용을 편리하게 기술하는 보조적 관점에서 시작했지만, 점차 물리적 실체로서 개념이 확장되었습니다. 이러한 '장'은 전기와 자기 현상을 설명하는 중요한 역할을 합니다. 전기와 자기는 본질적으로 한 가지 현상이라고 할 수 있으므로, 합쳐서 '전자기'라고 부릅니다. 일반적으로 전기장이 변하면 자기장이 만들어집니다. 그 반대 과정도 패러데이의 실험에서 볼 수 있듯이 성립합니다. 결과적으로 진동하는 전기장과 자기장은 상대방을 변화시키면서 공간을 퍼져 나갈 수 있습니다(마치 소리가 퍼져 나가는 것과 비슷합니다). 우리는 이것을 전자기파라고 합니다. 그림에서 볼 수 있듯이 전자기파는 횡파에 속합니다. 전자기파를 구성하는 전기장과 자기장은 서로 수직을 이루고 있으며, 전자기파는 전기장과 자기장에 수직인 방향으로 진행합니다(그림에서 오른쪽으로 진행). 또한, 전자기파는 빛과 같이 반사, 굴절, 회절, 간섭하며 광자의 운동량과 에너지를 갖습니다.

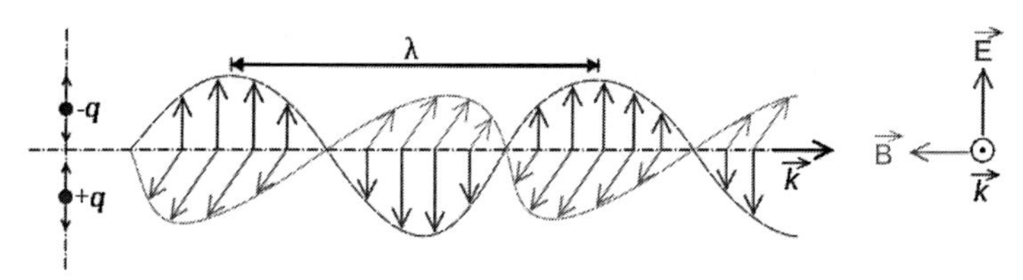


전자기파의 이동. 전기장과 자기장은 서로 상대방을 변화시키면서 공간을 퍼져 나갑니다.
<그림출처:SuperManu>

전자기파는 진동수(혹은 파장의 크기)에 따라 각각 다른 이름으로 부릅니다. 진동수란 전자기파가 1초에 몇 번 변화하는가를 나타내는 수치로, 진동수가 크면 파장의 크기는 작습니다[10]. 진동수가 비교적 작은 경우 '라디오파'나 '초단파'라 부르며 오디오, TV, 무선통신에 주로 사용됩니다. 이보다 큰 진동수는 '마이크로파'라고 부르는데 레이더와 전자레인지 등에 사용됩니다. 이들보다 진동수가 더 크면 적외선, 가시광선, 자외선으로 구별하여 부릅니다. 사실 적외선과 자외선은 넓은 의미에서 빛의 범위라고 생각하시면 됩니다. 자외선보다 진동수가 더 크면 X선이라 부르고 그 위에는 감마선이 있습니다. 생각해보면 인간이 맨눈으로 확인할 수 있는 전자기파는 가시광선 정도밖에

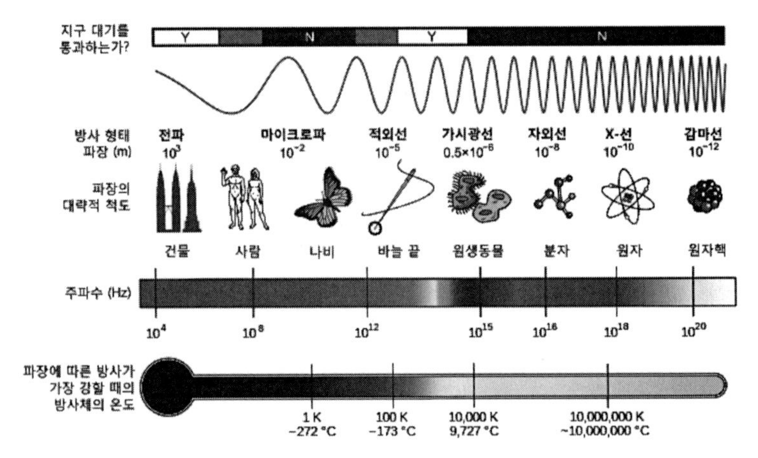


파장 및 주파수에 따른 전자기파의 종류 <그림출처:NASA>

10) 진동수와 파장은 반비례 관계에 있습니다.

되지 않습니다. 나머지 전자기파를 확인하려면 전문 계측 장비가 필요합니다. 예를 들어 과거에는 광학망원경만 사용하여 우주나 별을 관측하였기 때문에 정보가 제한적이었으나, 현재에는 적외선 망원경, 자외선 망원경, X선 망원경 등의 망원경을 사용하여 지구에 도달하는 넓은 영역의  전자기파를 분석하여 더욱 많은 정보를 획득할 수 있게 되었습니다.

| 밴드 이름 | 주파수 | 파장 | 특징 혹은 사용예 |
|---|---|---|---|
| HF | 3~30MHz | 10~100m | 아마추어무선통신, RFID |
| VHF | 30~300MHz | 1~10m | FM 라디오, 텔레비전, 항공기 통신 |
| UHF | 300~1000MHz | 0.3~1m | 텔레비전, 이동통신, GPS, 블루투스 |
| L | 1~2GHz | 15~30cm | 장거리 항공 교통 통제 |
| S | 2~4GHz | 7.5~15cm | 터미널 항공 교통 통제, 장거리 기상, 해상 레이더 |
| C | 4~8GHz | 3.75~7.5cm | 위성 응답기, 날씨 장거리 추적 |
| X | 8~12GHz | 2.5~3.75cm | 미사일 유도, 해양 레이더 |
| Ku | 12~18GHz | 1.67~2.5cm | 위성 응답기 |
| K | 18~27GHz | 1.11~1.67cm | 기상학자 구름탐지, 경찰 과속단속 |
| Ka | 27~40GHz | 0.75~1.11cm | 지도 작성, 공항 감시 |
| V | 40~75GHz | 4.0~7.5mm | 대기 중 산소에 흡수 |
| W | 75~110GHz | 2.7~4.0mm | 시각센서 |

레이더 밴드별 주파수 및 파장

레이더는 마이크로파를 이용하여 정지 혹은 이동 중인 항공기, 함정, 자동차 등의 거리, 고도, 방향, 속도를 알아내기 위한 장치입니다. 레이더는 파장이 짧을수록(주파수가 높을수록) 좀 더 정확한 정보를 획득할 수 있기 때문에 대부분의 군용 장비에는 파장이 짧은 대역을 사용합니다.

레이더 시스템은 송신기(transmitter), 듀플렉서duplexer, 수신기(receiver), 안테나antenna, 표시기(indicator)로 구성됩니다. 송신기는 공중으로 쏘아 보낼 전자기파를 준비하는 장치로서 전자기파를 보다 멀리 보낼 수 있도록 강한 세기로 만들어 줍니다. 이후 전기적 신호는 안테나 공용기인 듀플렉서를 거치는데, 이는 하나의 안테나를 통해 전자기파를 송신도 하고 수신하기 때문입니다. 전자기파 신호는 듀플렉서를 거쳐 안테나를 통해 원하는 목표를 향해 쏘아집니다. 쏘아진 전자기파는 목표에 맞은 후 사방으로 흩어지게 되고, 그중 일부는 다시 안테나로 돌아옵니다. 안테나로 수신된 전자기파 신호는 듀플렉서를 거쳐 수신기로 갑니다. 수신된 전자기파 신호는 미약하므로 수신기를 통해 증폭된 후 원래 신호와 비교, 분석하여 목표의 상태가 어떠한지 표시기에 나타내 줍니다. 듀플렉서라는 것은 오가는 전자기파를 교통정리하는 일종의 경찰관이라 생각하시면 편합니다.

레이더는 보통 구동 방식에 따라 기계식 레이더와 전자식 레이더로 구분할 수 있습니다. 이름에서 대충 느낄 수 있듯이 기계식 레이더가 더 오래전에 개발되었습니다. 그렇지만 기계식 레이더는 현재에도 함정부터 항공기까지 다양한 무기체계에서 사용되고 있습니다. 여기에서는 함정용 레이더를 예로 들어 살펴봅시다. 함정을 보면 제일 꼭대기에 우산 모양의 접시, 즉 안테나가 일정한 속도로 회전하는 것을 볼 수 있습니다. 이처럼 전자기파를 원하는 방향으로 쏘기 위하여 안테나 방향을 기계식으로 움직이는 방식을 통칭하여 기계식 안테나라고 합니다. 함정의 안테나가 일정한 속도로 회전하는 이유는 적이 어디로 올지 모르니 모든 방향으로 탐지해야 하기 때문입니다. 만약 적이 침략할 방향이 확실하다면 안테나를 굳이 돌릴 필요는 없습니다. 얼핏 보면 아무 기능 없는 접시가 그냥 회전하고 있다고 생각할 수 있지만, 실제로는 안테나로부터 전자기파가 계속하여 송신 및 수신을 하는 겁니다. 방출된 전자기파는 거의 빛의 속도로 목표물에 도달한 후 반사되어 다시 접시로 돌아옵니다. 만약 수신된 전자기파에 뭔가가 잡혔다면 이를 분석하여 화면에 띄워 줍니다. 이때 접시의 회전 각도가 바로 목표의 방위각이 됩니다. 전자기파가 방출되어 목표에 반사되고 다시 돌아오는 시간을 계산하면 목표물과의 거리를 알 수 있습니다. 또한, 방출된 파형과 돌아온 파형을 가지고 도플러Doppler 효과를 고려하여 분석하면 물체의 이동속도를 알 수 있습니다. 도플러 효과는 1842년 C.J.도플러가 발견한 것으로 파원과 관측자 사이의 거리가 좁아질 때는 파동의 주파수가 더 높게, 거리가 멀어질 때는 파동의 주파수가 더 낮게 관측되는 현상을 말합니다. 구급차가 나에게 다가올 경우와 멀어질 경우, 사이렌의 소리가 다르게 들리는 것이 바로 도플러 효과에 의한 것입니다.

전쟁 영화를 보다 보면 가끔 레이더가 배경으로 나오는 경우가 있습니다. 자세히 보셨는지 모르겠지만, 레이더로부터 획득한 정보를 보여주는 표시기는 대부분 원형 모니터로 되어 있습니다. 당연히 안테나를 중심으로 전자기파가 도달할 수 거리는 모두 일정할 것이니 모니터가 원의 모양일 수밖에 없습니다. 또한, 표시기를 자세히 살펴보면 원의 중심으로부터 그려진 선이 일정한 속도로 회전하고, 그 선을 중심으로 다양한 정보들이 갱신되는 것을 볼 수 있습니다. 이 선이 회전하는 속도는 함정 위의 안테나가 회전하는 속도와 같습니다. 즉, 안테나가 회전하는 순간순간에 정보들이 들어온다는 것입니다. 그럼 안테나가 빨리 돌면 정보도 빨리 업데이트되어서 더 뛰어난 성능을 가지겠다는 생각이 들 수 있습니다. 실제로 그렇습니다. 그러나 안테나가 빨리 돌면 많은 열이 발생하고, 기계부품들이 고장 날 확률도 증가합니다. 따라서 무작정 빨리 돌릴 수는 없는 노릇입니다.

그래서 연구자들이 딜레마에 빠지게 됩니다. 만약 기계식 안테나로 음속의 2~3배 속도로 비행하는 전투기를 추적한다면 정보의 업데이트 속도가 느려 아군이 교전할 기회를 놓칠 수 있습니다. 안테나가 1초에 1바퀴 회전한다고 가정하면 1초마다 정보가 갱신되므로 정보가 갱신되지 않을 동안에는 전투기가 어디서 무엇을 하는지 알 수가 없습니다. 만약 전투기가 마하 2의 속도로 비행한다면 정보갱신 시간 동안 약 700m를 날아갈 수 있습니다. 아무리 기관총의 성능이 뛰어나다 하더라도 기계식 레이더로는 전투기의 정확한 위치를 파악하지 못하므로 전투기를 격추할 확률이 낮아집니다.

그래서 연구자들은 레이더를 기능별로 분류하여 개발하게 됩니다. 즉, 어떤 레이더는 계속해서 360도 전방위로 회전하며 적군이 오는지를 탐색합니다. 만약 수상한 물체가 있다고 판단되면 또 다른 레이더로 그 물체를 향해 지속해서 전자기파를 쏘면서 추적합니다. 우리는 전자를 '탐색 레이더'라고 하고 후자를 '추적 레이더'라고 부릅니다. 말뜻에서도 알 수 있듯이 탐색 레이더는 안테나를 회전시키면서 넓은 영역을 탐색하여 많은 정보를 업데이트하는 데 목적이 있습니다. 추적 레이더는 특정한 목표를 추적하기 위하여 안테나를 360도 회전시키지 않고 계속하여 목표를 향해 전자기파를 주사합니다.

일반적으로 탐색 레이더와 추적 레이더는 기관총, 함포와 같은 타격수단과 같이 운용할 때 하나의 무기체계가 됩니다. 인간에게 두뇌가 있듯이 무기체계에도 각 구성품을 조종하고 통제하는 컴퓨터가 있어야 합니다. 보통 타격용 무기체계에서는 머리에 해당하는 컴퓨터를 '사격통제장치'라 부릅니다. 바꾸어 말하면 사격통제장치는 목표물의 현재 위치를 레이더 등으로 포착해서 컴퓨터에 의해 목표의 이동 방향이나 속도 등을 계산하고 타격수단의 성능에 대응하는 미래위치를 예측하여 타격수단을 그 방향으로 지향 및 조준하는 장치를 말합니다. 예전에는 사람의 눈으로 표적을 보고 조준하였으나, 최근에는 기술이 발전하여 항공기와 같은 고속표적이라도 사격통제장치가 레이더의 신호를 바탕으로 자동으로 조준해 줍니다. 일반적으로 사격통제장치가 포함된 무장시스템은 '탐색 및 표적 획득→위협 우선순위 결정→추적 및 조준→사격'과 같은 시나리오로 작동합니다. 탐색 및 표적획득 과정에는 주로 탐색 레이더가 그 임무를 담당합니다. 사격통제장치는 탐색된 여러 표적 중에서 위협의 우선순위를 결정합니다. 위협 순위는 지휘관에 의해서 결정될 수도 있습니다. 사격통제장치의 명령으로 추적 레이더는 우선순위가 제일 높은 표적부터 계속하여 추적하고 조준합니다. 지휘관이 사격 명령을 내리면 타격수단(기관총이나 대공포 등)으로 표적을 향해 사격을 합니다.

탐색 레이더와 추적 레이더의 원리. 먼저 탐색 레이더로 광범위한 영역을 탐색하고(좌), 목표물이 선정되면 추적 레이더로 목표물을 따라가며 추적합니다(우).

레이더와 사격통제장치의 작동과정이 조금 복잡하게 느껴질 수 있지만, 넓게 생각하면 우리가 길거리에서 늘 해오던 일입니다. 남자로 예를 들어 봅시다. 어디까지나 '예'일 뿐이니 오해가 없길 바랍니다. 여자 친구가 없는 한 남자가 수영장 근처를 걸어가고 있다고 가정합시다. 남자는 음악을 듣고, 군것질을 하면서도 두 눈으로 주위를 보면서 자기 주위의 상황과 이성의 위치를 파악해 놓습니다(탐색 레이더의 주위 탐색과정). 그러던 중 9시 방향에 나타난 한 여성이 마음에 쏙 들어왔습니다(우선순위 결정). 순간 남자의 뇌는 주위의 사람들은 흐리게 하고 마음에 드는 여자에게만 집중하도록 명령합니다. 남자의 눈은 계속하여 그 여자를 뚫어지게 쳐다보면서 모든 정보를 연속적으로 받아들입니다(추적 레이더를 통한 추적). 그러는 동안에도 남자의 머릿속에는 그녀에게 다가가서 말을 걸까 말까를 고민합니다. 마침내 남자는 여자에게 다가가 말을 겁니다(사격). 남자의 머리를 사격통제장치라 생각하고 레이더를 눈으로 보면 비슷한 것 같습니까?

STIR 추적 레이더. 원판 왼쪽에 고각을 제어하는 모터를 볼 수 있습니다. <사진출처: 玄史生>

함정에 적용된 실제 탐색 레이더와 추적시스템은 어떻게 되어 있을까요?. 탐색 레이더는 수평선 넘어 멀리까지 봐야 하므로 함정에서 제일 높은 곳에 있습니다. 언제나 빙글빙글 돌면서 주변의 상황을 파악합니다. 보통 표적의 방위와 거리를 측정할 수 있는 레이더를 2차원 탐색 레이더, 표적의 방위, 거리, 고도까지 측정할 수 있는 레이더를 3차원 탐색 레이더라고 합니다. 이때 차원과 관계없이 표적의 속도는 도플러 효과를 통해 기본적으로 파악할 수 있습니다. 추적 레이더는 탐색 레이더로부터 획득한 자료를 바탕으로 사격통제장치가 지시하는 방향으로 안테나를 회전하여 목표를 정확히 주시합니다. 추적 레이더는 계속해서 표적에 전자기파를 쏘고 반사파를 받으며 표적의 상태를 실시간으로 업데이트합니다. 함정에서 추적 레이더는 함포 등의 공격형 무기와 연동되어 있습니다. 즉, 추적 레이더가 보는 곳을 함포가 겨누고 있다는 뜻입니다. 동기화 장치는 추적 레이더와 함포 사이를 연결해 주며, 둘 사이에 오차가 존재하지 않도록 제어합니다. 추적 레이더는 사격통제장치의 직접적인 통제 속에서 항상 이리저리 움직여야 합니다. 추적 레이더는 방위각 및 고각을 정확히 제어해야 하므로 1축 운동으로는 부족하고 2축 운동을 해야 합니다. 즉 추적 레이더에는 레이더 몸체 회전을 위한 모터(1축)와 안테나를 위아래로 들고 내리기 위한 모터(2축)가 설치되어 있습니다. 이러한 전기모터는 사격통제장치의 명령에 따라 안테나가 정확한 위치에 놓이도록 구동합니다. 이에 비교해 탐색 레이더는 사격통제장치가 직접 통제할 필요가 없이 1

함포사격 중인 광개토대왕함. 함정 중앙의 마스트에서는 다양한 레이더가 존재합니다. 함포의 방향이 마스트 상부에 위치한 추적 레이더의 방향과 같음을 볼 수 있습니다.<사진출처 : 대한민국 국군>

축으로 빙글빙글 돌기만 합니다.

2차 세계대전 이후, 레이더는 함정들이 전투를 수행하는 데 있어 필수 요소가 되었습니다. 만약 전투 중에 레이더가 피격되거나 고장 나서 기능이 상실된다면, 함장의 눈을 잃는 것과 마찬가지입니다. 아무리 훌륭하고 강력한 함포가 있다 하더라도 어디로 쏴야 할지 모른다면 눈을 감고 칼을 휘두르는 것과 마찬가지입니다. 최근 개발되는 함정은 탄도탄 요격까지 그 임무가 확대되고 있는 만큼 눈에 해당하는 레이더의 역할이 더욱 중요해졌습니다. 미국은 이런 요구조건을 만족시키기 위하여 이지스Aegis함을 개발하기에 이릅니다.

이지스함은 최신에 전투체계인 '이지스 시스템'을 장착한 해군 군함을 말합니다. '이지스'라는 단어는 그리스 신화에서 제우스가 그의 딸 아테나에게 준 방패에서 유래하였습니다. 이 때문에 이지

전자식 위상배열 레이더. 판에는 핀 모양의 안테나 소자가 엄청 많이 붙어 있습니다. 컴퓨터는 소자를 각각 제어하여 레이더의 방향, 탐색 패턴, 강도 등을 설정할 수 있습니다. 따라서 기계식 레이더처럼 회전하지 않아도 전방위 표적을 탐지 및 추적할 수 있습니다.

스함을 '신의 방패'라고 불리기도 합니다. 이지스 시스템의 핵심은 스파이SPY-1이라고 불리는 3차원 위상배열(phased-array) 레이더입니다. 만약 표적 100개를 기존의 레이더 개념으로 추적한다면 추적 레이더가 100개 필요합니다. 그러나 컴퓨터 통제방식의 스파이-1 레이더는 위상배열 레이더가 전후좌우의 평면에 부착되어 사방으로 동시에 레이더를 조사할 수 있어 1개면 충분합니다. 위상배열 레이더는 고정된 안테나에 배열된 레이더 소자를 각각 제어하여 전자적으로 레이더의 방사 패턴, 방향, 강도 등의 설정을 신속하게

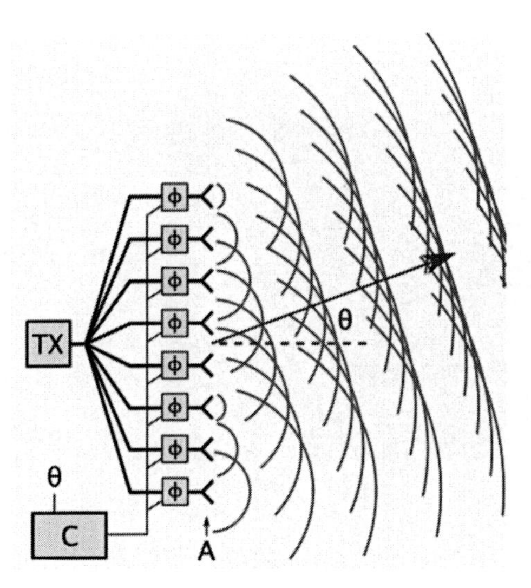


위상 배열 안테나의 작동 방식. 위상 배열은 컴퓨터 제어 안테나로, 안테나를 기계적으로 돌리지 않고 전자적으로 전파 빔의 방향을 조향할 수 있습니다. 위상 배열은 송신기(TX)에 의해 구동되는 다수의 동일한 안테나 소자(A)의 배열로 구성됩니다. 각 안테나의 출력 및 위상은 컴퓨터 제어 시스템(C)에 의해 제어됩니다. 개별 안테나의 물결 모양은 구형이지만 안테나 앞에서 결합(겹쳐서)하여 특정 방향으로 진행하는 평면파를 만듭니다. 선로를 따라 올라가는 각 안테나의 위상을 점진적으로 지연시킴으로써, 위상 시프터(φ)는 전파의 빔을 안테나의 평면에 대하여 일정 각도로 방출합니다. 컴퓨터 제어 시스템은 위상 이동을 변경함으로써 평면파의 방향을 즉시 조종할 수 있습니다.

할 수 있습니다. 따라서 다양한 표적을 동시에 탐지, 추적할 수 있고 자동으로 표적을 선택, 식별할 수도 있습니다. 덕분에 동시에 최고 200개의 목표를 탐지 및 추적하고, 그중 24개의 목표를 동시에 공격할 수 있습니다. 또한, 주변 상황의 돌발적인 변화에도 신속히 대처할 수 있는 기능들을 갖추고 있습니다. 이와 같이 고성능의 스파이-1 레이더를 운영하기 위해서는 엄청난 전력이 필요하므로 기존 함정에 비해 고출력의 발전기가 설치되어 있습니다[11].

11) 미국 알레이버크급 이지스함에는 2,500㎾급 가스터빈 발전기가 3기나 설치되어 있습니다.

골키퍼 근접방어 시스템(CIWS). 독립된 시스템으로 운용되기 때문에 자체적으로 탐색 레이더와 추적 레이더를 모두 가지고 있습니다.

이지스함에는 스파이-1과 같이 최신식 레이더만 있는 것은 아닙니다. 이지스함에도 기계식 레이더를 사용하는 무장체계가 있습니다. 대표적인 것이 최후의 자함 방어를 위하여 설치된 근접방어 시스템(CIWS, close-in weapon system)입니다. 근접방어 시스템은 함정의 주요 레이더가 파괴되더라도 적을 탐지, 추적한 후 공격할 수 있도록 독립된 레이더 시스템과 기관총을 가지고 있습니다. 그래서 함정의 측면에서 보면 최후의 방어 수단입니다. 우리나라의 해군 함정들에서는 네덜란드의 '골기퍼Goalkeeper'를 근접방어 시스템으로 많이 채택하고 있습니다. 앞서 설명했던 개념과 비슷하게 탐색 레이더(둥근 막대 모양)는 항상 빙글빙글 돌며 적을 찾고 있고, 추적 레이더(기관총 위 원추모양)는 목표가 정해지면 레이더를 집중적으로 조사하며 목표물을 따라 추적합니다. 자세히 보시면 추적 레이더와 기관총의 방향이 같다는 것을 알 수 있습니다. 목표가 기관총 사거리 이내로 진입하면 자체 사격통제장치의 판단으로 사격 결정이 이루어집니다. 규모는 작지만 있을 건 다 있고, 할 건 다 합니다. 2012년 개봉한 피터 버그Peter Berg 감독의 '배틀쉽battleship'이라는 영화를 보시면 외계 함선의 포탄 공격을 이지스함의 근접방어시스템인 팰렁스Phalanx[12]가 멋지게 막아내는 활약을 눈으로 확인하실 수 있습니다. 아쉽게도 외계 함선의 포탄이 너무 많이 떨어져 팰렁스가 100% 다 막지는 못하였습니다.

함정 쪽 레이더 이야기는 여기서 마무리하고, 우리나라의 육군 레이더 이야기를 해보도록 합시다. 육군이 사용하는 무기 중에 화력 측면에서만 보자면 포병이 제일 막강합니다. 기술발전으로 포의 사거리가 증가하면서 포병은 대부분 최후방에 배치되어 포탄을 날립니다. 따라서 아군의 피해를 최소화하기 위해서는 적의 포병을 찾아 제1순위로 제거해야 합니다. 그러기 위해서는 적군의 포탄이 어디에서 날아왔는지 신속하게 찾아내는 것이 급선무입니다. 그러나 말이 쉽지, 먼 거리에 위치하는 적의 포대를 찾아 공격하는 것은 쉬운 일이 아닙니다. 제1차 세계대전 때는 떨어진 포탄의 탄흔을 분석해 방향과 사거리를 추정하거나, 포성(砲聲)과 포염(砲炎)을 관측해 적 포대를 찾아내려고 노력했습니다. 그러나 육군에도 대포병 레이더라는 신기술이 도입되면서 새로운 전기를 맞이하게 됩니다. 대포병 레이더는 말 그대로 적이 쏜 포탄을 탐지하기 위한 레이더입니다. 포물선을 그리며 비행하는 포탄을 탐지하면, 그 궤적을 역으로 추산하여 포탄 비행의 시작점을 알아내는 것입니다. 우리나라의 국민들은 2010년 연평도 포격사태를 통해 대포병 레이

12) 골기퍼와 유사한 개념의 근접방어시스템입니다. 미국 레이시온에서 개발했으며, 주로 미 함정에 많이 장착되어 있습니다.

더의 중요성을 알게 되었습니다. 그 당시 우리나라의 연평도에는 세계에서도 알아주는 K9 자주포가 있었습니다. 해병대원들이 북한의 갑작스러운 포격에 대해 K9 자주포로 즉각적인 반격을 하였음에도 불구하고, 언론에서는 반격의 실효성에 대해서 많은 문제를 제기하였습니다. 언론들은 그 당시 우리 군이 보유한 대포병 레이더가 제대로 작동하지 않았기 때문에 "적도 없는 곳에 반격한 게 아니냐?"라고 질타를 하였습니다.

과거에는 목표물을 눈으로 직접보고 공격하는 직접사격 방식이었기 때문에 '관측'이 그렇게 중요하지 않았습니다. 그러나 포의 사거리가 증가하면서 관측병이 목표물을 관측하고 그의 유도에 따라 포를 사격하는 간접사격 방식으로 변경되면서 '관측'이 아주 중요한 요소가 되었습니다. K9 자주포와 같이 아무리 강력한 공격수단이 있다 하더라도 쏴야 할 곳을 정확히 알고 있지 않으면 무용지물에 불과합니다. 또한, 아군이 쏜 초탄이 어디에 맞았는지 파악해야 재공격 시 포 방향을 수정할 수 있어야 합니다. 그렇지 않으면 적에게 제대로 된 피해를 줄 수 없습니다. 예전에는 관측병이 적진 깊숙이 침투하여 탄착지점 상태를 맨눈으로 확인한 후 정보를 전달해 주었지만, 현대전에서는 대포병 레이더가 많은 정보를 대신 제공해 줍니다. 사실 대포병 사격은 적 포병 발사지점을 찾는 것도 버거울뿐더러, 찾는다 하더라도 그곳에 관측병을 즉시 보낸다는 것은 물리적으로 불가능합니다. 만약 미국같이 많은 수의 무인항공기나 정찰위성을 운용하고 있으면 이야기가 조금 달라질 수 있습니다. 하지만 아직 우리나라가 그와 같은 정보자산을 보유하기 위해서는 시간이 더 필요합니다. 따라서 연평도 포격전 경우에는 대포병 레이더를 통한 탄착 관측이 거의 유일한 방법이었습니다.

현재 우리나라 육군이 사용 중인 대표적인 대포병 레이더는 크게 미국산 AN/TPQ-36, AN/TPQ-37, 그리고 스웨덴산 아서 ARTHUR-K입니다. 모든 레이더는 탐지거리 내에서 10곳 이상의 발사 지점을 30초 이내에 동시에 파악할 수 있습니다. 레이더의 기본 성능만 보자면 북한군의 발사지점을 신속하게 파악하여 반격할 수 있는 것 같습니다. 하지만 문제는 레이더가 얼마나 빨리 표적의 좌표를 파악하느냐가 아니라, 그 좌표를 얼마나 빨리 공격수단까지 전달하느냐입니다. 그러기 위해서는 대포병 레이더에서 획득한 좌표들을 자동 분배 후 아군의 화력체계에 무선으로 전달할 수 있어

세르비아에 설치되어 운용 중인 AN/TPQ-36 대포병 레이더

야 합니다. 우리나라의 주요 화력체계인 K9 자주포나 MLRS(Multiple Launch Rocket System)은 표적 좌표만 제대로 전달받으면 매우 빠르고 정확한 사격이 가능합니다. 하지만 북한군 포병은 공격 후 잽싸게 도망치거나 동굴 진지로 숨어버리는 전술을 사용하기 때문에 북한군 포병 위치를 최대한 빨리 전달받아 반격해야 합니다. 미군은 거의 모든 장비를 네트워크로 연결하고 있기 때문에 대포병 레이더가 파악한 좌표들은 컴퓨터에 의해 자동으로 표적 할당이 됩니다. 그런 후 실시간으로 좌표 정보가 데이터링크datalink를 통해 공격수단까지 전달됩니다. 따라서 대포병 레이더가 제대로만 작동하면 정보가 지연되는 일도, 정보가 왜곡되는 일도 없이 신속하게 타격수단까지 전달되는 것입니다. 우리나라에 배치된 주한미군은 2~4분 이내에 적 포병의 위치를 파악, 대응할 수 있는 시스템을 갖추고 있습니다. 우리 군도 이러한 시스템을 개발하려고 노력 중입니다. 그러나 언론 보도에 따르면 일부 부대에서는 여전히 레이더가 획득한 좌표를 육성으로 전달하여 K9 자주포에 입력한다고 합니다. 아무래도 이런 방식은 시간이 지체될뿐더러 좌표가 전달되는 과정에서 오류 발생의 가능성이 높습니다. 모든 일이 마찬가지겠지만, 돈만 많으면 미국과 같이 네트워크로 연결된 최고 수준의 포병체계를 만들 수 있습니다. 하지만 언제나 예산은 한정되어 있습니다. 연평도 사건이 우리에게 많은 슬픔과 아쉬움을 주었지만, 우리나라 국민의 생명과 재산을 보호하기 위해서는 센서sensor와 슈터shooter를 항상 최상의 상태로 유지하여야 한다는 교훈도 남겨 주었습니다.

## 자기 유도의 활용

**① 전기밥솥**

요즘 대부분 가정에서는 전기밥솥 하나쯤은 가지고 있습니다. 과거와 비교해 보면 전기밥솥으로 밥을 하는 것은 너무나 쉬운 일 중의 하나가 되어버렸습니다. 그렇다 보니 많은 사람은 전기밥솥에서 전기가 열을 발생하여 쌀을 익히기 때문에 밥이 지어진다고 생각할 뿐, 전기밥솥의 작동원리를 제대로 이해하지 못하고 있습니다.

현재 존재하는 전기밥솥은 열을 발생하는 방식에 따라 전열선 가열방식과 전자기 유도 가열(IH, Induction Heating)방식으로 나눌 수 있습니다. 전열식 가열방식은 단어에서도 알 수 있듯이 히터선으로 밥솥을 가열하여 밥을 짓는 것입니다. 이에 비교해 전자기 유도 가열 방식은 패러데이의 전자기 유도원리를 이용합니다. 전기밥솥에 220V 가정용 교류 전원을 연결하면 밥솥 주위의 코일에 전류가 흘러 교류 자기장을 만듭니다. 이 교류 자기장에 의해 밥솥에 맴돌이 전류가 유도됩니다. 이 맴돌이 전류가 밥솥에 열을 발생시키면 이 열이 밥솥 안쪽의 열전도율 높은 알루미늄 층을 통하여 밥솥 전체를 뜨겁게 달굽니다.

전자기 유도 가열 방식은 밥솥 전체를 뜨겁게 만들 수 있기 때문에 전열선 가열 방식보다 쌀을 고르게 익힐 수 있습니다. 또한, 적은 전력을 사용하여 밥을 할 수 있기 때문에 효율이  높습니다. 이런 이유로 요즈음 판매되는 전기밥솥은 대부분 전자기 유도 가열 방식을 채택하고 있으며, 압력 기능까지 더해져 밥을 더욱 맛있게 만들어 줍니다.

**② 금속 탐지기**

요즘 항공기를 이용하여 해외로 여행 다닐 때 항상 거쳐야 하는 관문 중 하나가 공항 검색대입니다. 공항 검색대는 크게 두 가지로 구분됩니다. 먼저 기내에 반입할 개인 물품에 대해서는 X선 투과기를 거칩니다. 그리고 사람에 대해서는 금속 물질을 휴대하고 있는지를 확인하기 위하여 네모난 틀 모양의 금속탐지기를 사용합니다.

X선 투과기는 정형외과에서 자주 사용하는 X선 장비와 같은 방법으로 물품을 검색합니다. 즉 뢴트겐이 발견한 X선은 가시광선과 비교하여 파장이 짧고 투과율이 높아 물품을 투과할 수 있습니다. 따라서 아무리 가방 안에 있다 하더라도 내부에 어떤 물건이 있는지를 알 수 있습니다. 만약 검사원이 가방 안에 뾰족한 물건이 있거나 액체를 담을 수 있는 병이 있다고 판단되면 가방을 열어서 실제 눈으로 확인하게 됩니다.

그럼 금속 탐지기들은 어떤 원리로 작동하는 것일까요? 금속 탐지기는 패러데이의 전자기 유도 원리를 이용합니다. 금속 탐지기에는 교류 전류가 흐르는 코일이 있어 전류의 방향이 주기적으로 변화합니다. 그러므로 교류 전류에 의해 코일 주변에 만들어지는 자기장 역시 전류의 방향이 바뀔 때마다 변화하게 됩니다. 어찌 보면 계속 변화하는 자기장 속에 우리가 걸어서 들어가는 것입니다. 만약 이 변화하는 자기장 속에 금속이 들어오면, 전자기 유도원리에 의해 금속 내부에 미세한 맴돌이 전류가 발생합니다. 이 맴돌이 전류는 약한 자기장을 만들게 되고, 이 자기장 변화 때문에 금속 탐지기 내부에 숨겨진 수신 코일에 유도 전류가 발생합니다. 금속탐지기는 수신 코일에 유도된 전류 값을 통해 금속이 있는지를 알 수 있습니다. 지뢰 탐지기도 같은 원리로 땅속에 묻혀 있는 폭탄이나 지뢰를 찾아내게 됩니다.

최근에는 레이더의 원리를 이용하여 지뢰를 찾아내기도 합니다. 보통 GPR(Ground Penetrating Radar)이라고 하는데 땅 표면 근처까지 침투할 수 있는 UHF/VHF 영역의 전자기파를 쏴서 반사되는 파를 분석한 후 땅속에 무엇이 숨겨져 있는지를 파악할 수 있습니다.

15

# 전투기

여러분은 하늘을 나는 새를 보면 어떤 생각을 하시나요? 불과 100년 전만 하더라도 인간이 하늘을 자유롭게 난다는 것은 단지 상상 속에서나 존재하던 장면이었습니다. 하지만 인류가 꿈을 향해 끊임없이 도전한 결과, 이제는 마음만 먹으면 하늘 넘어 우주까지 갈 수 있는 세상이 되었습니다. 이처럼 인류 최고 발명품인 비행기는 'Dream come true'의 대표적 상징일뿐만 아니라 지구촌을 하나로 묶어 주는 가장 중요한 도구입니다. 그런데 여러분은 수백 t의 육중한 금속덩어리가 하늘을 날 수 있다는 게 신기하지 않습니까? 초등학교 때부터 지금까지 과학을 가까이하는 저 역시 비행기의 비행은 언제나 신기할 따름입니다. 비행기는 사람이나 화물을 이동시키는 운송수단이지만, 현대 전쟁에서 가장 강력한 파워를 자랑하는 무기체계이기도 합니다.

먼저 항공기와 비행기의 차이를 알아보도록 합니다. 통상적으로 항공기(aircraft)는 공기 중에 떠 있거나 하늘을 날아다니는 거의 모든 기구(기계)를 총칭합니다. 그래서 항공사의 비행기(airplane), 헬리콥터helicopter, 열기구, 비행선까지 항공기에 포함될 수 있습니다. 여기서 고정익 항공기를 비행기라 하고, 회전익 항공기를 헬리콥터라고 부릅니다. 비행기는 다른 항공기 종류보다 무기로서의 가치가 아주 큽니다. 개인적으로 비행기는 핵을 제외하고 과학기술이 만들어낸 최고의 무기라고 생각합니다(그래서 비쌉니다). 그럼 비행기가 왜 최고의 무기인지 원리부터 살펴봅시다.

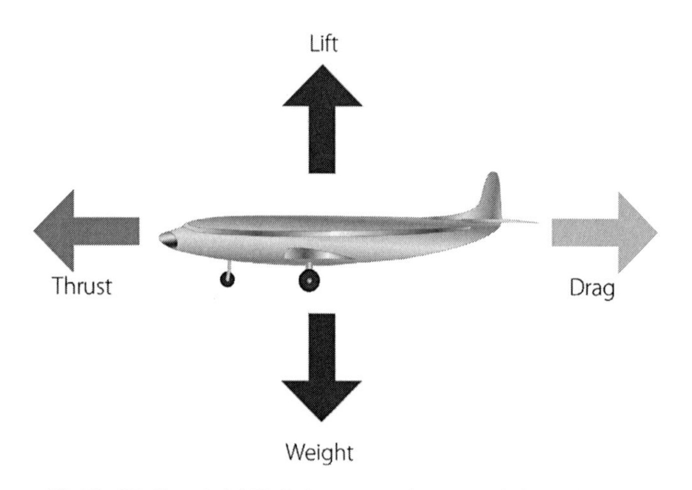


비행기에 작용하는 4가지의 힘. 추력(thrust), 중력(weight), 양력(lift), 항력(drag)

비행기는 추진 장치를 갖추고 고정된 날개를 이용해 비행하는 항공기입니다. 보통 비행기에는 추력(thrust), 중력(weight), 양력(lift), 항력(drag)의 총 4가지 힘이 작용합니다. 추력은 엔진에 의해 생성되는 힘으로 비행기를 앞으로 나아가게 하는 힘입니다. 추력이 크면 클수록 비행기는 더욱 빠르게 비행할 수 있습니다. 중력은 지구가 비행기를 잡아당기는 힘이고, 항력은 비행 시 발생하는 공기저항입니다. 공기 속에서 움직이는 모든 물체는 진행 방향의 반대 방향으로 항력을 받습니다. 마지막으로 양력은 비행기를 위로 뜨게 하는 힘입니다.

그럼 양력은 어떻게 발생하는 것일까요? 여러분은 빠르게 달리고 있는 자동차의 창문을 열고 손을 내밀어 본 경험이 있을 겁니다. 손가락을 모은 다음 진행 방향을 기준으로 손끝을 조금 올려주면 공기가 손바닥을 위로 밀어주는 느낌이 듭니다. 눈에 보이지는 않지만, 공기의 흐름이 어떤 힘을 가지고 있다는 것을 느낄 수 있습니다. 그것이 바로 양력입니다.

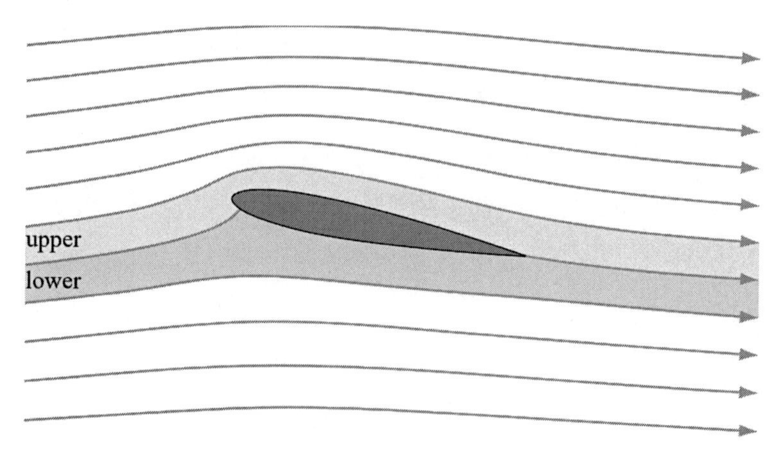


날개의 단면과 날개 주변의 공기 흐름. 베르누이의 원리에 따르면 날개 상·하부의 공기 속도 차이에 의해 압력 차가 나타나고 양력이 발생합니다.

비행기의 날개는 특징적인 모양과 공기와 맞닥뜨리는 각도를 통해 지속해서 양력을 생성할 수 있습니다. 그럼 날개의 단면을 보면서 생각해 봅시다. 공기는 가만히 있어도 비행기가 빠르게 움직이면 비행기 날개 주변에 공기의 흐름이 생깁니다. 양력은 크게 2가지 방법으로 설명할 수 있습니다. 첫 번째 방법은 뉴턴의 작용·반작용 법칙입니다. 날개는 비행기 진행 방향에 대하여 날개의 앞부분이 위쪽으로 어떤 각도로 들려 있습니다. 또한, 날개 표면은 부드러운 곡면으로 되어 있습니다. 날개로 접근하는 공기는 날개 앞부분에서 날개와 부딪혀 두 갈래로 나뉘게 됩니다. 한 갈래의 공기의 흐름은 날개 위 곡면 모양을 따라 흐르게 되고, 다른 하나의 흐름은 날개 아래쪽으로 흐르게 됩니다. 이때 날개와 꺾인 공기는 작용·반작용 법칙에 의해 상호작용을 하여 양력을 발생시킵니다. 즉 날개는 공기의 흐름을 날개 아래쪽으로 꺾이게 하려고 공기에 힘을 작용하고, 반작용으로 공기는 같은 크기의 힘을 방향만 반대로 날개에 줍니다. 이 반작용 때문에 날개에 생기는 힘이 항공기를 공기 중으로 떠오르게 합니다.

양력을 설명하는 두 번째 방법은 베르누이 원리입니다. 두 갈래로 나뉜 공기의 흐름 중 날개 위 곡면을 따라 흐르는 공기는 날개 아랫부분으로 꺾어진 공기보다 속도가 빨라집니다. 왜냐하면, 날개 위쪽 면의 길이가 아래쪽 면보다 길기 때문에 공기 입장에서는 더욱 빨리 움직여야 아래쪽 공기 흐름과 장단을 맞출 수 있기 때문입니다. 베르누이 원리에 따라 공기 속도가 빠르면 압력이 낮아집니다. 따라서 날개 위쪽은 공기 압력이 작고(속도가 빠르니까), 날개 아래쪽은 공기 압력이 큽니다(속도가 느리니까). 그래서 공기 압력이 높은 아래쪽에서 공기 압력이 작은 위쪽으로 밀어 올리는 힘(양력)이 발생합니다. 이를 잘 따져 보면 작용·반작용 법칙에 의한 양력 발생의 설명과도 부합됩니다.

양력의 원리에서도 알 수 있듯이 비행기 날개에 양력이 작용하기 위해서는 날개 주위로 공기가 반드시 흘러야 합니다. 그렇기 때문에 비행기가 정지해 있으면 양력이 발생하지 않습니다. 즉 비행기는 어느 속도 이상으로 움직일 때만 자신의 무게를 이기는 양력이 발생하여 하늘 위로 떠오를 수 있습니다. 그럼 비행기가 속도를 얻기 위해서는 어떻게 해야 할까요? 자동차는 내연기관의 동력으로부터 바퀴를 회전하여 앞으로 나갈 수 있습니다. 비행기도 비슷한 원리로 초기 속도까지 도달하여 하늘을 날 수 있으나, 문제는 이륙 후에 있습니다. 일단 항공기가 이륙하고 나면 바퀴와 지면의 마찰력이 사라져버리기 때문에 자동차의 추진 원리로는 더 이상의 추진력을 얻을 수 없습니다. 아무리 가속을 하고 싶어도 바퀴만 헛돌고 있을 뿐입니다. 따라서 비행기에는 다른 추진 방법이 필요합니다. 보통은 프로펠러를 이용하거나 제트엔진을 이용하여 공중에서도 연속적인 추진력을 얻을 수 있습니다. 즉 추진기관으로 공기나 연소 기체를 빠른 속도로 밀어내면 반대의 힘으로 비행기가 추진할 수 있습니다. 좋은 예가 풍선입니다. 공기가 가득 찬 풍선을 놓으면 고무의 탄성이 공기를 바깥으로 빠르게 밀어내고, 빠져

나가는 공기의 반작용으로 풍선이 앞으로 날아가게 됩니다.

양력을 얻으려면 추진력이 필요하고, 정지된 비행기가 추진력에 의해 이륙 가능 속도까지 가속하기 위해서는 활주로가 필요합니다. 조종사는 활주로를 최대한 활용하기 위하여 활주로 끝에서부터 출발합니다. 이때 활주로 방향은 비행기가 맞바람을 받을 수 있는 쪽으로 선정해야 합니다. 왜냐하면, 항공기가 맞바람을 마주하며 이륙하면 날개 주위로 공기를 더 빨리 흐르게 할 수 있기 때문입니다. 추진력과 활주로가 있다고 해서 비행기가 쉽게 이륙할 수 있는 것은 아닙니다. 비행기의 이·착륙 시에는 생각보다 큰 양력이 필요합니다. 이륙 시에는 랜딩 기어landing gear의 공기 저항과 타

플랩과 랜딩기어를 전개하고 활주로에 착륙 중인 보잉 747-400. 플랩 덕분에 비행기는 낮은 속도에도 불구하고 높은 양력을 얻을 수 있습니다.

이어의 구름 저항 때문에 비행기가 빠른 속도를 가지기가 어렵습니다. 반대로 착륙 시에는 안전과 활주로의 길이를 고려하여 느린 속도로 활주로에 접근해야 하므로 큰 양력을 얻을 수 없습니다. 그렇다고 큰 양력이 발생하도록 날개형상을 설계하면 고속 비행 시 항력이 커집니다. 따라서 이·착륙 시와 같이 높은 양력이 요구되는 경우에만 날개가 더 큰 양력을 발생시킬 수 있도록 형상이 변경된다면 제일 바람직할 것입니다. 그래서 플랩flap이 개발되었습니다. 플랩은 항공기의 주날개 뒤편에 장착되어 주날개의 형상을 바꿈으로써 높은 양력을 발생시키는 장치로, 고양력장치의 일종입니다[13]. 플랩이 날개 뒷면에서 미끄러져 나와 전개되면 주날개의 면적과 받음각이 커지는 효과가 발생합니다. 이에 따라 주날개는 플랩이 전개되지 않았을 때 비해 커다란 양력을 발생하여 항공기가 낮은 속도에서도 이륙 및 착륙할 수 있게 해줍니다. 그러나 비행기가 충분한 속도를 얻어 순항할 때는(충분한 양력이 발생할 때는) 항력 감소를 위해 플랩을 전개하지 않습니다. 또한, 공기 저항에 의한 플랩 구조물의 파손을 막기 위해서라도 고속 비행에서는 플랩을 접어야 합니다.

이륙 준비 단계에서 플랩이 완전히 아래로 전개되면 조종사는 비행기의 엔진 출력을 최대로 올립니다. 최대출력의 엔진은 더 뜨거운 연소 가스를 더 빠르게 밖으로 뿜어냅니다. 엔진에 의해 비행

13) 플랩과 마찬가지의 기능을 하나, 주날개의 앞쪽에 장착되는 것을 슬랫slat이라고 합니다.

기 속도가 증가함에 따라 양력도 증가합니다. 결국 양력이 중력보다 커지고 비행기는 이륙합니다. 이륙 순간 조종사는 비행기의 받음각(angle of attack)을 크게 하려고 뒷날개에 있는 엘리베이터를 조종해 줍니다[14]. 어느 정도 범위 내에서 받음각을 크게 하면 양력이 더 커지게 됩니다. 그러나 과도하게 받음각을 크게 하면 날개에 의한 저항이 너무 커져 비행기가 속도를 잃고 추락할 수 있습니다. 반대로 받음각을 작게 하면 양력은 작아지게 됩니다. 받음각과 플랩으로부터 충분한 양력을 받은 비행기는 더욱 힘차게 하늘 높이 상승할 수 있습니다.

에어론(좌)과 엘리베이터(우). 주날개의 좌우 끝에 있는 에어론은 서로 반대 방향으로 움직이며 비행 방향을 축으로 회전을 담당합니다. 꼬리날개에 있는 엘리베이터는 주날개를 축으로 회전을 담당합니다.

비행기가 일정한 속도로 순항할 때는 추진력, 저항력, 중력, 양력의 힘이 평형을 이룹니다. 만약 비행기의 양력이 중력에 비해 작아지면 항공기는 아래로 내려갈 것이고, 양력이 중력보다 크면 항

14) 날개에 접근하는 공기 흐름 방향과 날개의 중앙선 사이의 각도를 받음각이라고 합니다.

공기는 더 높이 떠오를 것입니다. 또한, 비행기의 추진력이 공기저항보다 크면 비행기의 수평 속도는 증가할 것이고, 추진력보다 공기저항이 더 크면 비행기의 수평 속도는 감소할 것입니다. 순항 중인 비행기라도 목표지점으로 이동하기 위해서는 하늘에서 3차원 운동을 해야 합니다. 보통 비행기에는 에어론Aileron, 엘리베이터elevator, 러더rudder라는 조종날개가 존재합니다. 조종날개 때문에 비행기는 롤링rolling, 피칭pitching, 요잉yawing과 같은 3차원 운동을 할 수 있습니다. 에어론은 롤링을 담당합니다. 조종레버를 좌우로 움직이면 양쪽 날개의 에어론이 서로 반대 방향으로 움직입니다. 조종 레버를 오른쪽으로 기울이면 왼쪽 보조날개가 내려가면서 양력이 증가하여 왼 날개가 올라가고 오른 날개는 내려가는 방향으로 회전합니다(비행기의 추진방향으로 봤을 때 시계방향으로 회전). 조종 레버를 왼쪽으로 기울이면 반대가 되어 오른 날개가 위로, 왼 날개가 아래로 내려가는 방향으로 회전합니다(비행기의 추진방향으로 봤을 때 반시계방향으로 회전). 엘리베이터는 피칭을 담당합니다. 조종 레버를 위아래로 움직이면 꼬리날개 부분의 엘리베이터가 위아래로 움직입니다. 조종 레버를 몸 쪽으로 당기면 꼬리날개의 엘리베이터가 위로 올라가 비행기의 꼬리 부분을 낮춰줍니다. 이에 따라 비행기 주날개 지점을 중심으로 회전하여 비행기 머리 부분을 위로 올려줍니다. 조종간을 앞으로 밀면 반대로 움직입니다. 마지막으로 러더는 요잉을 담당합니다. 조종사의 양쪽 발에도 풋바footbar가 있는데, 오른발이나 왼발을 밀면 꼬리날개의 러더가 좌우로 움직입니다. 풋바를 오른발로 밀면 방향타는 오른쪽으로 움직이고 항공기 머리는 오른쪽으로 향하게 됩니다. 반대로 왼쪽으로 향하게 하려면 왼발로 밀면 됩니다. 만약 에어론, 엘리베이터, 러더가 없으면 비행기는 추력방향으로만 계속 날아갈 뿐입니다.

이 이외에도 비행기에는 탭tap이 있습니다. 비행기가 수평 방향으로 비행할 때는 조종기를 중립 위치에 놓습니다. 하지만 비행기가 직진으로 유지한다는 것은 의외로 어렵습니다. 왜냐하면, 비행기는 전후좌우의 중량 및 엔진 출력 차이가 있고, 같은 종류의 비행기라도 제품 간 차이가 있기 때문입니다. 이를 조정해서 직진을 유지하게끔 해주는 것이 탭의 역할입니다. 탭은 방향타나 승강타 끝에 붙으며, 탭 자체는 매우 작지만, 지렛대 원리가 작용하므로 효과는 의외로 큽니다.

자동차도 사용 목적에 따라 승용차, 승합차, 버스 등으로 제작되듯이 비행기도 목적에 따라 다양한 종류로 제작됩니다. 보통 공군에서는 전투기, 정찰기, 수송기, 훈련기 등을 주로 보유하고 있습니다. 제작사에서는 이러한 비행기를 식별하기 위하여 고유 이름을 부여합니다. 예를 들어 우리나라에서 보유하고 있는 전투기로는 F-16, F-15, F-4, F-5 등이 있고, 수송기로는 C-130, CN-235, 훈련기로는 KT-1, T-50이 있습니다. 자세히 보면 이러한 비행기 이름에 쓰이는 영문자가 비행기 역할에 따라서 구분되어 있다는 것을 알 수 있습니다. 보통 비행기 이름이 F로 시작하면 전투기를 의미하며 영어 Fighter의 첫 글자를 사용했습니다. C는 수송기를 의미하는 Cargo, T는 훈련기를 의미하는 Train, R은 정찰기를 의미한 Reconnaissance, B는 폭격기를 의미하는 Bomb, X는 실험기를 의미하는 eXperiment 입니다. 이러한 명명법은 주로 미국에서 사용하는 방식입니다. 우리나라에 존재하는 대부분 군용기가 미국으로부터 수입되었으므로 그들의 명명법을 그대로 따르는 것입니다. 이에 반해 러시아는 비행기 설계자들을 기념하는 의미의 이름을 쓰고 있습니다. 북한 때문에 익숙한 미그-29의 경우, 항공기를 설계한 미코얀Mikoyan과 구레비치Gurebich가 공동으로 설립한 미그MIG 설계국 이름에서 유래했습니다. 수호이(SU)와 일류신(IL), 야코블레프(YAK) 등도 비행기를 설계한 사람의 이름이 반영된 경우입니다.

다양한 종류의 비행기들은 그 역할이 다르므로 설계에서도 차이가 큽니다. 전투기는 적진의 제공권을 장악하거나 지상에 존재하는 주요 목표물을 제거하는 것을 주목적으로 개발되었습니다. 자동차로 따지면 스포츠카 정도의 느낌이랄까요? 전투기는 공중에서 압도적 우위를 점하기 위해서 빠른 속도와 뛰어난 민첩성을 보유하도록 설계됩니다. 또한, 먼저 보고, 먼저 쏘는 능력을 갖춰야 하기 때문에 강력한 레이더와 각종 유도탄을 장착하고 있습니다. 무엇보다도 전투기는 다른 비행기와 비교해 빠른 속도로 비행할 수 있다는 게 가장 큰 장점입니다. 그리고 이 전투기의 속도를 좌우하는 것은 엔진입니다.

초창기 대부분 전투기는 왕복 엔진을 장착하고 있었습니다. 왕복 엔진은 제트 전투기가 등장하기 시작한 1940년대 초반까지 전투기의 유일한 추진 기관이었습니다. 전투기용 왕복 엔진의 기본적인 구조는 자동차 엔진과 거의 유사합니다. 왕복 엔진은 실린더, 피스톤, 점화플러그, 크랭크축 등의 요소로 구성되며, 실린더 내에서 연료의 폭발에 의한 피스톤의 왕복운동을 동력으로 활용하는 것입니다. 왕복 엔진은 열역학적 사이클의 분류에 따라 가솔린 기관과 디젤기관 등으로 분류하고, 또 행정 기관수에 따라 2행정기관과 4행정기관, 냉각방식에 따라 공랭식 엔진과 수랭식 엔진으로 분류됩니다. 그리고 실린더 배열방식에 따라 I열형, 수평대향형, V형 등으로 분류됩니다. 2차 세계대전 당시의 전투기용 왕복 엔진은 무게가 가볍고, 큰 힘을 얻을 수 있는 4행정 가솔린 기관이 주로 사용되었고, 냉각방식으로는 공랭식 또는 수랭식이 사용되었습니다.

수송기나 폭격기는 많은 군인이나 폭탄을 싣고 높은 고도에서 장거리를 비행하는 것을 추구해왔습니다. 왕복 엔진과 프로펠러의 조합은 이러한 욕구를 충족시키기에 충분할 수도 있습니다. 그러나 전투기처럼 더 빨리, 더 높이 비행하기 위해서는 왕복 엔진과 프로펠러의 조합으로는 한계가 있었습니다. 이론적으로 비행기는 높은 고도에서 비행할수록 날씨의 영향을 배제할 수 있고, 공기의 저항도 적기 때문에 좋습니다. 하지만 왕복 엔진은 비행고도가 상승할수록 출력이 급격히 감소하는 결점이 있었습니다. 연료가 실린더 안에서 이상적으로 연소하기 위해서는 적정량의 공기가 필요합니다. 이러한 혼합비를 공연비(공기 대 연료 비율)라고 합니다. 예를 들어 가솔린의 경우엔 공연비가 14.7:1로서 연료 무게 1에 공기 무게 14.7의 비율로 연소하는 것이 가장 이상적입니다. 이때 '이상적'이라는 것은 모든 연료가 완전히 연소하여 최대한의 출력을 얻을 수 있다는 것을 의미합니다. 그러나 비행고도가 높아지면 공기도 희박해지기 때문에(공기의 밀도가 작아지기 때문에) 실린더가 흡입하는 공기 유량은 같더라도 그 무게는 가벼워질 수밖에 없습니다. 따라서 이상적인 공연비를 지키려면 가벼워진 공기만큼 실린더에 공급하는 연료량도 감소하여야 합니다. 이 때문에 고도가 높아지면 출력이 떨어지는 것입니다. 이러한 문제를 극복한 장치가 슈퍼차저 supercharger 과급기로서, 실린더 안으로 압축공기를 강제로 주입하는 방법입니다. 이 장치를 이용하면 공기 공급량을 증가시킬 수 있기 때문에 같은 엔진에서도 높은 출력을 얻을 수 있습니다. 나중에는 실린더 연소 후 배출되는 배기가스로 터빈을 돌려 공기를 압축하는 터보차저turbocharger 기술도 개발되었습니다.

비행기 속도가 증가하면 프로펠러를 사용하는 것도 문제가 됩니다. 프로펠러는 비행 속도가 빨라지면 추력을 만들어내는 효율이 급격히 낮아지는 단점이 있었습니다. 그 이유는 추력을 증가시키기 위하여 프로펠러 회전수를 빠르게 하면 프로펠러 날개 끝부분의 속도가 음속을 넘어서기 때문입니다. 특히 음속을 넘어서면 프로펠러에 충격파가 발생하는데 이때 공기저항이 급격히 커집니다. 이러한 저항 때문에 엔진에 연료를 더 공급하더라도 추력은 급격히 떨어지게 됩니다.

프로펠러 비행기는 활주로가 짧아도 이착륙할 수 있고 소음이 비교적 적기 때문에 소규모 공항이나 근거리용으로 적합합니다. 그러나 문제는 비행고도에 있습니다. 아무리 왕복 엔진에 슈퍼차저를 사용한다 하더라도 왕복 엔진으로 고고도에서 빠른 속도로 비행하는 것은 한계가 있습니다. 앞서 설명하였듯이 높은 고도에서 엔진의 출력이 낮아지는 것을 방지하기 위해서는 밀도가 낮아진 공기를 연소실로 더 많이 주입해야 합니다. 이와 같은 필요성 때문에 왕복 엔진과 같이 부피가 정해진 실린더에 공기를 주입하여 연소하는 방식에는 한계가 있었습니다. 이를 극복하기 위하여 대량의 공기를 흡입하여 압축한 후 알맞은 비율의 연료를 섞어서 연속적으로 연소하는 방식인 가스터빈 엔진이 발명되었습니다. 특히 프로펠러를 돌리는 가스터빈 엔진을 터보프롭turboprop이라고 합니다. 터보프롭은 같은 출력의 왕복 엔진에 비해 무게가 절반이나 가볍기 때문에 비행고도를 극복할 수 있을 뿐만 아니라 엔진을 가볍게 만들 수도 있습니다.

터보프롭 엔진이 개발된 이후 머지않아 터보제트 엔진이 개발되었습니다. 터보제트 엔진은 터보프롭과 마찬가지로 가스터빈 엔진에 속합니다. 터보제트 엔진은 열에너지를 회전 운동뿐만 아니라 속도에너지로도 바꿔 추력을 발생시키는 엔진입니다. 터보제트 엔진은 영국의 프랭크 휘틀Frank Whittle에 의하여 1930년대에 개발되었지만, 전투기에 처음 사용된 것은 독일의 메서슈미트Messerschmitt 262가 처음 비행한 1941년 11월부터였습니다. 1938년 8월에 독일의 하인켈Heinkel He 178과 1941년 5월 영국의 글로스터Gloster E28/29 제트기가 첫 비행을 했지만, 이들 제트기는 실용화된 기종이 아니었습니다. 터보제트 엔진은 크게 공기 흡입구, 압축기, 연소기, 연소실, 터빈, 노즐 및 배기 배분으로 구분할 수 있습니다. 공기 흡입구로 들어온 공기는 수많은 블레이드로 구성된 압축기를 통과하면서 고온의 압축 공기가 됩니다. 그 압축 공기에 연료를 분사하고 연소시키면 고압의 팽창가스를 만들 수 있습니다. 이 가스는 연소실 후방에 있는 터빈을 고속으로 회전시키게 되고, 그 회전력은 축을 통해 전방으로 전달되어 다시 압축기를 구동시키게 됩니다. 그리고 터빈을 돌린 연소 가스는 노즐을 통하여 빠르게 빠져나가며 추력을 발생시킵니다. 터보제트 엔진은 크기에 비해 상대적으로 큰 출력을 낼 수 있어서 전투기에 이상적이었습니다. 그리고 무엇보다도 프로펠러를 사용하지 않기 때문에 기존 왕복 엔진의 속도한계를 넘어 초음속 비행이 가능하다는 장점을 갖고 있었습니다. 하지만 높은 연료소모율과 소음, 진동문제, 낮은 효율과 불완전 연소로 인한 검은 배기가스 등의 단점을 가지고 있어 터보 팬turbo fan 엔진이 터보제트 엔진을 대체하게 되었습니다.

터보제트 엔진의 등장으로 성층권에서도 초음속 비행이 가능해졌지만, 음속보다 빨리 비행하기 위해서는 소리의 벽 이외에도 많은 문제가 있습니다. 특히 비행기가 음속에 가까워지면 공기저항이 급격히 증가하여 연비가 극단적으로 나빠집니다. 이런 이유로 상업적인 목적으로 사용되는 여객기나 화물기는 마하 0.8 전후(~900km/h)의 속도로 유지하여 비행합니다. 초음속으로 비행하는 콩코드Concorde 여객기는 1970년 후반에 상업 운항을 시작하였지만, 연비가 나쁜 탓에 요금이 엄청나게 비쌌습니다. 콩코드의 이코노미석은 일반 항공편의 일등석보다 3배 이상 비쌌고, 이코노미석 요금과 비교하면 15배 정도 차이가 났습니다.

그런데도 고속기동이 필요한 최신 전투기들은 강력한 터보팬 엔진을 추진기관으로 사용하고 있습니다. 터보팬 엔진은 압축기 전면에 블레이드blade가 많이 달린 팬이 설치되어 있습니다. 팬에 의해 속도가 증가한 공기는 중간에 두 갈래로 갈라져 한쪽은 압축기를 통해 압축 후 연소하여 후방으로 배출되고, 나머지 한쪽은 팬

F-22 랩터에 장착되는 플랫 앤 휘트니사의 F-119 터보팬 엔진 테스트 장면

을 통과한 후 연소하지 않고 그대로 통과하여 후방으로 배출됩니다. 이런 구조 때문에 터보팬의 추력은 팬이 만드는 추력과 엔진 내부에서 연소한 가스 에너지가 만드는 추력이 합산됩니다. 터보팬 엔진에서 연소한 공기와 연소하지 않고 엔진 외측으로 통과된 공기의 비율을 바이패스 비by-pass ratio라고 합니다. 연소하지 않고 엔진 외측으로 통과된 공기가 많을수록, 즉 바이패스 비가 높을수록 연료소비율과 엔진소음이 적어질 뿐만 아니라 큰 추력을 얻을 수 있습니다. 따라서 전투기는 물론 대부분의 제트 여객기도 추진기관으로 터보팬 엔진을 사용하고 있습니다. 터보팬 엔진은 압축 및 추력 효율이 터보제트 엔진보다 우수하고, 중·저속에서 큰 효율을 가집니다. 또한, 터보팬 엔진 주위를 흐르는 공기는 연소하지 않은 공기이기 때문에 산소를 많이 포함하고 있습니다. 따라서 엔진 뒷부분에서 연료를 다시 분사하면[15] 큰 추력증가율을 확보할 수 있습니다.

터보제트나 터보팬 엔진의 압축기는 공기 흡입구 내 전방에 있는데, 비행속도가 저속일 때는 흡입 공기의 압축효율이 매우 높으나, 비행속도가 초음속 이상으로 고속화되면 압축효율이 급격히 감소합니다. 이것은 초고속 비행 시 압축기가 오히려 공기 흡입을 방해하기 때문입니다. 이를 극복하려는 방법으로 압축기를 이용하지 않고 공기를 압축할 수 있는 새로운 아이디어가 필요하게 되었

15) 흔히 후기연소기after burner라고 합니다

습니다. 연구자들은 이의 대안으로 램제트Ramjet 엔진을 개발하였습니다. 연소실에서 발생하는 고온·고압의 연소 가스를 노즐을 통해 가속하여 추력을 얻는다는 개념은 터보제트 엔진과 같지만, 압축기와 터빈을 사용하지 않는다는 면에서 차이가 있습니다. 램제트 엔진은 터보제트와 같이 흡입 공기를 압축하기 위하여 기계적인 힘(압축기의 구동력)을 사용하지 않고, 공기가 가지고 있는 압축 성질을 이용하여 공기역학적(흡입구의 형상)으로 압축시킵니다. 공학적 용어로 이를 '램 압축'이라 하며, 이러한 이유로 '램제트'라는 명칭이 붙었습니다. 램 압축은 '공기의 유속을 감속시키면 압력이 증가한다는 원리'인 베르누이 원리 및 공기 압축 효과를 이용한 것입니다. 여기서 중요한 사실은 압축기가 없으므로 연소를 원활하게 하기 위해서는 흡입 공기의 유속이 일정 크기 이상이 되어야 한다는 점입니다. 이러한 이유로 램제트 엔진은 터보제트 엔진과는 달리 초음속 비행 이상에서만 유효추

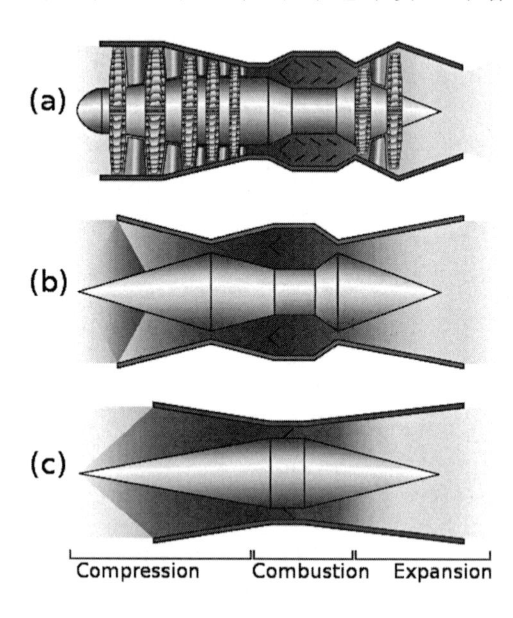

터보제트(a), 램제트(b), 스크램제트(c)의 비교.
<그림출처: GreyTrafalgar>

력을 발생시킬 수 있습니다. 따라서 램제트 엔진을 사용하는 비행체는 램제트 엔진의 시동이 가능한 속도까지 가속하여 주는 부스터(로켓추진기관 등)가 필수적으로 동반되어야 합니다.

역사적으로 볼 때, 엔진 기술이 발전하여 비행기 속도를 증가시킨 이유는 승객들의 빠른 이동이 목적이 아니라 단지 많은 군인을 죽이고 물자를 파괴하여 전쟁에서 승리하기 위해서였습니다. 비행기의 속도가 증가함에 따라, 무기로서의 위력은 더욱 강력해져서 압도적인 살상력과 파괴력을 가질 수 있습니다. 현재 미국이 세계에서 가장 강력한 국가로 인식되고 있는 이유도 F-22, F-35 등과 같이 타의 추종을 불허하는 전투기를 보유하고 있기 때문입니다. 이를 위하여 NASA, 록히드 마틴Lockheed Martin, 보잉Boeing 등과 같은 정부기관과 업체들에서는 우주·항공 연구에 대한 아낌없는 투자를 이어가고 있습니다. 라이트Wright 형제가 동력 비행에 성공한 이후 얼마 지나지 않아 비행기는 전장에서 이름값을 하기 시작하였습니다. 히틀러Hitler는 2차 세계대전 시 폴란드를 공격하면서 전격전(電擊戰)이라는 획기적인 전술을 선보였는데, 그 핵심은 비행기와 전차를 이용해 적진을 신속히 돌파, 와해시키는 것이었습니다. 구체적으로 비행기는 적 통신시설과 지휘부를 폭격하고, 지상군이 진격하는 동안 화력지원을 강화해 주며, 나아가 병력과 물자 공수 기능을 수행했습니다. 전술의 원리는 3S, 즉 기습(Surprise), 속도(Speed), 화력의 우세(Superiority of Fire) 등 세 가지 요소를 최대한 발휘하는 것이었는데, 그 선봉에는 독일 비행기가 있었습니다.

덕분에 보병에게 비행기는 다가오는 소리만 들려도 숨어야 하는 두려운 존재 중의 하나였습니다. 여러분도 전투기가 지나가는 소리를 듣고서 그 위치를 찾으려고 노력했으나 실패한 적이 많을 것입니다. 육군이 아무리 뛰어난 지대공 유도탄을 보유하고 있다고 하더라도 전투기를 잡는 것은 쉬운 일이 아닙니다. 따라서 개전 초기에는 전투기들이 먼저 출격하여 제공권을 확보하고, 나아가 적 진영의 레이더 기지, 지대공 유도탄 기지, 활주로, 방송국 등 주요 장비 및 시설물을 파괴해 버립니다. 필요하면 폭격기가 다량의 폭탄을 투하하여 군사시설이나 방어기지 등을 파괴하며, 수송기가 적 후방으로 특수부대원들을 투입합니다. 그래야 지상 주력군들이 적 심장부로 진격할 때 피해를 최소화할 수 있기 때문입니다.

실제로 비행기 자체만으로는 군인이나 물자를 직접 파괴할 수는 없습니다. (단, 자살공격을 감행했던 일본의 가미카제kamikaze 특공대는 비행기 자체를 무기로 사용하였습니다) 비행기의 기동성을 바탕으로 날카롭고 두꺼운 펀치가 더해져야 합니다. 이를 위하여 비행기 날개 아래나 기체 내부에는 다양한 무장들이 장착됩니다. 무장의 형태, 작동방식, 위력 등은 사용 목적과 대상에 의해 결정됩니다. 예를 들어 우리나라에서도 운용 중인 F-15K의 경우, 탑재할 수 있는 무장은 구형 전투기의 2배 이상인 11t에 달합니다. 그중 SLAM-ER 유도탄은 하푼Harpoon 대함유도탄을 공대지 유도탄으로 개조한 것으로 최대 278㎞ 떨어진 목표물을 3m의 정확도로 족집게처럼 정확히 공격할 수 있습니다. 이밖에 사이드와인더Sidewinder, 단거리 공대공 유도탄 모델 중 최신형인 AIM-9X, 사정거리 64㎞의 AIM-120C 암람AMRAAM 중거리 공대공 유도탄, 함정은 물론 땅 위의 목표물도 공격할 수 있는 최신형 하푼Harpoon Block-II 유도탄, GPS로 유도되는 통합정밀직격폭탄(JDAM, Joint Direct Attack Munition) 등도 F-15K의 주무장입니다. 통합정밀직격탄의 경우 2,000파운드급(900㎏) GBU-31은 7발, 500파운드급(225㎏) GBU-38은 15발을 장착할 수 있습니다. 이처럼 전투기는 속도도 빨라졌을 뿐만 아니라 무장까지 강력하여 핵무기를 제외하고는 가장 위협적인 무기체계로 등극할 수 있었습니다.

여기서 우리는 군인들이 전쟁을 바라보는 시각에 대하여 생각해 볼 필요가 있습니다. 군인들은 항상 승리를 목적으로 타인을 죽여야만 하지만, 적어도 과거 전쟁에서는 상대방의 죽음을 직접 눈으로 목격하는 경우가 많아 그에 따른 죄책감도 컸던 게 사실입니다. 심지어 비행기가 전장에 처음 등장했을 때는 저고도에서 조종사가 목표물을 직접 눈으로 관찰한 후 폭탄을 투하하였습니다. 그러나 지난 100년 동안 기술 발전으로 전투기의 속도는 빨라졌고 비행고도도 높아져서 조종사는 아수라장과 같은 전장 상황을 직접 목격할 필요가 없게 되었습니다. 최근 들어서는 통신기술의 발전과 무인기의 등장으로 조종사가 더는 전장에 있을 필요가 없어졌습니다. 현재의 조종사는 지구 반대편 안전한 장소에서 원격으로 작전을 펼치고 있습니다. 육지에서 공격을 당하는 사람에게는 생존 본능에 따른 필사의 도망이겠지만, 무인기 조종사에게는 단순히 게

임에 불과할 수도 있습니다. 이러한 현실 때문에 인간이 인간을 죽이는 데 대한 죄의식은 과거보다 점차 작아지고 있습니다. 말 그대로 뛰어난 과학 기술을 가진 자들이 그렇지 못한 사람들을 살상 및 파괴하는 현장으로 비칠 수도 있습니다. 아마도 인공지능과 로봇기술이 더 발전하면 인간의 죽음은 인간이 아닌 기계 판단에 따라 결정될 것이고, 전쟁에서 '죄의식'이라는 단어는 사라질지도 모르겠습니다.

# 16

# 스텔스

요즘은 시대가 시대인 만큼 하늘, 땅, 바다에서 광학 카메라, 적외선 카메라, 레이더, 음파탐지기 등과 같은 최첨단 센서들로 상대방의 일거수일투족을 감시할 수 있습니다. 흔히 스텔스stealth라고 하면 '잠행, 살며시 함'이라는 뜻으로 상대방의 감시, 정찰 도구에 발견되지 않는다는 것을 통칭해서 말합니다. 예를 들어 군인들이 입는 얼룩무늬 전투복도 어찌 보면 스텔스를 생각해서 만든 것이라고 할 수 있습니다.

걸프전 당시 미국의 폭격기인 F-117 나이트호크nighthawk가 이라크의 방공 레이더를 뚫고 대단한 활약을 한 탓에 대부분의 사람이 '스텔스' 하면 레이더에 걸리지 않는 기술이라고만 생각하고 있습니다. 그러나 항공기는 레이더뿐만 아니라 적외선, 소리, 시인성(visual appearance), 배출가스, 비행운 등도 모두 고려하여 설계해야 합니다. 그래도 제일 중요하고 어려운 것은 적이 쏘아대는 레이더에 들키지 않는 기술입니다.

어찌 보면 가시광선, 적외선, 소리로 적을 탐지하는 것은 수동적인 방식이라고 말할 수 있습니다. 왜냐하면, 물체 자체에서 생성되는 물리적 신호를 센서에 의해 탐지하는 방식이기 때문입니다. 따라서 신호 자체가 미약할 수도 있으며, 센서까지 도달하는 과정에서 주변 환경에 의해 쉽게 왜곡될 수 있습니다. 반면 레이더는 내가 보고자 하는 목표물에 전자기파를 송출하고, 반사되어 돌아오는 전자기파를 분석하는 방식이므로 능동적인 탐지라고 말할 수 있습니다. 송출하는 전자기파의 세기를 증가시키면 되돌아오는 전자기파의 세기도 증가하므로 더욱 정밀한 탐지가 가능하고, 주변 환경에 영향도 덜 받을 수 있습니다. 탐지당하는 처지에서 보면 레이더가 제일 골치 아픈 존재일 수밖에 없습니다. 따라서 우리는 다른 스텔스 기술보다 레이더의 스텔스 기술에 대해서만 살펴보도록 합시다.

돌이켜 보면 F-117이 걸프전에서 대활약을 펼쳤던 이유 중의 하나는 촘촘한 방공 레이더에 걸리지 않고 비밀리에 적진에 깊숙이 침투하여 목표 머리 위에 정확히 폭탄을 투하할 수 있었기 때문입니다. 그러면 레이더에 걸리지 않으려면 어떻게 해야 할까요? 앞서 배웠던 레이더의 동작 원리를 다시 한번 생각해 보도록 합시다. 레이더는 안테나로부터 전자기파를 송출하여 물체에 맞고 돌아오는 전자기파를 분석하여 물체의 위치 정보를 획득한다고 말씀드렸습니다. 여기서 중요한 부분은 전자기파가 물체에 맞고 돌아와야 한다는 것입니다. 쉬운 예를 들어 봅시다. 사람들이 모여 있는 장소

저격수들이 입고 있는 길리 슈트Ghillie suit도 스텔스의 일종입니다.

에서 "당신은 누구입니까?"라고 큰 소리로 질문을 한다고 가정합시다. 나의 목소리를 듣고 "나는 개똥입니다"라고 대답을 해 줘야지 내가 상대방의 존재와 위치를 정확히 알 수 있는 것이지 아무런 대답이 없다면 상대방의 존재를 알 수는 없습니다. 이와 비슷한 원리로 F-117와 같은 스텔스기 역시 위치 탐색을 위해 안테나로부터 송출된 전자기파가 자신에게 부딪치고 난 후 다시 안테나로 되돌아가지 않도록 다양한 기술이 적용되어 있습니다.

연구자들은 모호한 표현을 싫어합니다. "이 항공기는 전자기파를 적게 반사한다."와 같은 표현보다는 "이 항공기는 전자기파 반사율이 얼마이다."는 것과 같이 정확한 숫자로 표현해야 직성이 풀립니다. 일반인들이 봤을 때 별거 아닌 거로 목숨 거는 것 같지만 연구자들에게는 중요합니다. 따라서 레이더 반사율을 정량적 수치로 정확히 표현하기 위하여 RCS(radar cross section)이라는 개념을 정립하였습니다.

RCS는 말 그대로 레이더 반사율을 면적의 개념을 이용하여 수치화한 것입니다. 지름이 약 1.13m가 되는 구가 있다고 합시다. 이 구는 평면에 투영 면적이($\pi r^2$으로 계산, r은 구의 반지름) 1㎡ 정도 됩니다. 레이더의 안테나로부터 지름 1.13m인 구로 전자기파가 송출됩니다. 전자기파는 안테나를 통해 공간으로 퍼져 나가기 때문에 $4\pi r^2$만큼 그 출력이 감소합니다. 식으로 표현하면 다음과 같습니다.

$$S = \frac{P_T G_T}{4\pi r^2}$$

이때 $P_T$는 레이더로부터 송출되는 출력(W), $G_T$는 안테나의 게인, $r$은 안테나로부터 구까지의 거리를 나타냅니다. 전자기파는 구의 표면에서 반사되어 사방으로 흩어지는데 구의 전체 면적 중 σ만큼은 다시 송출된 안테나 방향으로 돌아오게 됩니다.

$$P_r = \left(\frac{P_T G_T}{4\pi r^2}\right)\sigma\left(\frac{1}{4\pi r^2}\right)A_r$$

이때 $A_r$은 수신되는 안테나의 유효면적, $P_r$은 수신된 전자기파의 출력, σ는 RCS를 의미합니다. 이처럼 지름이 1.13m인 구에 대한 레이더 반사율은 실험적으로나 이론적으로 구할 수 있으며, 이 값은 레이더 반사율에 대한 기준으로 삼기 시작했습니다. 다시 예를 들어 봅시다. 만약 어떤 연구자가 기존 전투기에 레이더를 쏘고 돌아오는 전자기파의 출력을 측정해보니 지름 1.13m인 구에서 실험했던 수치와 똑같이 나왔다고 합니다. 그러면 전투기의 RCS는 1㎡라고 할 수 있습니다. 즉, 전투기와 지름이 1.13m인 구의 레이더의 반사율은 같다는 의미입니다. 그러나 새롭게 개발한 스텔스기의 RCS를 측정해 보니 0.01㎡의 값을 보였다고 하면 훨씬 작은 지름을 가지는 구의 레이더 반사율과 같다는 이야기입니다. 바꾸어 말하는 레이더의 눈에는 RCS 0.01㎡의 스텔스기는 작은 새로 보인다는 것입니다. 이렇듯 RCS는 대상물에서 반사되어 돌아온 전자기파의 양을 평가하기 위한 기준 면적으로서, 대상물과 동등한 반사량을 가지는 구를 가지고 생각하는 겁니다.

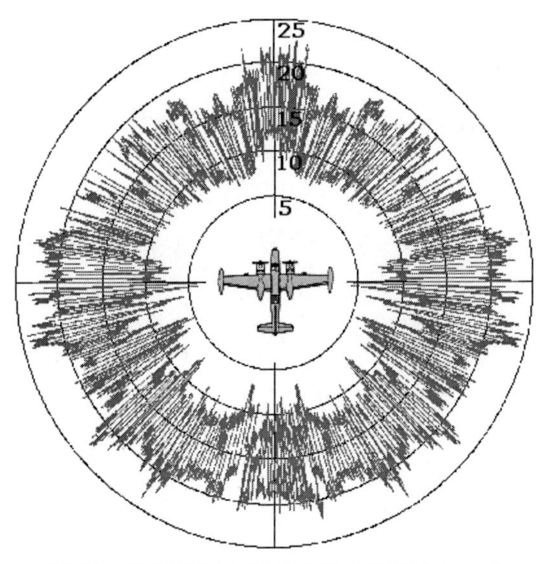


항공기는 방향에 따라 RCS가 다릅니다. (그림제공: Averse)

이처럼 RCS는 물체가 레이더를 반사되는 정도를 수치화한 값입니다. 보통 RCS 값에 영향을 미치는 주요 인자들은 물체의 재료, 물체의 절대적인 크기, 레이더의 주파수, 레이더 반사각도 등입니다. 이러한 이유로 그림과 같이 비행기와 레이더의 상대적 위치에 따라 RCS 값이 달라질 수 있습니다. 따라서 스텔스기 설계 및 제작의 핵심은 방향에 관계없이 항공기로 향해 송출되는 전자기파가 표면에 반사된 후 다시 안테나로 돌아가지 않게 하여 RCS를 최소화하는 것입니다. 그럼 레이더에서 송출된 전자기파를 어떻게 요리해야 자신이 왔던 곳으로 되돌아가지 않게 만들 수 있을까요? 나의 비행기를 적의 레이더로부터 노출하지 않게 하려고 어떤 방법들을 적용할 수 있을까요? 이러한 문제를 해결하기 위하여 많은 연구자는 레이더와 항공기의 상관관계를 연구하였고, 그 결과 몇 가지 중요한 요소를 찾아내기에 이릅니다. 마침내 연구자들은 스텔스기를 제작하는 데 있어서 가장 중요한 기술은 레이더 반사 면적 감소 설계와 레이더 흡수 소재라는 것을 알게 됩니다. 기술적 중요도를 따지자면 약 70 대 30 정도 됩니다.

레이더 반사 신호를 낮출 수 있는 가장 효과적인 방법은 비행기 형상을 잘 설계하는 것입니다. 여러분께서 상상하신 대로 레이더에 노출이 되지 않으려면 레이더로부터 날아온 전자기파가 다시 안테나 쪽으로 돌아가지 않게 하면 됩니다. 즉 전자기파를 다른 방향으로 반사할 수 있도록 비행기 형체를 설계하면 됩니다. 예를 들어 봅시다. 구 모양의 거울 모자를 쓴 사람이 맑은 날에 길을 걸어가고 있다고 가정합시다. 이때 거리를 걷던 많은 사람은 뭔가가 반짝이는 것을 느끼고 그 사람의 머리를 볼 것입니다. 이것은 태양 빛이 구 모양의 거울에 반사되어 많은 사람의 눈에 도착하기 때문입니다. 즉 거울이 둥글기 때문에 태양의 빛을 사방으로 퍼트려서 많은 사람이 머리가 빛나는 것을 알 수 있습니다.

그러나 그 사람이 평판 모양의 거울을 머리에 쓰고 있다면 어떨까요? 머리를 비추는 태양 빛은 평면거울에 반사되어 한쪽으로만 반사될 것입니다. 따라서 많은 사람보다는 평면거울이 향하는 방향에 있는 사람만이 반짝거림을 알 수 있습니다. 이와 마찬가지로 레이더로부터 송출된 전자기파 역시 반사 후 다시 안테나로 돌아가지 않도록 비행기 표면을 평면 모양으로 만들면 어떻겠습니까? 평면거울과 마찬가지로 레이더의 전자기파를 몽땅 다른 곳으로 반사하여 버리면 스텔스기가 될 수 있습니다. 이러한 생각은 1962년 모스크바의 표트르 우핌체프Petr Ufimtsev에 의해 시작되었습니다. 기술의 시작은 러시아가 빨랐지만, 기술을 실제로 사용한 것은 미국이 먼저였습니다.

1975년 4월, 방산업체인 록히드Lockheed는 거의 부도 직전까지 몰려있었습니다[16]. 자사의 F-104 스타파이터Starfighter를 판매하기 위해 일본에 뇌물을 준 록히드케이트가 발각되었고, 여객기 프로젝트까지 실패하여 심각한 경영난에 몰리게 되었기 때문입니다. 이런 상황에서 록히드의 특수사업부 스컹크 웍스Skunk Works 사업부의 책임자 벤 리

16) 군용항공기 개발의 명가인 록히드와 마틴 마리에타가 1995년에 합병하여 새로이 록히드 마틴으로 탄생하였습니다.

치Ben Rich는 어떻게든 회사를 살려야만 했습니다. 그는 1975년 4월 스컹크 웍스에 소속된 36세의 스텔스 엔지니어인 데니스 오버홀저Denys Overholser가 가지고 온 『*Method of Edge Waves in the Physical Theory of Diffraction*』이라는 서적에 관심을 가지기 시작하였습니다. 그 서적은 모스크바의 무선 공과대학 수석과학자 표트르 우핌체프가 써서 9년 전 모스크바에서 출판된 것으로 구소련의 과학적 능력을 분석하는 프로젝트에 따라 미 공군의 전문가에 의해 번역되어 도서관에 비치되어 있었던 것이었습니다. 그 당시 구소련에서는 우핌체프의 이론은 일반적인 내용으로 생각하고 비군사 분야로 분류해 놓았습니다. 하지만 데니스 오버홀저는 우핌체프의 이론을 이용하여 컴퓨터로 해석하면 어떤 비행기 형상이라도 레이더 반사 면적인 RCS를 정확히 예측할 수 있다는 것을 알았습니다. 데니스 오버홀저의 제안에 따라 급히 벤 리치가 이끄는 스컹크 워크팀은 가장 적은 RCS를 갖는 비행기 외형을 설계하기 시작하였습니다. 하지만 비행기 설계에서 문제가 생겼습니다. 당시의 컴퓨터 성능이 낮아 복잡한 곡면에 대한 RCS를 계산하는 데 엄청난 시간이 필요하였습니다. 따라서 할 수 없이 RCS 해석이 쉽도록 항공기 외형을 곡면에서 평면의 조합으로 바꿔 설계할 수밖에 없었습니다. 당연히 이러한 평면형 비행기 외형은 유체역학상 매우 좋지 않아 기존의 항공역학이론으로는 도저히 비행기를 하늘로 날릴 수 없었습니다. 때마침 제너럴 다이나믹스General Dynamics가 개발하여 F-16 전투기에 도입했던 신기술, 즉 전투기를 전자적으로 제어하는 플라이 바이 와이어Fly-by-wire 기술을 사용하여 다행히 이상한 모양의 비행기라도 비행할 수 있게 만들 수 있었습니다. 다시 말해 평면형 비행기는 조종사의 자체 능력으로는 도저히 비행할 수 없으니 컴퓨터의 힘을 빌려 비행을 해야 하는 것이었습니다. 결국, 스컹크 웍스팀은 1975년 해브 블루Have Blue 프로그램을 통해 구소련 과학자가 만든 RCS 이론을 바탕으로 컴퓨터로 비행기 외형을 설계한 후 전자식 비행제어 기술인 플라이 바이 와이어 기술을 결합하여 레이더에 걸리지 않는 전투기를 개발하였고, 마침내 1981년에는 이를 발전하여 F-117A1 나이트호크Nighthawk를 전력화했습니다.

록히드 마틴에서 제작한 F-117 나이트 호크 스텔스기. 항공기 외형이 여러 개의 평면으로 구성되어 있습니다.

레이더로 송출된 전자기파를 다시 돌아가지 않게 하는 두 번째 방법은 전자기파의 흡수입니다. 우리는 레이더의 전자기파를 흡수하는 물질을 RAM(Radar-absorbent material)이라고 부릅니다. 만약 비행기 표면에 RAM이 발라져 있으면 안테나로부터 송출된 전자기파는 항공기 표면에 닿는 순간 순식간에 사라져 버릴 수 있습니다. 밤에 흰색 옷을 입으면 눈에 잘 띄지만, 검은색 옷을 입으면 잘 안 보이는 것과 비슷한 원리입니다. 검은색은 전자기파의 일종인 빛을 잘 흡수하기 때문에 눈에 잘 띄지 않는 것입니다. 공학에서 진동, 소리, 전자기파 등을 흡수한다는 말은 그들이 가지고 있는 에너지를 소산시킨다는 것입니다. 예를 들어 자동차에서 충격흡수장치(shock absorber)라 함은 외부로 받은 충격 및 진동을 열에너지로 변환하여 외부로 버리는 것을 말합니다. 이와 마찬가지로 레이더의 전자기파가 항공기 표면에 도포된 RAM(보통은 페인트처럼 되어 있습니다)을 만나면 RAM 내부에서 레이더 전자기파가 이리저리 돌아다니다가 흩어져 버립니다.

이러한 스텔스 기술은 강력한 대공 유도탄의 등장에도 불구하고 전투기의 우월적 지위를 유지하여 주었습니다. 2006년 미군이 알래스카Alaska 상공에서 두 팀으로 나누어 벌인 2차례의 모의 공중전에서 241 대 2라는(말도 안 되는) 격추 대수의 차이가 나타났던 경우가 있었습니다. 조종사의 기량은 별 차이가 없었는데도 불구하고 일방적 학살에 가까운 기록이 나온 것은 최신예 전투기 F-22 랩터Raptor가 이긴 팀에만 속해 있었기 때문이었습니다. 진 팀에 격추당한 2대의 전투기도 F-22가 아니라 F-15였습니다. F-22가 최초의 스텔스기는 아니지만, 비행 성능의 제약을 극복한 본격적인 스텔스기였기 때문에 이러한 결과가 나왔다고 평가됩니다. F-35는 F-22보다 뒤에 개발된 스텔스기입니다. F-22가 너무 비싼 데다 수출로 인한 기술 유출이 우려되어 생산을 중단하고, 대신 F-35를 만들어 사용한다는 계획에 따라 한국을 포함한 다양한 나라에서 구매하여 사용하고 있습니다. 과거 미국이 F-15를 대신하여 F-16을 개발하여 전 세계에 판매한 것과 유사한 전략이라 보시면 됩니다. 아직 러시아와 중국의 전투기 중에는 F-22 랩터의 상대가 되는 전투기가 없습니다. 사실 이것이 미국이 F-22 랩터의 생산을 일단 중단하고 F-35 기종의 생산에 집중하는 가장 중요한 이유이기도 합니다. 중국은 F-22 랩터를 상대하기 위하여 젠-20 전투기를 개발하여 실전배치를 서두르고 있지만, 스텔스 기능이 취약해 F-22 랩터의 상대로는 여전히 부족하다는 평가를 받고 있습니다. 2006년 실전 배치된 F-22 랩터는 10여 년이 지금뿐만 아니라 앞으로도 한참 동안은 하늘의 왕좌 자리를 내어놓지는 않을 것 같습니다.

F-22나 F-35가 최신에 전투기라 할지라도 스텔스 성능을 유지하기 위해서는 지속적인 관리가 필요합니다. 만약 항공기 표면의 RAM이 일부가 벗겨지기만 하더라도 레이더에 쉽게 노출될 수 있기 때문입니다. 일반적인 항공기나 자동차의 도장 상태를 관리하는 것과는 차원이 다릅니다. RAM 관련 기술은 개발하는 데 많은 투자가 필요할 뿐만 아니라 적대국에 기술이 노출될 경우 아군의 피해가 막심하므로 철저히 관련 기술을 보호합니다. 예를 들어 미국은 우리나라와 일본에 최신 스텔스 전투기인 F-35의 판매를 허용하였지만, 일본에만 F-35의 정비거점을 둘 예정에 있습니다. 표면적으로는 주일미군의 운용상 이점과 일본기업의 기술력 등을 이유로 설명하고 있지만, 미국은 우리

나라보다 일본을 더 우방이라고 생각하고 있다는 것은 누구나 알고 있는 사실입니다. 장차 호주와 한국이 도입하는 F-35의 기체 정비도 일본에서 행할 가능성이 크다고 관측되고 있습니다. 즉, 한국에서 운용하는 F-35 항공기의 페인트가 벗겨지면 일본까지 날아가서 수리해야 합니다. 기술력이 부족한 대한민국의 안타까운 현실입니다.

그럼 이젠 레이더로는 F-22와 같은 스텔스기를 찾아낼 수 없는 것일까요? 결론부터 말씀드리자면 저주파 레이더(low frequency radar)를 사용하면 찾아낼 수는 있습니다. 보통 대공 레이더는 비행이나 유도탄의 거리와 고도를 정확히 파악하기 위하여 고주파의 전자기파(대략 2GHz~40GHz)를 사용합니다. 따라서 미군이 사용하는 RAM은 고주파 레이더에 대응할 수 있도록 개발되어 있습니다. 만약 레이더에서 송출되는 전자기파의 주파수가 낮아지면(파장이 길어지면), RAM은 전자기파를 소산시키기 위하여 더 두껍게 발라져야 합니다. 저주파 레이더는 대략 1GHz 이하의 L-band, UHF, VHF, HF 영역 대의 주파수를 사용합니다. 만약 비행기 표면에 충분한 두께의 RAM이 발려져 있지 않으면 저주파 레이더의 일부가 다시 반사되어 되돌아가게 되어 결국 레이더망에 들키고 맙니다. 하지만 RAM이 두꺼워지면 항공기 무게도 증가하고 거추장스러워져서 더 이상 비행을 할 수 없습니다. 비록 저주파 레이더를 사용하면 정확도는 감소하지만 스텔스 항공기의 위치는 대충이라도 알 수 있습니다. 저주파 레이더는 고주파 레이더보다 덩치가 크지만, 미군의 스텔스기에 대응하기 위하여 러시아에서 다수 운용하고 있습니다.

스텔스 기술은 더욱 진보하여 이제 전자기파는 물론이고 소리나 빛까지 속일 수 있는 메타물질(혹은 투명망토)이 연구되고 있습니다. 메타물질은 비유전율 혹은 비투자율이 음수인 자연계에 존재하지 않는 인공적인 물질로 희랍어로 '범위나 한계를 넘어서다'라는 뜻을 지녔습니다. 메타물질 이론은 1967년 러시아 물리학자 빅토르 베셀라고Victor Veselago가 처음 제시하였습니다. 그는 '빛과 같은 파장을 반사하지 않고 우회시키는 물질이 있다'라고 주장하였습니다. 그 후 2006년에 처음으로 미국 듀크대의 펜드리John Pendry 교수와 스미스David R. Smith 교수는 실린더 모양의 너비 5㎝, 높이 1㎝의 구리관을 직접 개발한 10장의 메타물질로 덮고 실험용 레이더를 가져다 대봤지만, 전파에 전혀 반응하지 않았습니다. 쉽게 말하자면 구리관을 레이더에서 사라지게 하는 데 성공하였습니다. 메타물질은 전파 이외에도 음파 분야에서도 적용할 수 있습니다. 파장을 흡수하거나 원하는 방향으로 유도하려면 물질의 구조가 파장의 절반 정도로 작아야 하는데, 소리의 파장은 짧은 것이 수㎝로 적외선이나 가시광선보다 월등히 길어 현재의 정밀가공 기술로 비교적 손쉽게 구조물을 만들 수 있습니다. 만약 이러한 메타물질을 잠수함에 이용할 수만 있다면 능동형 음파탐지기에도 탐지되지 않는 스텔스 잠수함을 만들 수도 있습니다.

러시아의 P-18 VHF 레이더<사진출처:Charly Whisky>

## 전자레인지

많은 사람은 빠른 시간 안에 음식을 간편하게 조리하기 위하여 전자레인지를 사용합니다. 제2차 세계대전 당시 미국의 연구자였던 스펜서Spencer는 레이더에 꼭 필요한 부품인 마그네트론으로 실험을 하고 있었습니다. 마그네트론이란 마이크로파를 발생시키는 원통형 관입니다. 그런데 실험을 하다가 주머니 속의 초콜릿이 녹은 것을 보고 우연히 마이크로파를 발견하게 되었고, 이를 연구해 전자레인지를 발명하게 되었습니다. 인류 최고의 발명품이라고 칭송받고 있는 전자레인지의 원리는 간단합니다. 전자레인지를 살펴보면 전자기파 발생장치가 있는데, 여기서 발생시키는 전자기파의 주파수가 물 분자의 고유진동수(약 2.45GHz)와 같습니다. 따라서 전자레인지가 가동되면 음식에 있는 물 분자가 공진을 하여 순식간에 뜨거워지는 것입니다. 그런데 가만히 생각해 보면 인간의 몸속에도 다량의 수분이 존재합니다. 따라서 만약 사람이 전자레인지 가까이에 있으면 전자레인지에서 나오는 전자기파 때문에 몸 온도가 급속도로 상승할 것입니다. 그러나 동작 중인 전자레인지 근처에 가더라도 몸이 뜨거워지지는 않습니다. 그것은 전자레인지에서 발생한 전자기파가 케이스 내부에서 흡수 혹은 반사만 될 뿐 외부로 튀어나오지는 않기 때문입니다. 특히 전자레인지 문을 자세히 보셨다면 뭔가 재미난 것을 알아차릴 수 있을 겁니다. 전자레인지의 문의 역할은 크게 세 가지로 생각할 수 있습니다. 먼저 음식이 드나들게 하고, 음식의 조리 상태를 볼 수 있도록 하며, 내부에서 발생하는 전자기파가 외부로 방출되지 않도록 차단하는 역할을 합니다. 이러한 세 가지 임무를 동시에 수행할 수 있도록 전자레인지 문에는 둥근 원이 뚫려있는 금속판이 항상 붙여져 있습니다. 바로 이 금속판이 전자기파를 차단하는 임무를 수행합니다. 이처럼 전자레인지 문 쪽 금속판의 뚫려있는 원은 아무렇게나 뚫은 것이 아닙니다. 전자레인지에서 발생하는 전자기파를 차단하면서도 전자레인지 속을 자세히 볼 수 있도록 구멍의 지름이 결정된 것입니다.

17

# 적외선

사람은 오감(시각, 청각, 촉각, 미각, 후각)을 통해 정보를 얻습니다. 그중 가장 많은 정보를 받아들이는 것이 눈입니다. 눈이 정보를 얻는 데는 빛이 필수적입니다. 깜깜한 시골길을 손전등도 없이 걸어가는 것을 상상해 보십시오. 비록 시력이 2.0에 가까운 사람이라 할지라도 칠흑 같은 어둠 속에서는 손을 앞으로 내민 채 더듬더듬 걸어가야 할 것입니다. 그러면 왜 우리 눈은 빛이 없는 어두운 곳에서는 아무런 역할을 하지 못하는 것일까요?

역사적으로 많은 과학자는 빛에 대하여 대단히 궁금해 하였습니다. 눈에 보이지도 않고, 만져지지도 않으니 그 실체를 알아내기란 정말 어려운 일이었습니다. 그러나 천재적인 과학자들이 존재하였기에 조금씩 빛의 정체가 밝혀지기 시작하였습니다. 17세기에 크리스티안 호이겐스Christiaan Huygens가 빛이 회절한다는 사실을 실험을 통해 밝혀내면서 그 당시 모든 과학자는 빛이 파동이라고 믿었습니다. 왜냐하면, 회절은 파동의 가장 일반적인 특성이었기 때문입니다. 파동이면 회절할 수 있다는 것은 소리의 현상을 통해 이미 오래전부터 널리 알려진 사실이었습니다. 벽 뒤에 숨어서 이야기해도 소리가 들리는 것이 회절의 좋은 예입니다.

회절에 더해서 19세기에 들어오면서 토마스 영Thomas Young이라는 사람이 빛이 간섭한다는 사실을 확인하였습니다. 문자 그대로 빛이 서로 간섭한다는 건데, 고등학교 물리 시간에 배웠듯이 두 줄기의 파동이 만나면 강해지거나(보강 간섭) 약해지기도(상쇄 간섭) 합니다. 목욕탕에서 두 손을 이용하여 파도 실험을 해보면 두 파도가 만나면서 강해지거나 약해지는 것을 볼 수 있습니다. 이러한 간섭 현상은 회절과 함께 파동의 중요한 특징 중에 하나로서 만약 빛도 파동이라면 서로 간섭현상을 일으켜야 합니다. 영은 겹실틈 실험을 통해 빛도 소리와 마찬가지로 간섭한다는 사실을 밝혀냈습니다.

그러면 파동이란 무엇일까요? 파동에 해당하는 물질이 따로 있는 것이 아니라 주기적인 진동이 시간의 흐름에 따라 주위로 멀리 퍼져나가는 현상을 파동이라 합니다. 여기서 진동은 물체의 위치나 전류의 세기 등 물리량이 일정 시간마다 규칙적으로 변동하는 현상을 말합니다. 그러면 소리는 어떤 물리량이 진동하는 것일까요? 눈에 보이지는 않지만, 공기의 압력이 진동하는 것입니다. 쩡쩡거리는 스피커(특히 우퍼woofer 스피커) 가까이에 손바닥을 대면 공기의 압력 변화를 느낄 수 있습니다. 그렇다고 해서 공기 자체가 이동하며 퍼져나가는 것이 아닙니다. 공기 압력의 진동 현상이 공간으로 퍼져 나가기 때문에 소리가 전달되는 것입니다. 공기가 이동하는 경우는 소리가 아니라 바람입니다. 즉 바람이 없어도 소리는 퍼져 나갈 수 있으나, 공기가 없으면 소리는 퍼져 나갈 수 없습니다. 잔잔한 호수에 돌을 던지면 파문이 이는데, 그 물결파도 역시 물이 움직여 이동하는 것은 아닙니다. 실제로 물은 제자리에서 진동할 뿐이고 그 진동이 퍼져 나가는 것이 물결파입니다. 결국, 공기가 진동하는 것이 소리고, 물이 진동하는 것이 물결파입니다.

그런데 빛이 파동이라면 빛은 무엇이 진동하는 것일까요? 빛은 전자기파의 일종으로 전기장과 자기장이 진동하면서 퍼져 나가는 것입니다. 이를 이론적으로 규명한 사람이 맥스웰입니다. 눈에 보이지 않으니까 잘 이해가 안 되십니까? 세상에는 눈에 보이지는 않지만, 우리 생활에 큰 영향을 미치는 것들이 많습니다. 그중 하나가 중력입니다. 일반적으로 힘이라는 것은 물체끼리의 접촉을 통해 전해집니다. 예를 들어 내가 컵을 한곳에서 다른 곳으로 옮기려면 나의 손과 컵이 반드시 접촉해야 합니다. 만약 컵을 손을 대지 않고 옮기는 사람이 있다면 그는 초능력자일 것입니다. 그러나 중력장에 놓여진 물체는 접촉하지 않아도 힘이 전해지고 있습니다. 누가 중력장을 보았다고 말하는 사람이 있다면 그 또한 초능력자이거나 미치광이일 것입니다. 중력장은 보이지는 않지만 아무도 그것을 부정하지는 않습니다. 전자기장도 마찬가지입니다. 전자기장을 눈으로 볼 수 없지만, 중력장과 마찬가지라고 이해하시면 됩니다. 이렇듯 세상에는 머리로 봐야 하는 것이 많이 있습니다. 아인슈타인이나 맥스웰같이 역사적으로 유명한 과학자들은 아주 뛰어난 '사고(思考)의 눈'을 가지고 있었던 사람들입니다. 여러분도 자연현상을 이해하려면 사고의 눈으로 세상을 바라보는 연습을 해야 합니다.

그럼 다시 빛의 이야기로 돌아갑시다. 이해가 안 되어도 빛은 전기장과 자기장이 진동하면서 공간으로 퍼져 나가는 것이라고 하고 그냥 넘어가시면 됩니다. 왜냐하면, 빛보다 더한 것들이 너무 많이 존재하기 때문입니다. 우리는 눈에 보이지는 않지만 다양한 전자기파들 속에서 살아갑니다. 그러한 전자기파는 주파수에 따라서 각자의 이름을 가지고 있습니다. 앞에서는 배운 레이더는 진동수가 비교적 큰 축에 속합니다. 레이더보다 진동수가 더 큰 영역에는 적외선, 가시광선(빛), 자외선이 존재합니다. 특히 적외선은 무기체계에서 아주 많이 '좋아라' 하는 전자기파이므로 좀 더 자세히 알아볼 필요가 있습니다.

적외선은 파장에 따라 0.75~3㎛을 근적외선, 3~25㎛을 적외선, 25㎛ 이상을 원적외선이라 부릅니다. 자외선, X선, 감마선, 심지어 스마트폰이나 텔레비전에서 방출되는 전자기파도 한계량을 초과하면 인체에 나쁜 영향을 준다고 알려져 있습니다. 그러나 적외선은 오히려 인체의 신진대사에 도움을 줍니다. 특히 원적외선은 파장이 상대적으로 길기 때문에 물체에 도달했을 때 잘 흡수되는 성질이 있습니다. 따라서 사람의 몸이 침투력이 강한 원적외선을 쐬면 따뜻함을 느낄 수 있습니다. 예를 들어 30℃의 물속에서는 따뜻한 기운을 거의 느끼지 못하지만, 같은 온도의 햇볕을 쐬고 있으면 따스함을 느낄 수 있습니다. 그 이유는 햇볕 속에 포함된 원적외선이 피부 깊숙이 침투하여 열을 만들기 때문입니다. 이러한 열작용은 각종 질병의 원인이 되는 세균을 없애는 데 도움이 되고, 모세혈관을 확장하여 혈액순환과 세포조직 생성에 도움을 줍니다. 또 세포를 구성하는 수분과 단백질 분자에 닿으면 세포를 1분에 2,000번씩 미세하게 흔들어줌으로써 세포조직을 활성화하여 노화 방지, 신진대사 촉진, 만성피로 등 각종 성인병 예방에 효과가 있다고 합니다. 이러한 이유로 병원에서도 치료목적으로 적외선을 많이 사용하고 있습니다.

그럼 적외선은 어떻게 생성되는 걸까요? 사실 모든 물체는 적외선을 내놓고 있습니다. 절대 영도(영하 273℃)가 아닌 이상 모든 물체는 물질을 이루고 있는 기본 단위인 원자들이 미소한 진동을 하고 있습니다. 이러한 원자들의 진동에너지가 적외선 영역의 에너지와 같기 때문에 모든 물체는 적외선이 나오고 있는 것입니다. 더욱 높은 온도에서는 전자가 더 빨리 흔들리므로 높은 주파수의 적외선이 나옵니다. 그럼 온도가 똑같다고 한다면 모든 물체에서 같은 적외선이 나오는 것일까요? 실제로는 그렇지 않습니다. 적외선을 더욱 잘 내놓은 물질이 있는가 하면 그렇지 못한 물질도 있습니다. 일반적으로 적외선은 세라믹 계열인 벽돌, 진흙, 도자기, 황토 등에서는 많이 나오며, 금속 물질인 금, 은, 구리, 철 등에서는 별로 나오지 않습니다. 찜질용 제품들이 세라믹을 사용하여 적외선 방출량을 증가시켰다고 광고하는 이유가 이 때문입니다.

이렇게 몸에 이로운 적외선을 눈으로 확인할 수 없다니 좀 아쉽다는 생각이 듭니다. 실제로 인간이 눈으로 감지할 수 있는 전자기파는 가시광선(빛)밖에 없습니다. 전체 전자기파를 놓고 보았을 때 극히 일부에 지나지 않습니다. 이것은 인간의 눈으로 바라본 세상이 매우 제한되어 있음을 말해줍니다. 그렇다고 하더라도 인간의 눈이 가지는 불완전성에 대해 실망할 필요는 없습니다. 인류는 현대 과학의 눈부신 발전으로 적외선이나 자외선을 가시광선 영역으로 전환하여 눈으로 확인할 수 있는 세상이 되었습니다. 인간의 눈으로 적외선을 확인할 수 있는 대표적인 장비가 바로 야간 투시경(night vision)입니다. 야간 투시경은 보통 특수부대 군인들이 야간 침투 시 많이 사용하고 있습니다. 특수 부대원들은 그들이 쓰고 있는 야간 투시경으로 밤에도 적을 쉽게 확인할 수가 있습니다. 특수 부대원들은 두 가지 적외선 투시경을 사용합니다. 하나는 사람의 몸에서 방출되는 적외선을 검출하는 것으로 긴 파장에 민감하도록 제작되었습니다. 또 다른 하나는 짧은 파장의 근적외선을 검출하도록 제작됩니다. 특수 부대원은 근적외선을 쏘는 휴대용 전등을 사용하는데, 적의 눈에는 보이지 않으면서 야간 투시경을 통해서 적을 볼 수 있게 해줍니다. 근적외선은 TV 리모컨에서도 많이 쓰이고 있습니다. 리모컨의 버튼을 누르면 적외선 램프가 빛을 보내고 TV는 이 빛을 받아서 신호 패턴을 인식해 채널이나 볼륨을 바꿉니다.

심야에 야간투시경으로 보는 적외선 영상

좀 더 긴 파장의 원적외선 투시경은 주변 온도보다 따뜻한 물체를 찾는 데 유용합니다. 만약 원적외선으로 주차된 자동차들을 스캔scan할 경우, 엔진룸engine room에 남아 있는 잔열 때문에 금방 주차한 차량을 식별해 낼 수 있습니다. 유사한 방식을 사용하면 가옥에 사람이 거주하고 있는지, 전등을 언제 껐는지, 사람이 앉아 있었던 곳인지 등을 알아낼 수 있습니다. 이처럼 적외선을 이용하면 가시광선만으로는 파악할 수 없었던 새로운 정보를 획득할 수 있게 됩니다.

적외선이 물체를 감지하는 데 유용한 정보인 만큼, 유도탄의 눈 역할로도 많이 사용하고 있습니다. 영화 '탑건Top gun'을 보면 주인공이 F-14 톰캣Tomcat을 타고 AIM-9 사이드와인더Sidewinder 유도탄을 쏘면서 적 전투기를 제압하는 장면이 나옵니다. 사이드와인

열추적 유도탄의 대명사 사인더와인더(AIM-9L). 유도탄의 제일 앞부분에 적외선 검출기가 장착되어 있습니다.

더는 열추적 유도탄의 대명사입니다. 사이드와인더 앞부분에는 열추적 장치가 있습니다. 열추적 장치의 내부에는 적외선 검출장치가 있어, 주위 환경보다 상대적으로 많은 적외선을 내뿜는 물체를 감지하고 식별할 수 있습니다. 사이드와인더는 고체 추진제와 비행조종장치도 같이 존재하므로 전투기이든 헬기이든 뜨거운 물체(특히 엔진)에 의해 적외선이 나오고 있다면 어디든 빠르게 쫓아갈 수 있습니다. 반대로 전투기가 사이드와인더와 같은 열추적 유도탄에 쫓기게 되면 조종사는 유도탄을 회피하기 위하여 고온의 플레어Flare를 투하합니다. 전투기에서 뿜어져 나오는 적외선 대신 플레어에서 뿜어져 나오는 적외선을 따라가라는 의도입니다. 혹은 태양을 향해 비행하여 유도탄을 교란하기도 합니다. 그러나 최신형 사이드와인더는 이러한 교란이 있더라도 그것을 무시해 버리고 한번 점찍은 전투기만 계속하여 추적할 수 있도록 설계되어 있습니다. 이와 더불어 사이드와인더는 전투기에 비해 작고 가볍기 때문에 빠른 속도와 높은 기동성으로 어떠한 전투기든지 따라잡을 수 있습니다. 사이드와인더란 단어의 뜻[17]처럼 한 번 전투기를 물면 웬만해선 놓치지 않습니다.

이처럼 X선이 의료 분야에 없어서는 안 되듯이, 적외선은 군사 분야에 없어서는 안 되는 전자기파입니다. 지금까지는 단순히 야간 투시경이나 사이드와인더 유도탄만으로 그 활용 가치를 설명해 드렸지만, 실제로는 육, 해, 공 안 쓰는 곳이 없을 정도로 가장 일반화된 정보획득 수단입니다. 특히 군에서는 날이 갈수록 정확도가 높은 유도탄을 요구하고 있으므로 현대의 유도탄에는 대부분 적외선 검출 장치를 장착하고 있습니다.

그러나 적외선 검출장치를 유도탄에 사용할 경우 유의할 점이 있습니다. 아무리 적외선 장치가 인간이 볼 수 없는 영역까지 시야를 확장하여 준다고는 하지만 자칫 잘못 운용하다가는 수십억 하는 유도탄이 그냥 고철 덩어리가 될 수 있기 때문입니다. 예를 들어 생각해 봅시다. 인간의 눈은 가시광선을 통해 사물을 잘 분간할 수 있습니다. 그런데 모든 사물이 똑같은 색깔이라고 가정한다면 어떨까요? 지금 여러분 눈앞에 있는 모든 사물이 검은색으로 색칠되어 있다면 아무리 대낮이라도 하더라도 자신이 찾고 싶은

17) 옆으로 기어가는 북미 독사의 일종

물건을 쉽게 분간할 수는 없을 것입니다. 적외선 장치도 마찬가지입니다. 만약 모든 사물 온도가 똑같은 상황이 존재한다고 가정합시다. 그럴 때 적외선 검출장치가 사물을 분별하는 것은 쉬운 일이 아닙니다. 적외선 검출장치는 주변보다 상대적으로 온도가 높은 목표는 쉽게 판별할 수 있지만, 만약 목표 온도가 주변 온도와 비슷하면 식별해 내기 어렵습니다.

이러한 이유로 웃는 앞모습으로도 유명한 장거리 공대지 유도탄 SLAM-ER의 경우, 명중률이 높은 시간대가 존재합니다. SLAM-ER의 앞부분에는 고성능 적외선 검출 장치가 장착되어 있습니다. 적외선을 사용한다는 것은 같지만 AIM-9과는 다릅니다. 무장을 담당하는 병사들은 사전에 입수한 건물의 데이터를 유도탄에 미리 입력해 놓고 유도 방법을 설정합니다. 보통 초기 및 중간 유도는 GPS나 관성항법장치[18]에 의존합니다. 그러나 마지막에 목표물을 타격할 때는 유도탄 앞부분에 장착된 적외선 검출장치의 데이터[19]를 이용합니다. 유도탄이 비행 막바지에 돌입하면 적외선 검출장치에서 획득한 (3차원) 데이터와 기존에 입력된 건물 데이터를(주로 외곽선에 대한 3차원 데이터) 비교 분석하여 유도탄 스스로가 진짜 목표인지를 판별해 낼 수 있습니다. 이것은 마치 친구 아파트를 찾아가는 경우와 비슷한 과정입니다. 아파트 앞 도로까지는 내비게이션의 지시를 따라가지만, 마지막 몇 동 몇 호는 사람이 눈으로 직접

18) GPS나 관성항법장치에서 생성되는 데이터의 형태는 보통 점의 좌표입니다.
19) 적외선 검출장치에서 생성되는 데이터의 형태는 3차원 좌표입니다.

F/A-18C 전투기에 탑재된 SLAM-ER 유도탄(위쪽 날개의 위에서 두 번째)

확인하여 찾아야 정확히 도착할 수 있습니다. 결국, 적외선 때문에 장거리 공대지 유도탄은 먼 거리에 위치하는 목표물을 보다 정확하게 제거할 수 있습니다. 그러나 만약 유도탄이 한낮이나 한밤중에 발사된다고 생각해 봅시다. 상식적으로 그 시간대에는 목표물 온도와 주변 온도가 비슷하게 유지될 가능성이 높습니다. 따라서 적외선 검출장치가 목표를 정확히 판별할 수 있는 능력이 감소하기 때문에 유도탄의 정확도도 감소할 수밖에 없습니다. 따라서 SLAM-ER와 같이 장거리에서 운용하는 적외선 유도탄은 해 질 무렵이나 해 뜰 무렵에 운용하는 것이 가장 효과적입니다. 그것은 해가 뜨거나 질 무렵이 되면 주변의 온도와 목표의 상대적 온도가 크게 차이 나기 때문입니다. 즉, 해가 내리쬐기 시작하면 비열이 큰 물체는 늦게 온도가 상승할 것이고 비열이 작은 물체는 빠르게 온도가 상승하기 때문에 서로의 온도 차가 크게 됩니다. 이때 고가의 유도탄을 운용해야 효과가 제일 높습니다. 만약 여러분이 대통령이고, 국방부 장관이 유도탄 공격을 수행한다고 할 때, 꼭 발사 시간을 확인해 보시기 바랍니다.

18

# 암호

여러분은 언론매체를 통해 도청이라는 말을 많이 들어보셨을 것입니다. '도청'이라 함은 나와 상대방과의 대화, 회의의 내용, 전화통화 따위를 원하지 않은 사람이 몰래 엿듣는 것을 말하는 것입니다. 비록 오고 가는 대화 내용이 중요하지 않다고 하더라도 누군가가 나의 목소리를 엿듣고 있다고 상상해보면 그건 마치 내가 서울의 명동 한복판에 벌거벗고 서 있는 것과 비슷한 느낌일 것입니다. 이처럼 우리들의 일상생활 속 대화에서도 남이 엿들어도 되는 내용과 들어서는 안 될 내용이 복합적으로 섞여 있습니다. 과거에는 개인의 의사가 단지 음성과 문서로만 상대방에게 전달되었습니다. 따라서 독립적인 공간에서 대화하거나 믿을 수 있는 사람을 통해 문서를 전달하면 다른 사람들에게 내 생각을 들킬 일은 없었습니다. 그러나 세상은 발전하였고 '통신'이라는 새로운 의사 전달 수단이 생겼습니다. 이제 음성이나 문자는 전기적인 신호나 전자기적 신호로 변화하여 상대방에게 전달하는 시대가 왔습니다. 그렇기 때문에 나의 의사가 다른 사람들로부터 보호받기 위해서는 기존보다 복잡한 방법을 사용해야 합니다.

정보를 저장, 검색, 수신, 송신하는 도중에 정보의 훼손, 변조 등과 같은 위협으로부터 보호하는 것을 '정보 보안'이라고 합니다. 특히 현대사회에서는 사생활 보호를 위하여 정보 보안이 무엇보다 중요하다는 사실은 모두가 알고 있는 사실입니다. 개인도 이런데 국가의 존폐를 좌우하는 군에서의 정보 보안은 어떻겠습니까? 역사적으로 볼 때 귀중한 정보 하나가 누설되어 전쟁의 승패를 바뀌게 했던 적이 한두 번이 아닙니다. 전쟁 영화를 봐도 아군의 중요한 정보가 적군에게 흘러들어가 전세가 불리해지는 장면이 자주 나오곤 합니다. 지휘관들 역시 이러한 사실을 너무나 잘 알고 있기 때문에 큰 전투에 앞서 군사 보안을 무엇보다 강조하였습니다.

그럼 정보를 보호하는 데 있어서 가장 중요한 수단 중의 하나인 암호에 대해 알아보도록 합시다. '암호화(Encryption)'의 어원은 그리스어로 비밀이란 뜻을 가진 '크립토스Kryptos'입니다. 암호란 중요한 정보를 관계자들 말고 다른 사람들이 알지 못하도록 하는 방법입니다. 이미 옛날부터 황제나 군주가 지방 관리에게 보내는 비밀문서나 전쟁 중의 작전지시 등을 위해 사용해 왔습니다. 지금까지 알려진 가장 오래된 암호는 기원전 450년경 그리스인들이 사용하였던 '스키테일Skytale' 암호체계입니다. 스키테일이라고 불리는 원통형 막대기에 양피지 리본을 위에서 아래로 감은 다음 옆으로 메시지를 적은 후 리본을 풀어서 보내면 메시지가 암호화되는 것입니다. 작성자와 같은 굵기의 원통 막대기를 가진 사람은 리본을 막대기에 같은 방식으로 감아 메시지를 읽을 수 있었습니다. 간단하지만 암호를 만들고 푸는 장치가 원통 막대기였습니다. 로마의 줄리어스 시저Julius Caesar는 가족과 비밀통신을 할 때 각 알파벳순으로 세 자씩 뒤로 물려 읽는 방법을 사용하였습니다. 즉 war를 zdu로 적어 보내면 받는 사람이 알파벳 역순으로 3문자씩 당겨 읽어 원래의 단어를 알아낼 수 있었습니다. 암호는 두 차례의 세계대전을 겪으면서 그 역할이 더욱 중요해졌습니다. 1차 세계대전 당시 독일은 암호체계를 영국에게 빼앗기면서 패전이 가속화되었으며, 2차 세계대전에서 미국은 일본군의 암호를 해석하여 미드웨이 해전에서 승리를 잡을 수 있었습니다.

통신의 기본은 전자기파이고, 전자기파는 안테나를 통해 공간으로 퍼져 나아가기 때문에 마음만 먹으면 중간에 신호를 가로채는 것은 식은 죽 먹기입니다. 따라서 지휘관의 작전지시를 상대방에게 노출되지 않고 예하 부대에 정확히 전달하기 위해서는 통신 내용을 암호화하는 것이 무엇보다 중요합니다. 2차 세계대전 무렵 독일에서는 자국의 명령을 예하 부대로 전달하거나 반대로 예하 부대에서 수집된 정보를 지휘부에 보고할 수 있도록 구식현금 등록기와 비슷한 이니그마enigma라는 암호 장치를 사용하였습니다. 이니그마는 1차 세계대전 말 무렵 독일의 전기 기사인 아르투르 세르비우스Arthur Scherbius가 발명하였습니다. 이니그마란 이름은

2차 세계대전 당시 연합군들이 붙인 이름으로서 수수께끼라는 뜻입니다. 당시 독일군은 이니그마라는 암호 생성기로 독일 부대 사이에 전달되는 모든 메시지를 암호화했고, 연합군은 이니그마의 암호를 해독하지 못해 그야말로 속수무책 당하고 있었습니다. 지피지기 백전백승(知彼知己百戰百勝)이라고 했거늘 적의 정보를 알아내려고 아무리 암호를 중간에 낚아채도 도대체 어떻게 해석해야 하는지를 알 수가 없었습니다. 연합군 병사들이 이니그마에 수수께끼란 별명을 괜히 붙인 게 아닌 듯합니다. 연합군은 이니그마로 암호화된 메시지를 해독하지 못해 독일군의 U보트와 전차 부대의 움직임을 파악하지 못했고, 정보전에서 뒤진 연합군은 수적인 우세에 불구하고 속수무책으로 독일에 밀릴 수밖에 없었습니다.

2차 세계대전 당시 독일군의 암호 기계 이니그마

암호기계의 대명사인 이니그마의 원리는 무엇일까요? 이니그마는 세 개의 톱니바퀴와 반사경으로 이뤄져 있는데 이 톱니바퀴를 장착하는 순서에 따라 전혀 다른 암호가 나옵니다. 또 톱니바퀴 둘레에 알파벳을 나열하는 방법에 따라서도 완전히 다른 암호가 나옵니다. 만약 반사경을 이용해 두 알파벳을 바꾸면 모두 2,418,983,437,669,710,912,000가지 경우가 가능합니다. 나중에 독일은 톱니바퀴를 다섯 개까지 늘려 이니그마가 만들 수 있는 경우

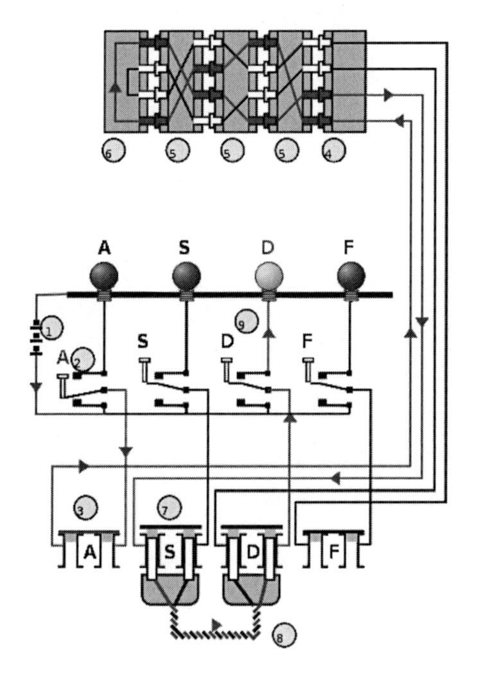


이니그마의 작동원리. 전지(1)로부터 생산된 전하는 키보드(2), 배선반(3), 톱니바퀴(4→5), 반사경(6), 톱니바퀴(5→4), 배선반(7→8)을 거쳐 램프(9)를 켭니다. 그림과 같이 키보드 A를 누르면 램프 D가 켜집니다. 이때 톱니바퀴의 상태에 따라서 전하가 이동하는 전선은 달라지는 것을 알 수 있습니다. (그림출처: MesserWoland)

의 수를 더욱 증가시켰습니다. 이니그마의 원리에서도 알 수 있듯이 암호 생성하는 사람이나 해독하는 사람은 이니그마의 상태를 서로가 똑같이 알고 있어야 합니다. 따라서 독일은 이 무수한 경우 중 몇 가지를 골라 암호책을 만들어 각지에 배포했습니다. 이 암호 책자는 그날그날 사용할 이니그마의 상태가 기록되어 있었고 한 달간 유효했습니다. 독일은 자신들이 만든 이니그마가 완벽하다고 생각하였고, 인간이라면 자신들이 만든 암호를 풀 수 없다고 자신하였습니다. 그렇기에 독일은 세계 각지로부터 본국으로 보고되는 비밀문서 전송이나 군 작전 통신 등에서도 거리낌 없이 이니그마 암호체계를 이용하였습니다.

그러나 이니그마에도 단점은 있었습니다. 그것은 암호 책이 없으면 암호를 보낼 수도 없고 받는 사람도 암호를 해독할 수도 없다는 점입니다. 따라서 독일군은 암호 책이 연합군에게 유출될까 봐 항상 노심초사(勞心焦思)하였습니다. 그들은 비상사태 때 순식간에 암호책을 제거할 수 있도록 불에 잘 타는 종이에 물에 잘 녹는 잉크로 써서 책을 만들었습니다. 가끔씩 암호책이 연합군에 의해 탈취되는 경우가 있었지만, 독일군은 수시로 암호책을 바꿔 사용하였기 때문에 이니그마의 암호체계는 계속 유지될 수 있었습니다. 2000년에 개봉한 영화 'U-571(2000년)'의 중심 소재도 이니그마 암호였습니다. 영화 중반에는 독일 잠수함 승조원이 이니그마 암호책을 제거하기 위해 바닷물에 집어넣었으나, 연합군 승조원이 재빨리 건져내어 물을 닦는 장면이 나옵니다. HBO 드라마 '밴드 오브 브라더스Band of Brothers(2001년)'에서도 이니그마 암호체계의 중요성을 보실 수 있을 것입니다. 이니그마는 아니지만 '인디아나 존스Indiana Jones', '다빈치코드The Da Vinci Code', 그리고 '내셔날 트래져National Treasure'도 암호를 주제로 한 영화들입니다. 또한, 2차 세계대전 당시 나바호 인디언의 언어를 바탕으로 만든 암호체계와 이를 보호하기 위한 미군의 노력을 담은 영화 '윈드토커Windtalkers'도 있습니다.

연합군의 수학자나 과학자들은 독일의 이니그마를 해독하기 위하여 큰 노력을 하였습니다. 그런데 아무리 노력해도 좀처럼 풀기가 어려웠습니다. 시간이 지나고 연합군의 피해가 증가할수록 이니그마는 연합군에게는 정말 괴로운 존재였습니다. 그래도 이 기계를 해독하는 방법이 있을 거란 희망을 버리지 않았습니다.

이니그마의 해독에 처음으로 도전한 나라는 폴란드였습니다. 폴란드는 2차 세계대전 당시 독일이 침략했던 첫 번째 나라였습니다. 암호 해독 전담부서까지 만들었던 폴란드는 처음 몇 차례 성공을 거뒀지만, 독일군이 계속해서 이니그마를 업그레이드하면서 끝내 좌절하고 말았습니다. 하지만 이러한 연구 결과들은 영국으로 전달되어 지속적인 암호 해독 연구가 진행되었습니다. 영국에서는 블레츨리 파크Bletchley Park에 암호 해독을 전담하는 비밀기구를 설치하였습니다. 암호명 '울트라Ultra'인 이 비밀기구에는 여러 수학의 달인들이 포함됐는데, 이 중에는 앨런 튜링Alan Turing도 있었습니다. 튜링은 말더듬이에 동성애자, 사람들과 눈도 못 마주치는 어리숙한 사람이었지만, 수학에 대해서는 최고의 전문가였습니다.

튜링은 곧바로 연합군의 암호 해독 연구에서 주도적 역할을 담당하였고, 뛰어난 실력을 발휘하여 독일군의 이니그마 기계의 암호화 과정을 역추적할 수 있는 '폭탄'이라는 암호 해독기를 개발합니다. 말이 암호 해독기지 폭탄은 고성능 계산기였습니다. 폭탄은 이니그마의 암호 조합 방식을 당시 기준으로는 어마어마하게 빠른 속도로 역추적할 수 있었습니다. 튜링과 폭탄의 활약으로 독일군의 이니그마 암호는 곧 대부분 해독되어 버립니다. 암호 해독의 결과 연합군은 독일군의 지상 병력뿐 아니라, 대서양에서 활개 치던 U보트의 활동상까지 낱낱이 파악해 전세가 뒤집힙니다. 전쟁 전문가들은 이니그마가 해독되는 바람에 전쟁이 최소한 2년 이상 빨리 끝났다고 평가하기도 합니다. 그러나 당시 튜링의 업적을 인정해 주는 사람은 아무도 없었습니다. 심지어 튜링이 그런 일을 했다고 아는 사람조차 거의 없었습니다. 암호는 그 자체가 보안이므로 암호를 연구한다는 사실 역시 보안으로 생각되었기에 튜링의 업적은 세상에 알려질 수 없었기 때문입니다.

20세기 최고의 암호 해독자이자, 숨은 전쟁영웅 튜링은 또 다른 위대한 업적을 남겼는데, 그것은 바로 현대 컴퓨터에서 가장 중요한 '소프트웨어'를 발명한 것입니다. 튜링의 집에는 평생 수학 문제를 한 번도 풀어보지 않았던 가정부가 있었습니다. 튜링은 엉뚱하게도 이 가정부한테 풀이법을 가르치면 어려운 수학 문제를 풀 수 있지 않겠냐고 생각하였습니다. 그리고는 수학 풀이 과정을 아주 세분화한 뒤 가정부에게 하나씩 가르쳐 줬습니다. 마침내 가정부는 대학생도 풀기 어려운 수학 문제를 정형화된 풀이법을 통해 답을 얻을 수 있었습니다. 튜링은 이때부터 알고리듬algorithm이라는 것을 생각하게 됩니다. 알고리즘이란 유한한 단계를 통해 문제를 해결하기 위한 절차나 방법을 말합니다. 튜링이 가정부에게 세분화된 풀잇법을 가르쳐 어려운 문제를 풀어낼 수 있었듯이, 멍청한 기계들에게도 세분화된 알고리즘만 알려준다면 수학 문제를 풀 수 있을 거로 생각하였습니다. 어떤 문제이든 풀잇법을 세분화하다 보면 답을 찾기 위한 과정이 단순히 '예'와 '아니오' 문제의 연속으로 구성될 수 있습니다. 기계는 단순히 '예'와 '아니오'의 문제를 풀면 되는 것입니다. 이러한 단순한 계산 작업은 기계가 인간보다 아주 빨리 풀 수 있었습니다. 튜링은 이러한 개념을 도입하여 단순한 기계가 문제를 풀 수 있도록 만들었습니다.

튜링은 2차 세계대전이 끝나 가던 무렵, 콜로서스Colossus라는 당시로써는 최첨단 계산기를 만드는 작업에 참여합니다. 콜로서스에는 튜링 머신의 테이프에 해당하는 메모리가 있어, 1과 0(예와 아니오)을 이용한 데이터 처리 능력이 있었습니다. 학계에서는 일반적으로 펜실베니아Pennsylvania 대학에서 만든 애니악ENIAC을 세계 최초의 컴퓨터로 보지만, 진정한 컴퓨터의 시초는 콜로서스라고 생각하는 사람도 있습니다. 튜링과 관련된 영화로는 2014년에 개봉한 '이미테이션 게임The Imitation Game'이 있습니다.

그러면 요즘에는 통신보안을 어떻게 할까요? 연구자들은 새로운 암호 체계들을 개발하여 다양한 군용 통신장비에 적용하고 있습니다. 예를 들어 우리가 흔히 사용하는 업무용 무전기는 통신 주파수가 일정하게 유지됩니다. 일반적으로 통신장비가 일정한 주파수를 사용하면 다양한 이점이 있습니다. 대형 상점이나 식당의 직원들이 들고 있는 무전기를 자세히 보면 모두 같은 채널, 즉 같은 주파수를 사용합니다. 따라서 내가 무전기를 사용하여 이야기하면 같은 채널을 사용하는 사람들은 모두 무전 내용을 들을 수 있습니다. 만약 내가 상대방과 1대1 대화를 하기 위해서는 남이 모르는 다른 주파수로 옮겨가서 대화해야 합니다. 만약 이런 개념의 무전기를 군에서 사용한다고 어떻겠습니까? 적군이 나와 같은 주파수를 사용할 수 있는 무전기가 있다면 아군끼리 오가는 작전지시나 고급정보들을 손쉽게 염탐할 수 있을 것입니다. 따라서 이러한 보안의 취약함을 극복하기 위하여 군용 무전기들은 '주파수 도약'이라는 개념을 적용하여 사용합니다. 영어로는 '호핑hopping'이라고 하는데, 단어 뜻 그대로 통신 주파수가 야생마처럼 이리저리 뛰어다닙니다. 즉 군용 무전기들은 통신하는 동안 하나의 주파수만 사용하지 않고 다양한 주파수 대역을 오가면서 통신을 하게 됩니다. 따라서 아무리 적군이 뛰어난 무전기를 보유하고 있다 하더라도 아군 무전기의 주파수 패턴을 완벽하게 알아내지 못한다면 통신 내용을 엿들을 수 없게 됩니다. 아군의 독특한 주파수 패턴이 일종의 이니그마의 암호 책과 같은 것입니다. 여기에다 아군만의 독특한 은어를 곁들일 수 있다면 더욱 효과가 좋습니다. 예를 들어 액션 영화에서와 같이 "전투기가 인천 공항을 이륙했다"라는 표현을 "까마귀가 둥지를 떠났다"라고 변경하여 이야기하게 되면 제3자가 보았을 때는 도대체 무슨 이야기를 하는지 제대로 파악하기 힘들 것입니다. 이러한 은어들은 현대전을 다루는 대부분 영화에서 많이 보실 수 있습니다. 여러분이 전쟁 영화를 보실 때 목표물, 목적지, 행동들을 어떠한 은어로 표현하는지를 살펴보는 것도 또 하나의 재미요소가 될 것입니다.

19

# 유도탄

유도탄(guided missile)을 백과사전에서 찾아보면 '로켓·제트엔진 등으로 추진되며, 유도장치로 목표에 도달할 때까지 유도되는 무기'라고 나와 있습니다. 이 문장을 스쳐 지나듯 읽으면 무슨 의미인지를 어렴풋이 알 수 있겠지만, 꼼꼼히 살펴보면 몇 가지 중요한 단어들이 나열되어 있다는 것을 알 수 있습니다. 아무래도 가장 핵심적인 단어는 '추진', '유도', '무기'일 것입니다. 유도탄을 설명하는데 있어 왜 세 단어가 중요한지 남녀 사이와 비유하여 설명드리겠습니다(남녀 사이로 설명해 드리는 것이 가장 쉽게 이해됩니다).

먼저 '추진'이라는 단어는 '밀고 나간다'는 의미로 백과사전에서와 같이 로켓엔진이나 제트엔진이 작동하여 물체를 앞으로 나아가게 하는 힘을 말합니다. 만약 여러분은 우연히 길을 걷다 맘에 드는 이성을 보았다면 어떻게 해야 합니까? 소극적인 사람은 그냥 지나가겠지만, 적극적인 사람이라면 두말없이 이성을 향해 달려가야 합니다. 그것이 바로 추진입니다. 유도탄이나 사람이나 목표를 발견하면 앞으로 나아가야 합니다. 목표를 보고 가만히 있으면 그건 유도탄도 아니고 인연도 아닌 겁니다.

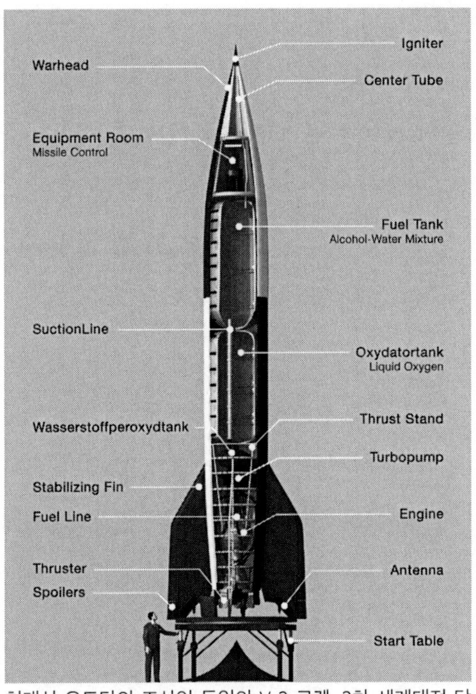

현대식 유도탄의 조상인 독일의 V-2 로켓. 2차 세계대전 당시 독일은 V-2 로켓으로 영국을 공격하였습니다. V-2 로켓은 전형적인 유도탄의 구성을 보여주고 있습니다.

그럼 무작정 앞으로만 나아가면 되는 겁니까? 물론 조준을 잘한다면 똑바로 앞으로만 가더라도 이성에게 다가갈 수는 있겠지만 내가 움직이는 동안 상대방도 움직일 테고 또한, 정확히 상대방의 얼굴 앞에 내 얼굴을 내밀기 위해서는 뇌에서 자신의 몸을 '유도'를 해줘야 합니다. 즉 뇌는 눈과 귀로부터 전해오는 정보를 이용하여 자신의 몸을 조종하여 상대방 앞 정확한 위치에 자신의 얼굴을 놓이도록 해야 합니다. 보통 유도탄에서는 유도조종장치가 이런 일을 담당하고 있습니다. 유도탄이나 사람이나 목표를 향해 추진하되 정확한 위치에 도달할 수 있도록 조종을 해줘야 합니다.

그럼 이성 앞에 도착하면 끝나는 것입니까? 상대방 앞에서 용기 있게 자기의 감정을 표출해야 하지, 멀뚱멀뚱 얼굴만 바라보면서 가만히 있으면 상대방이 나보고 미쳤다고 할 것입니다. 남자는 여자에게 "첫눈에 반하였습니다." 혹은 "너무 아름다우셔서 따라 왔습니다." 등의 말들로 표현을 해야 합니다. 그러나 이런 말들은 너무 일찍 해서도 안 되고 너무 늦게 해서도 안 됩니다. 제일 적당한 위치에서 제일 적당한 시점에 자신의 진심을 담아 말을 전해야 할 것입니다. 유도탄에서는 신관과 폭약이 이런 임무를 수행합니다. 신관과 폭약은 유도탄이라는 존재가 '무기'라는 것을 의미하는 가장 중요한 요소 중의 하나입니다. 로켓과 유도조종장치가 유도탄을 목표물에 정확히 도착해 주면 신관과 폭약이 작동하여 목표물을 제거해야지 무기로서 모든 임무가 완수되는 것입니다[20]. 아무리 비싸고 좋은 유도탄이라도 마지막에 폭발하지 않으면 아무런 의미가 없습니다. 유도탄이나 사람이나 의미 있는 마지막 한 방이

20) 경우에 따라서는 신관과 폭약이 없이 유도탄 자체가 목표물과 충돌하는 경우도 있습니다.

제일 중요합니다.

예리하신 사람이라면 바로 이 시점에서 로켓과 유도탄의 차이점을 궁금해 하실 수 있습니다. 실제로 많은 사람이 로켓과 유도탄의 단어 뜻을 혼용하여 사용합니다. 그러나 두 단어의 의미는 다소 차이가 있습니다. 로켓이란 추진력을 만들어 내는 장치의 한 종류로서 일종의 기관(engine)을 말합니다. 이에 반해 유도탄은 로켓과 같은 동력원을 이용하고 다양한 요소들을 결합하여 무기로 만든 것입니다. 바꾸어 말하면 같은 유도탄이라고 하더라도 어떤 것은 로켓을 추진원으로 사용할 수 있고 어떤 것은 제트엔진을 추진원으로 사용할 수 있습니다. 요즘에는 로켓을 추진원으로 가지고 있으면서 유도기능이 있는 무기(추진+유도+무기)를 유도탄이라고 부르고, '로켓+유도' 혹은 '로켓+무기'의 기능만 있으면 로켓이라고 많이 부르기도 합니다. 북한이 전 세계의 주목 속에 2012년 12월, 2016년 2월에 쏘아 올렸던 로켓들은 유도탄이 아니라고 주장하는 이유 중의 하나가 '무기'의 역할이 빠져있다는 점입니다. 그러나 우리나라나 미국이 북한을 예의주시하는 이유는 기존의 로켓을 살짝 수정만 하면 대륙간 탄도유도탄이 될 수 있기 때문입니다. 북한은 로켓 발사 성공을 통해 그들이 축적한 추진 및 유도기술들을 세계에 과시할 수 있습니다. 우리나라 나로호보다 먼저 성공한 것을 보면 로켓 분야의 과학기술만큼은 우리보다 앞선 것만은 틀림없습니다. 만약 북한이 로켓에 핵만 장착할 수만 있다면 이름만 들어도 무시무시한 '핵무기 탑재 대륙간 탄도유도탄'을 보유한 몇 안

되는 국가가 되는 것입니다.

이제 유도탄이 어떻게 만들어지는지에 대해 생각해 봅시다. 이것 역시 남자와 여자의 관계를 통해 생각해 보면 쉽습니다. 여러분이 다니고 있는 직장에 마음에 드는 이성이 있다고 가정합시다. 만약 이성과 데이트를 하고 싶으면 무엇부터 해야 할까요? 저는 상대방에 대한 정보를 얻고, 이를 분석하는 것이 제일 중요하다고 생각합니다. 비록 정보 획득과 분석에 많은 시간이 소모될지라도 지피지기면 백전백승(知彼知己 百戰百勝)이라 하였듯이 상대방(목표)에 대해 정확히 아는 것이 작업의 성공 확률을 높여 줍니다. 이성에 대한 정보 파악이 충분하다고 판단되면 이성이 나에게 넘어오는 수단을 취해야 합니다. 예를 들어 목표달성을 위하여 어떤 옷을 입고, 어떤 대화를 나누며, 어떤 행동을 할지 구체적이고 효율적인 방법들을 선택해야 합니다. 누차 말했듯이 이러한 방법을 선택할 때도 항상 상대방에 대한 정보가 중요한 기준이 됩니다. 이성이 싫어하는 행동을 하거나, 싫어하는 말을 계속한다면 절대로 성공할 수 없습니다. '목표에 대한 정보'를 바탕으로 '최적의 방법론'을 사용한다면 어떤 이성이든 나에게 넘어오게 만날 수 있습니다.

연구자들이 유도탄을 설계할 때도 마찬가지입니다. 가장 중요한 것은 바로 유도탄의 개발 목적을 분명히 이해하는 것입니다. 즉, '현재 내가 개발하고 있는 유도탄이 무엇을 목표로 하고 있는가? 어떻게 공격하는 것이 효과적인가?' 등을 항상 머릿속에 담아두고 있어야 합니다. 왜냐하면, 개발 목적이 '함정, 항공기, 전차, 건물

등을 파괴하는 것인지… 사람을 살상하기 위한 것인지… 만약 사람을 죽인다면 한 명을 죽일지… 여러 명을 동시에 죽일지….' 등과 같이 목표의 종류에 따라 유도탄의 모습을 완전히 달라질 수 있기 때문입니다.

유도탄의 개발 목적이 명확해지면 그것을 달성하기 위하여 어떠한 방법들을 사용할지 생각합니다. 즉, 유도탄의 발사 단계부터 최종 타격단계까지 전체 과정에 대한 구체적인 방법이 정의되어 있어야 합니다. 이때 무기 연구자의 중요한 업무 중의 하나가 세상에 알려진 과학적 사실 속에서 그 방법들을 찾아야 합니다. 아무리 최첨단 유도탄을 개발하고 싶다 하더라도 과학적 입증이 뒷받침되지 않으면 유도탄에 적용할 수가 없습니다. 핵 유도탄도 물리학자들에 의해서 이론과 실험이 충분히 검증된 이후에 실전 무기로 배치될 수 있었습니다. 잘 만든 유도탄 하나가 국가의 국방력을 책임질 수 있는 만큼, 실제 유도탄 사용 시 완벽하고 실수 없이 작동되어야 합니다.

유도탄은 우리가 알고 있는 과학적 사실들을 바탕으로 개발되기 때문에 유도탄의 종류와는 관계없이 그 구조가 비슷합니다. 자동차의 종류는 많지만 모두 비슷한 구조를 가지는 것과 똑같습니다. 유도탄은 크게 유도조종부, 항법부, 비행제어부, 추진부, 탄두부로 구성됩니다. 유도조종부는 유도탄의 두뇌에 해당하는 부분으로 유도탄 발사부터 비행 조종, 임무 완수까지 모든 영역에서 유도탄을 조종·통제하는 임무를 수행합니다. 항법부는 유도탄의 내비게이션이라 생각하면 됩니다. 보통 항법장치는 GPS나 관성항법장치로 구성됩니다. 필요에 따라서는 비행 종말단계에서 목표물을 탐지할 수 있도록 적외선 검출 장치나 전자기파로 구성된 탐색기부가 존재할 수도 있습니다. 비행제어부는 유도조종부의 명령을 받아 구동장치를 통해 실제로 유도탄의 비행 상태를 제어합니다. 즉 유도조종부가 오른쪽으로 가라고 하면 비행제어부의 구동장치가 날개를 움직여 오른쪽으로 이동하고, 왼쪽으로 가라고 하면 유도탄을 왼쪽으로 이동하게 합니다. 추진부는 유도탄을 원하는 목적지까지 이동할 힘을 제공합니다. 가는 방법이야 다양하게 존재하지만 얼마나 빠르고 멀리 보낼 수 있느냐가 중요합니다. 탄두부는 신관과 폭약으로 구성되어 있으며, 최종 단계에서 목표물을 파괴하기 위하여 각 임무의 특성에 맞춰 설계되어 있습니다. 이와 같이 유도탄은 다양한 임무를 수행하는 부속품들이 유기적으로 모여, 오로지 하나의 목적을 위해 작동됩니다. 어찌 보면 쉬워 보일 수 있지만, 북한이 지금까지 밥만 먹고 유도탄을 연구해도 미국이나 중국보다 기술 수준이 낮은 것을 보면 그리 만만한 기술은 아닌 게 분명합니다.

| 구분 | 유도탄 종류 |
|---|---|
| 플랫폼 | 공중발사 탄도 유도탄(Air-launched ballastic missile, ALBM<br>공중발사 순항 유도탄(Air-launched cruise missile, ALCM)<br>공대공 유도탄(Air-to-air missile, AAM)<br>공대지 유도탄(Air-to-surface missile, ASM)<br>대륙간 탄도 유도탄(Intercontinental ballistic missile, ICBM)<br>중거리 탄도 유도탄(Intermediate-range ballistic missile, IRBM)<br>잠수함 발사 탄도 유도탄(Submarine-launched ballistic missile, SLBM)<br>잠수함 발사 순항 유도탄(Submarine-launched cruise missile, SLCM)<br>지대공 유도탄(Surface-to-air missile, SAM)<br>지대지 유도탄(Surface-to-surface missile, SSM) |
| 목표물 | 대탄도탄 유도탄(Anti-ballistic missile, ABM)<br>대위성 유도탄(Anti-satellite weapon, ASAT)<br>대함 탄도 유도탄(Anti-ship ballistic missile, ASBM)<br>대함 유도탄(Anti-ship missile, AShM)<br>대잠 유도탄(Anti-submarine missile<br>대전차 유도탄(Anti-tank missile, ATGM)<br>지상공격 유도탄(Land-attack missile, LACM) |
| 유도 방법 | 능동 레이더 유도(Active radar guidance)<br>반능동 레이더 유도(Semi-active radar guidance)<br>수동 호밍(Passive homing)<br>미사일 경유 추적(Track-via-missile)<br>대레이더(Anti-radiation)<br>시선지령유도(Command to line-of-sight guidance)<br>비시선지령 유도(Command off line-of-sight guidance)<br>추적 유도(Pursuit guidance)<br>빔편승 유도(Beam riding)<br>적외선 유도(Infrared guidance)<br>레이저 유도(Laser guidance)<br>무유도 로켓(Unguided rockets)<br>유선 유도(Wire guidance)<br>지형대조(Terrain Contour Matching, TERCOM)<br>영상대조(Digital Scene-Mapping Area Correlator, DSMAC)<br>관성 유도(Inertial guidance)<br>위성 유도(Satellite guidance) |

유도탄의 구분 및 종류

무기 개발자들은 현재까지 많은 종류의 유도탄을 만들어 왔습니다. 유도탄은 플랫폼, 목표물, 유도방법에 따라 분류될 수 있습니다. 유도탄은 목적과 역할에 따라 세분화된 기능을 부여받기 때문에 무 자르듯이 쉽게 구분하기는 어렵습니다. 이해하기 쉽도록 예를 들어 살펴보도록 합시다. 우리나라 육군에서 적대국 일부 지역을 타격할 수 있는 유도탄 개발을 요청했다고 가정해 봅시다. 육군은 연구자가 아니기 때문에 기술적인 내용보다는 유도탄을 실제 운용하면서 중요한 항목들에 대해서 요구해 올 것입니다. 요구사항은 아래와 같다고 합시다.

첫째, 유도탄 사거리는 100km 이상

둘째, 목표물은 적대국 특정 지역으로서 GPS 좌표로 입력

셋째, 좌표를 기준으로 반지름 250m 이내는 초토화

넷째, 명령 직후 5분 안에 유도탄 발사/10분 이내 목표물 타격

보통 군에서는 이러한 요구사항들을 작전요구성능(ROC, required operational capability)이라고 부릅니다. 연구자는 군의 요구조건을 바탕으로 유도탄을 설계하기 위하여 요소별로 후보 기술들을 나열한 후 분석을 시작합니다. 먼저 특정한 지역의 GPS 좌푯값이 목표물로 설정되므로 실시간으로 유도탄의 위치를 파악할 수 있는 고정밀 GPS 수신기가 유도탄에 탑재되어야 합니다. 그러나 GPS 신호는 적군에 의해 재밍jamming당하기 쉽기 때문에 관성항법장치(INS, inertial navigation system)도 같이 장착해야 합니다. 관성항법장치는 유도탄 내부에 장착된 가속도와 자이로 센서에 의해 자신의 위치를 실시간으로 계산하기 때문에 교란 신호에 대해 강인함을 보입니다. 만약 유도탄이 비행 종말 단계에서 고정 혹은 이동 중인

특정 형태의 표적을 타격해야 한다면 적외선이나 마이크로웨이브(전자기파) 탐색기[21]를 사용하여 표적 유무를 판단해야 합니다. 그러나 요구조건에서 유도탄의 최종목표는 좌표형태로 설정되었으므로, 적외선 탐색기나 마이크로웨이브 탐색기 등을 사용하여 목표의 형체를 정확히 판단할 필요는 없습니다. 다음으로 추진방식을 선택해 봅시다. 유도탄은 발사 명령 후 5분 안에 모든 준비가 완료되어야 하므로 고체로켓 방식을 사용해야 합니다. 고체로켓 방식은 연료와 산화제가 균질하게 혼합된 고체추진제의 연소 때문에 추진력을 얻습니다. 따라서 고체추진제에 점화만 해주면 유도탄을 즉시 발사할 수 있습니다. 고체추진 방식을 선택하면 유도탄의 비행궤적은 포물선에 가까울 수밖에 없습니다. 즉 고체추진제는 유도탄을 최대고도까지 상승시키는 데만 사용되고, 그 이후에는 자체 추진력 없이 자유낙하를 하게 됩니다. 유도탄은 자유낙하 동안 중력에 의해서 가속되고, 지상에 도달될 때쯤의 속도는 마하 5 수준까지 상승할 것입니다. 유도탄은 빠른 속도로 목표물에 도착할 수 있으므로 목표물에 대한 즉각적인 타격이 가능해집니다.

이제 유도탄의 추진방법도 결정되었으니 유도탄의 조종방법에 대해 생각해 봅시다. 3차원 운동을 하는 비행기가 목표지점까지 날아가기 위해서는 에어론, 러더, 엘리베이터가 필요합니다. 유도탄도 이러한 기능을 담당하는 구동장치가 필요합니다. 유도탄의 구

21) 300MHz~30GHz 전자기파를 송신한 후, 목표물에서 반사되는 전자파를 수신하여 탐색하는 장치

동장치는 유압식과 전기식으로 나눌 수 있습니다. 유압식은 유도탄의 날개를 유압으로 제어하고, 전기식은 전기모터로 제어하는 것입니다. 유압식을 사용하면 날개를 큰 힘으로 제어는 할 수 있으나 제어 정밀도가 낮고 반응속도가 느립니다. 전기식은 유압식과 반대의 특성을 가집니다. 현재로서는 두 방식 모두 후보기술로 고려할 수 있습니다. 다음으로 타격지점 반경 250m 이내를 초토화해야 하므로 강력한 탄두가 필요합니다. 살상능력을 극대화하기 위하여 확산형 탄두를 쓰면 좋을 것 같습니다. 즉 폭약을 한 덩어리로 만들어 터트리는 것 보다 몇백 개의 자탄을 반경 250m에 흩어뿌려 터트리면 보다 효과적으로 초토화할 수 있습니다. 마지막으로 유도탄의 발사부터 목표물 타격까지 유도탄의 모든 구성품을 조종, 제어, 통제할 수 있는 유도조종장치가 필요합니다. 즉 유도조종장치는 항법장치의 신호를 바탕으로 구동장치를 제어하여 유도탄을 목표 지점까지 유도하고, 최종적으로 탄두를 작동하여 임무를 완수하게 하는 임무를 수행합니다. 지금까지 우리가 유도탄의 목적 달성을 위해 설계했던 것들을 고려한다면, 유도탄의 종류는 아래와 같이 분류할 수 있습니다.

- 땅에서 땅으로 공격하므로 지대지 유도탄
- GPS 신호를 사용하면 위성항법 유도탄
- 관성항법장치를 사용하면 관성유도 유도탄

일반적으로 유도탄은 다양한 임무를 수행할 수 있도록 설계하기 때문에 딱 한 가지의 분류로만 정의할 수 없습니다. 최근에 개발되는 유도탄일수록 범용성과 정확도를 향상하기 위하여 두 가지 이상의 유도 방식을 복합적으로 사용하고 있습니다. 그래서 유도탄의 분류가 그다지 중요하지 않게 되었습니다.

최근 과학 기술이 발전하면서 유도탄 성능 또한, 엄청나게 좋아졌습니다. 유도탄의 성능을 나타내는 다양한 항목들이 있지만, 그 중에 가장 중요한 것이 바로 사거리와 정확도입니다. 사거리는 유도탄의 공격 범위를 결정짓고, 정확도는 유도탄의 효과도를 말해주기 때문에 예민하게 받아들일 수밖에 없습니다. 만약 적군이 사거리가 길고 정확도가 높은 유도탄을 가지고 있다고 생각해 보십시오. 그것은 적군이 마음만 먹으면 아주 먼 거리에서 나를 죽일 수 있다는 것을 의미합니다. 국가 지도자들은 일단 전쟁의 승패를 떠나서 쥐도 새도 모르게 자신을 포함한 국민들이 죽을 수 있다는 사실만으로도 소름이 돋을 수 있습니다. 미국을 포함한 선진국들이 북한 유도탄 사거리에 항상 신경을 쓰는 이유도 그 때문입니다. 우리나라 역시 최근까지 한미 미사일 지침에 의해 유도탄 사정거리가 제한이 있었습니다. 또한, 미사일 확산방지를 위해 1987년 미국을 포함한 서방 7개국에 의해 유도탄기술통제체제(MCTR, Missile Technology Control Regime)라는 다자간 협의체를 설립하여 사정거리 300㎞ 이상, 탄두 중량 500kg 이상의 유도탄 완제품과 그 부품 및 기술 등에 대한 외국 수출을 통제하고 있습니다.

그러면 유도탄의 사거리와 정확도에 관련된 기술에 대해 자세히 알아봅시다. 뉴턴의 작용·반작용 법칙을 생각해 볼 때, 유도탄 자체가 외부로 일단 작용을 해야지 그 반대작용으로 유도탄이 날아갈 수 있습니다. 뉴턴 할아버지께서는 "모든 작용에는 크기가 같고 방향이 반대인 반작용이 항상 존재한다. 즉 두 물체가 서로에게 미치는 힘은 항상 크기가 같고 방향이 반대이다."라고 말씀하셨습니다. 여기서 작용이란 엄밀하게 말해서 운동량(momentum)에 해당하는 물리량으로서 물체의 질량과 속도의 곱으로 주어집니다. 그럼 유도탄 측면에서 볼 때 바깥세상으로 작용을 한다는 것은 무엇을 의미할까요? 고등학교 때의 운동량 보존 법칙을 생각해 보면 유도탄 자신이 가지고 있는 질량을 외부로 빠르게 버리는 것이 곧 힘을 얻게 되는 것임을 알 수 있습니다. 법정 스님의 무소유처럼 내가 가지고 있는 물건을 빠르게 버릴수록 나 자신은 더욱 빠르게 앞으로 나갈 수 있는 것입니다.

갑자기 고등학교 때 풀었던 과학문제가 생각납니다. 마찰이 하나도 없는 얼음판 한가운데에서 빠져나오는 방법을 묻는 문제였습니다. 정답은 "입고 있는 옷을 밖으로 던진다."였습니다. 참고로 저는 "나가고 싶은 반대 방향으로 오줌을 눈다."라고 적었던 기억이 있습니다. 어쨌든 좋습니다. 우리가 생활하는 지구 행성의 현실 세계는 과학문제처럼 그렇게 야박하지는 않습니다. 실제로는 얼음판에도 약간의 마찰은 존재하기 때문에 옷을 벗어 던지거나 오줌을 누지 않아도 얼음판에서 빠져나올 수 있습니다.

다시 유도탄 사거리 이야기로 돌아갑시다. 일반적으로 유도탄에서는 고체추진 방식, 액체추진 방식(액체 연료 사용), 제트 엔진 등에 의해서 추진력을 얻을 수 있습니다. 고체 추진제는 앞장에서 설명해 드렸던 것과 같이 연료와 산화제를 적절히 혼합하여 고체상으로 만들어 놓은 것입니다. 만약 유도탄이 발사되면 고체 추진제에 불이 붙고 많은 양의 연소 가스가 발생합니다. 발생한 가스는 노즐을 통해 유도탄 외부로 분출됩니다. 연소 가스는 비록 기체라고 하지만 질량이 있습니다. 또한, 연소 가스는 연소열에 의해 온도가 상승하고 부피도 커지게 되므로 외부로 분출되는 속도가 빠릅니다. 작용과 반작용의 법칙에서 말한 것과 같이 유도탄이 가지고 있던 질량을 외부로 빠르게 분출하는 것입니다. 운동량 변화와 힘의 관계를 고려하면 질량이 외부로 분출되는 것이 바로 추진력이 되는 것입니다. 고체추진 방식은 연료와 산화제가 이미 혼합되어 있으므로 발사를 위하여 추진제에 불만 붙여주면 됩니다. 따라서 다른 추진방식에 비교해 준비시간이 짧다는 장점이 있습니다. 또한, 반응속도가 빨라 상대적으로 많은 양의 연소 가스가 한꺼번에 노즐을 통해 뿜어져 나오기 때문에 유도탄을 빠르게 가속할 수 있습니다. 다만 연료와 함께 산화제를 유도탄 내에 탑재해야 하므로 무게 측면에서 불리하며, 한번 불이 붙으면 멈출 수 없고, 연소 가스의 분출량을 조절할 수 없다는 게 단점입니다.

액체추진 방식은 과학 로켓에서 많이 사용하는 방법인데, 케로신kerosine이나 액화 수소 등과 같은 액체 연료를 산화제와 혼합 후 연소하여 추진력을 얻는 방법으로 군용 유도탄에는 그다지 많이 사용되고 있지 않습니다. 왜냐하면, 액체추진 방식은 고체추진 방식보다 효율이 높고 연소를 했다 하지 않았다 할 수 있는 장점이 있으나, 발사 준비를 위하여 많은 시간이 소모되는 단점이 있기 때문입니다. 군에서 필요한 무기는 버튼만 누르면 즉각적으로 목표물로 날아가는 유도탄이 필요하지, 운용이 어렵거나 시간을 많이 소모되는 유도탄은 그다지 원하지 않습니다. 시간을 지체하다가는 자신의 위치가 발각되어 오히려 적군이 발사한 유도탄이나 포탄에 당할 수 있습니다.

제트 엔진은 대부분의 순항(cruise) 유도탄에 많이 사용하는 추진 방법인데, 공항에서 흔히 볼 수 있는 제트 여객기의 추진방법과 유사합니다. 제트 엔진은 추진 효율이 아주 높기 때문에 장거리를 비행할 수 있다는 장점이 있습니다. 그러나 고체추진 방식보다 출력이 약해 비행 속도가 느리다는 단점이 있습니다. 유도탄의 속도가 느리다는 것은 목표물까지 도달하는 시간이 길어진다는 것을 의미합니다. 또한, 속도가 느리기 때문에 비행하는 동안 적 탐지망에 발각될 경우, 쉽게 격추될 수 있습니다. 그러나 순항 유도탄은 워낙에 장거리를 비행할 수 있다는 매력 때문에 전술적 무기로 많이 애용하고 있습니다. 걸프전Gulf war과 이라크전Iraq war에서 맹활약하였던 토마호크Tomahawk 유도탄도 순항 유도탄입니다. 토마호크 유도탄은 윌리엄 인터내셔널Williams International에서 제작한 F107-WR-402 터보팬turbofan 엔진을 장착하여 880㎞/h의 순항속도로 최대 2,500㎞까지 비행할 수 있습니다. 최근에는 전통적인 제트엔진보다는 램제트나 스크램제트와 같은 최신 기술을 사용하여 마하 4~5 수준의 속도가 나는 순항 유도탄이 개발되기도 하였습니다.

그러나 아무리 램제트나 스크램제트와 같은 최신 기술이 등장하였다고 하지만, 가격 대 성능, 효율성, 신뢰성 측면에서는 고체추진 방식을 따라갈 수 없습니다. 다만 고체추진 방식의 경우 추진 효율이 떨어지기 때문에 사거리가 짧다는 단점이 있습니다. 연구자들은 이러한 단점을 극복하기 위하여 다단계 추진개념을 도입하였습니다. 문자 그대로 유도탄의 추진제를 여러 케이스에 나눠담고 단계별로 사용하는 것입니다. 추진제를 모두 소모한 케이스는 비행도중 유도탄에서 분리하여 버립니다. 유도탄은 불필요한 무게를 목적지까지 가져갈 필요가 없으므로, 보다 먼 거리를 날아갈 수 있습니다. 이러한 추진개념은 상업용 로켓이나 우주왕복선에서도 많이 보실 수 있습니다.

그러면 단순히 다단계 추진 개념만 도입하면 사거리 10,000㎞ 정도의 유도탄을 개발할 수 있는 것일까요? 안타깝게도 효율이 나쁜 고체추진 방식만 사용해서는 유도탄을 10,000㎞까지 비행시킬 수 없습니다. 비록 개발이 가능할 수 있다고 하더라도 유도탄 크기가 엄청나게 클 것이고 경제성도 떨어지기 때문에 만들 이유가 없어집니다. 그럼 선진국들이 보유하고 있는 대륙 간 탄도 유도탄(ICBM, InterContinental Ballistic Missile)은 어떻게 10,000㎞를 날아갈 수 있는 것일까요? 정답은 무중력 비행을 이용하는 것입니다. 지구는 공기가 존재하기 때문에 비행하는 동안 저항이 존재합니다. 그러나 우주에는 공기가 없기 때문에 약간의 추진력만 있으면 엄청난 거리를 비행할 수 있습니다. 따라서 대륙간 탄도 유도탄은 자기가 가지고 있는 다단계 추진제를 이용하여 최대한 대기권 밖에까지 날아갑니다. 일단 대기권 밖에만 도달하면 인공위성이 지구를 돌아다니듯이 지구 어떤 곳이든지 적은 에너지로 빠르게 도달할 수 있습니다. 유도탄은 목표물 상공 근처에 도달했다고 판단하면 다시 추진제를 점화하여 대기권 내로 재진입합니다. 이때 유도탄은 추진제의 힘과 함께 중력의 힘을 이용하므로 엄청난 속도(약 4㎞/s)로 떨어집니다. 따라서 웬만해서는 지표면 가까이까지 근접한 유도탄을 격추시킬 수 없습니다. 나아가 최근에 개발되는 대륙간 탄도 유도탄은 격추가 더욱 어렵도록 우주공간에서 여러 개의 탄두로 쪼개져서 대기권으로 돌입합니다. 유도탄에 당하는 쪽은 그야말로 대략난감인 것입니다. 이런 이유로 미국이 최근까지 막대한 예산을 쏟아부어 구축한 유도탄 방어체계의 경우, 상대방의 유도탄이 대기권으로 재돌입하기 이전에 방어를 한다는 개념으로 접근하고 있습니다.

아무리 유도탄 방어체계가 뛰어나더라도 실제 방어에 성공할 확률은 100%가 될 수는 없습니다. 바꾸어 말하면 재수 좋게 유도탄 하나가 아군의 방어체계를 뚫고 본국에 떨어질 수도 있다는 것입니다. 현대사회는 고층빌딩들이 밀집한 도심지역에 많은 사람들이 살다 보니, 단 한 발의 유도탄만으로도 어마어마한 인적·물적 피해가 발생할 수 있습니다. 따라서 본국의 방어도 중요하지만, 적군이 애초에 유도탄을 쏘지 못하도록 하는 게 중요합니다. 이때 등장하는 시사 단어가

피스키퍼 유도탄의 시험 장면. 한 개의 유도탄에서 10개의 핵탄두가 분산·배출되어 목표물을 동시에 타격할 수 있습니다.

'억제력(deterrent power)'입니다. 억제력이란 한 국가가 침략하려고 할 경우, 침략을 함으로써 얻어질 이익 이상으로 감당하기 어려운 손실을 입게 되리라는 것을 그 국가에 인식시킴으로써 침략을 미연에 방지하려는 힘을 말합니다.

그러면 보복이 무서워서 쏘지 못하는 유도탄은 어떤 것일까요? 쉽게 생각할 수 있듯이 유도탄은 세 가지 요건만 충족하면 어떤 사람이든지 무서워할 수밖에 없습니다. 첫 번째로 유도탄을 보관하거나 쏘는 위치가 발각되지 않아야 하고, 두 번째로 한 발의 파괴력이 강해야 하고, 세 번째로 발사 및 비행속도가 빨라 적군의 방어가 어려워야 합니다. 무기 연구자들이 현존 기술을 사용하여 무서운 유도탄을 연구하다 보면 결국 한 가지 결론에 도달하게 됩니다. 미국이나 소련이 첨

사일로에 저장된 구소련 R-36 유도탄 <사진출처 : ISC Kosmotras>

가 존재하는지 모릅니다. 그러나 정보 유출에 의해 위치정보가 샐 수도 있고, 무작위한 적 공격에 의해 사일로 운용이 어려울 수 있다는 단점이 있습니다. 이에 반해 잠수함은 강력한 유도탄을 싣고서 적군 앞바다까지 갈 수 있고, 심해나 얼음 밑에 숨어 버리면 찾아내기도 힘듭니다. 만약 적의 공격으로 본토가 초토화되더라도 멀쩡하게 끝까지 살아남아 적에게 유도탄을 날릴 수 있는 최후의 공격 자산이기도 합니다. 미국, 러시아, 중국 같은 군사 선진국은 일찌감치 핵 추진 잠수함을 개발 완료하였습니다. 이러한 잠수함은 수면 위로 부상 없이 몇 달간 물밑에서만 지내며 발사대기 상태를  유지할 수 있습니다. 또한, 북극의 얼음 밑에 숨어 있다가 필요 시 수면 아래에서 유도탄을 쏠 수도 있습니다. 2001년 개봉한 해리슨 포드 주연의 영화인 'K-19 위도우 메이커widow-maker'를 보시면 소련의 핵 추진 잠수함이 얼음을 뚫고 나와 유도탄을 발사하는 장면을 보실 수 있습니다. 말이야 쉽지, 잠수함에서 유도탄을 쏜다는 게 쉬운 일은 아닙니다. 하지만 어려운 만큼 그 값어치를 톡톡히 합니다.

여기에 두 번째 조건인 '강력한 파괴력'의 개념을 얹으면 '잠수함 발사 핵 유도탄'이라는 개념에 이르게 됩니다. 한 발을 맞더라도 막심한 피해가 발생하는 것이 바로 핵 유도탄입니다. 2차 세계대전 당시 잘나가던 일본이 나가사키와 히로시마에 떨어진 단 두 발의 핵폭탄으로 미국에 무조건 항복을 한 사실만 봐도 잘 알 수 있습니다. 일단 핵폭발에 대한 이야기는 나중에 다시 하기로 합니다. 핵 유도탄에 세 번째 조건인 '빠른 속도'를 얹으면 '잠수함 발사 탄도 핵 유도탄'이라는 답이 나옵니다. 탄도탄은 다른 유도탄에 비하여 종말 단계의 속도가 빠르므로 요격하는 것이 쉽지 않습니다. 그러면 궁극의 억제력이 무엇이냐에 대한 결론은 핵잠수함에서 발사되는 탄도탄 형태의 핵 유도탄임을 쉽게 유추할 수 있습니다. 흔히 SLBM(submarine launch ballastic missile)라고 합니다. 현재 공식적으로 이러한 형태의 무기체계를 가지고 있는 나라는 미국, 러시아, 중국, 영국, 프랑스이고, 이 5개국은 공교롭게도 모두 UN 안전보장이사회 상임이사국입니다. 우리는 이 중 미국의 SLBM에 대해 집중해 볼 필요가 있습니다.

미국은 트라이던트Trident II라는 핵 유도탄을 오하이오Ohio급 잠수함에 탑재하여 운용 중에 있습니다. 오하이오급 잠수함은 170.7m의 길이로 미식축구장 길이의 거의 두 배 정도 되며, 수천 km 떨어진 목표물에 핵탄두를 투발할 수 있는 트라이던트 유도탄을 24발을 적재할 수 있습니다. 이 탄두 각각은 표적 약 90m 이내에 히로시마에 투하된 핵탄두보다 몇 배가 강력한 폭발력을 일으킬 수 있습니다. 이 무시무시한 파괴력은 폴라리스Polaris A1, 폴라리스 A2, 폴라리스 A3, 포세이돈Poseidon, 트라이던트 I과 트라이던트 II에 이르는 6세대에 걸친 유도탄과 30년이 넘는 기술 개발의 결과물입니다.

대서양과 태평양에서 초계 중인 오하이오급 잠수함은 아주 중요한 임무를 갖고 있습니다. 그것은 보유한 트라이던트 II 유도탄의 전략 또는 일부를 어느 때이건 그것이 필요한 경우 발사할 수 있도록 하는 것입니다. 이것을 목적으로 하는 잠수함은 잠재적 적들로부터 탐지되지 않아야 하며, 절대로 오지 말기를 희망하는 명령을 계속 기다리고 있는 중입니다. 만약 발사 명령이 떨어지면, 발사시스템은 초계 기간 중 밀봉되었던 발사관으로부터 트라이던트 II 유도탄을 발사합니다. 이 유도탄은 해상에서도 발사할 수 있지만 보통 수심 100feet(30.5m) 근방에서 발사합니다. 이후 유도탄은 수면을 벗어난 후 1단 로켓 모터가 점화되어 동력 비행이 시작됩니다. 수분의 비행 후 로켓 추진단들은 탄두를 운반하는 재진입체를 목표까지 보내는 데 충분한 속도를 얻게 합니다. 폴라리스는 단일 목표만을 타격할 수 있지만, 포세이돈과 트라이던트 같은 유도탄은 서로 다른 목표물을 동시에 타격할 수 있습니다. 냉전의 해동과 함께 무기 통제 협정이 이루어졌음에도 불구하고 핵무기 체계는 인류 문명에 유례없는 위협을 가하고 있습니다. 현재 보유하고 있는 핵무기 일부만 사용하더라도 광범위한 지역이 황폐화되는 것은 물론이고 수백만 명이 한꺼번에 죽을 수 있습니다. 워싱턴의 National Air and Space Museum에 전시된 폴라리스 A3 유도탄의 명문에는 소름 끼치게도 '폴라리스 잠수함 한 척은 2차 세계대전에서 사용된 모든 화력과 동등한 화력을 갖고 있다'라고 써 있습니다. 트라이던트 II 유도탄을 장착한 오하이오급 잠수함 한 척은 이보다 더 큰 화력을 적재하고 있습니다.

이러한 유도탄은 누구나 갖고 싶어하는 핫 아이템 중에 하나일 겁니다. 특히나 북한의 김정은이라면 더더욱 그러할 것입니다. 그러나 UN 안전보장이사회 상임이사국에서는 다른 나라가 그런 유도탄을 개발하도록 절대로 가만 놔두지 않습니다. 우리나라도 주변국의 압박 때문에 노태우 대통령 시절 자의 반 타의 반으로 완전 비핵화를 선언하였고, 이란도 핵 유도탄을 개발하다가 미국의 강력한 경제 제재를 견디지 못하고 결국 2015년 포기하게 되었습니다. 그러나 북한은 조금 다릅니다. 애초부터 국제사회로부터 고립되어 온 나라이고, 조직폭력배와 같은 스타일로 나라를 통치하다 보니 미국의 압박에도 불구하고 아직 핵 유도탄에 대한 연구개발을 포기하지 않고 있습니다. 북한 김정은은 '이 한 발이면 끝난다'는 생각으로 철저하게 모든 인적 및 물적 자원을 잠수함+핵+탄도 유도탄 개발에 집중하고 있습니다. 어찌 보면 북한이 눈만 뜨면 잠수함+핵+탄도 유도탄 관련 영상을 공개하며 세계의 이목을 집중시키는 것도 "나에게 한 방이 있으니 까불지 마라"를 전하기 위함입니다. 최근 뉴스에서도 볼 수 있듯이 북한은 잠수함에서 발사하는 탄도 핵 유도탄을 완벽하게 개발 완료하지는 못했지만, 개별적인 기술로서는 상당 수준까지는 도달한 것을 알 수 있습니다. 이런 이유로 우리나라도 북한에 대응하기 위하여 핵잠수함 개발 및 전술 핵무기 배치 등이 필요하다고 말하고 있지만, 국제 정세 때문에 쉬운 일은 아니라고 봅니다. 정말 심각하면서도 어려운 문제입니다.

## 마하수[Mach number]

흔히 사람들이 항공기나 유도탄의 속도를 이야기할 때 '마하'라는 단어를 사용합니다. '마하'는 음속(音速, sound velocity)을 표현하는 단어로서 매질을 통과하는 소리의 전파속도와 관련이 있습니다. '마하'라는 단어는 오스트리아의 물리학자인 어니스트 마하Ernst Mach의 이름에서 유래하였습니다. 보통 속도라고 하면 ㎞/h, m/s와 같은 단위를 쓰는데 '마하'는 실제로 단위가 없는 무차원수입니다. 왜냐하면, '마하'는 공기 중의 소리의 속도를 기준으로 상대적인 값을 표현하기 위한 단어이기 때문입니다. 만약 '마하'가 단위의 한 종류라면 음속의 2배로 비행하는 항공기의 속도는 '2마하'라고 표현해야 합니다. 하지만 단위가 아니기 때문에 '마하 2'라고 표현하고 음속의 2배라는 뜻을 가집니다. 그럼 음속은 실제로 어느 정도로 빠를까요?

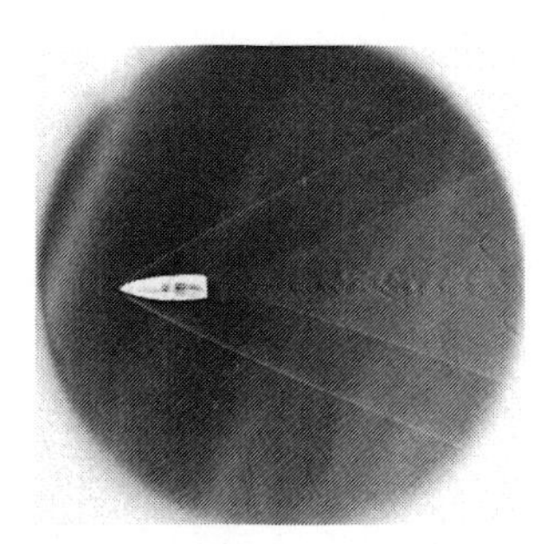

탄의 비행에 따른 충격파

음속, 즉 소리의 속도는 15℃의 해수면을 기준으로 약 340.3m/s의 속도를 가집니다. 단위를 환산해보면 1,225㎞/h 정도 됩니다. 우리나라 KTX의 최고속도가 300㎞/h 정도이므로 KTX보다 약 4배 정도 빠르다고 볼 수 있습니다. 그런데 음속이라는 것이 항상 일정하지는 않습니다. 과학자들은 다양한 실험을 통해 음속이 온도,

압력, 대기 조성 등에 의해 변화한다는 것을 알아내었습니다. 예를 들어 음속은 온도가 1℃ 높아지면 0.61㎧씩 빨라진다고 알려져 있습니다. 그러면 왜 많은 사람은 정확하지도 않을 것 같은 '마하'라는 단어를 항공기 속도를 표현하는 데 사용하는 것일까요? 그것은 몇 가지 이유가 있습니다. 먼저 많은 사람이 오랜 시간 동안 '마하'라는 단어를 자주 사용하다 보니 '마하 몇'이라고 표현하면 그 속도가 어느 정도인지 가늠하기 쉽기 때문입니다. 또 다른 이유는 '충격파'입니다. 충격파란 유체 속으로 음속보다도 빠른 속도로 전달되는 강력한 압력파를 말합니다. 급격한 압력변화에 의해 파면이 중첩되어 발생하며 충격파가 통과할 때에는 압력, 밀도, 속도 등이 급격히 증가합니다. 낮은 고도에서 음속을 돌파하면 충격파로 인하여 꽝 하는 굉음이 나면서 지상건물의 유리창이 깨지고 소나 말 등의 가축이 놀라 야단이고 새끼를 밴 어미들이 유산하여 손해배상 소송이 발생하기도 합니다. 항공기가 약 20℃에서 마하 1의 속도로 비행 중이라고 생각합시다. 만약 이 항공기가 -50°C에서 마하 1로 비행을 한다면 20℃일 때에 비교하여 절대적인 속도가 86%밖에 되지 않을 것입니다. 그러나 20℃든 -50℃든 항공기가 마하 1로 비행한다고 하면, 이에 따른 충격파 현상은 똑같이 나타나는 것입니다. 속도가 빠른 항공기에서는 충격파가 아주 중요한 문제인 만큼 '마하'라는 표현은 유용하다고 볼 수 있지요. '마하', '음속'이라는 단어와 함께 자주 사용되는 접두사가 있습니다. 예를 들어 '초음속(Supersonic)', '극초음속(Hypersonic)' 등이 항공기를 수식하는 단골 표현들입니다. 1900년대 초기만 하더라도 항공기의 최대속도는 아음속 정도였는데, 현대에는 극초음속으로 비행할 수 있는 비행기나 유도탄이 개발되고 있습니다.

| 구분 | 아음속 (Subsonic) | 천음속 (Transonic) | 음속 (Sonic) | 초음속 (Supersonic) | 극초음속 (Hypersonic) |
|---|---|---|---|---|---|
| 마하수 | <0.75 | 0.75~1.2 | 1.0 | 1.2~5.0 | 5.0~10.0 |

20

# 항법장치

요즘 세상에 내비게이션navigation이라는 단어를 모르는 사람이 있을까요? 현대인에게 내비게이션, 즉 항법이란 단어는 이제 더는 일상에서 동떨어진 생소한 단어가 아닙니다. 항법의 사전적 의미는 "배나 차 그리고 항공기 같은 항체들이 어느 한 지점으로부터 다른 지점까지로 이동하는데 필요한 움직임(속도, 자세, 위치)을 읽는 일"이라고 기술되어 있습니다. 별거 아닌 것 같지만 항법기술이 고대 역사의 물줄기를 바꾸어 놓았고 세계열강들이 앞다투어 세력을 확대하여 현재의 세계 지도를 그릴 수 있게 해주었던 원동력이었습니다.

동사로서의 항법은 라틴어의 '배'를 뜻하는 명사인 'navis'와 '움직인다' 혹은 '~로 향한다'라는 뜻의 동사인 'agere'가 결합한 말입니다. 어원에서 알 수 있는 것처럼 항법의 기원은 배를 이용한 항해였습니다. 역사에 기록된 최초의 항법은 기원전 3,500년 전으로 거슬러 올라갑니다. 고대 그리스에서 무역을 위한 대규모의 선박들은 지형을 이용한 연안항법을 사용하였습니다. 이때에는 낮에만 항해할 수 있으므로 밤에는 항구에 정박할 수밖에 없었습니다. 이후 사람들은 낮에는 태양, 밤에는 별자리를 이용하여 남북을 결정할 수 있다는 사실을 알아내었고, 이를 항법에 응용하기도 하였습니다. 하지만 이때에도 항해는 연안에 머무르는 수준이었던 것으로 보입니다.

과거 전투에서는 항법이 그렇게 중요한 요소는 아니었습니다. 단지 대규모 전투를 위해 군대를 이동하는 길을 찾아주는 수준이었습니다. 그러나 현대 전투에서는 사람이 직접 대면하여 싸우는 것보다 원거리에서 발사되는 무기들로 싸우는 게 일반적이기 때문에 항법기술이 아주 중요해졌습니다. 현대 무기는 진보된 항법장치 때문에 보다 정확하게 목표물을 타격할 수 있습니다. 미국의 토마호크 순항 유도탄 경우에는 목표물이 몇천 ㎞나 떨어져 있어도 족집게처럼 타격할 수 있습니다. 유도탄의 정확도는 항법장치의 성능이 좋을수록 향상될 수밖에 없으므로, 최근에 개발되는 무기일수록 항법장치에 많은 연구비를 투자하고 있습니다. 덕분에 유도탄에서 항법장치는 가장 비싼 부품 중의 하나가 되었습니다. 잘 알려진 것처럼 근대적 항법의 시작은 나침반의 발명으로부터 시작됩니다. 공중이나 물 위에 부유된 자석은 항상 같은 방향을 가리킨다는 사실은 중국인에 의해 발견되었습니다. 11세기에 이르러서는 항해의 방향을 잡는 데 자석이 이용되었습니다. 유럽에서는 이보다 조금 늦은 12세기 초에 뱃사람이 사용하기 시작하였고, 15세기에는 오늘날과 같은 형태의 나침반이 정식 항해 도구로 정착되었습니다. 이후 나침반과 별자리 관측을 통해 육지로부터 먼 거리까지의 이동이 가능해짐에 따라 유럽 열강의 대항해 시대가 열리게 되었습니다. 포르투갈의 헨리Henry 왕자(희망봉, 인도, 브라질) 스페인의 콜럼버스Columbus(북미 대륙)와 마젤란Magellan(세계 일주)의 항해가 바로 이 시기에 이루어진 것입니다. 16세기에는 포르투갈과 스페인을 비롯하여 영국, 네덜란드, 프랑스가 해외 식민지 쟁탈에 뛰어드는데, 바로 항법기술의 발전에 의한 장거리 항해가 가능해짐으로써 이루어진 일입니다. 만약 나침반이 발명되지 않았다면 역사는 지금과는 다르게 흘러갔을 것입니다.

인간은 나침반의 발명으로 높은 수준의 항법 기술을 가질 수 있었지만, 동물에 비교하면 아직까지 한 수 아래입니다. 많은 동물은 나침반과 자이로, 혹은 GPS와 같은 도구 없이 매우 정확하게 길을 찾을 수 있습니다. 예를 들어 북극 갈매기는 지형대조항법(landmark navigation)을 이용하여 해안선을 따라 북극에서 남극까지 약 20,000㎞의 거리를 날아갑니다. 군주나비는 태양의 빛을 이용하여 캐나다에서 멕시코 남쪽으로 이동합니다. 녹색 바다거북은 지구 자기장을 감지하여 이동합니다. 최근 개발하고 있는 천측항법(celestial navigation), 자기장/중력 대조항법(database referenced navigation), 지형대조항법은 이러한 동물로부터 영감을 얻은 것입니다. 이 기술이 더 발전되면 기존에 유도탄 등에 사용하였던 관성항법장치와 GPS의 한계를 극복할지도 모르겠습니다.

현대의 항법기술은 20세기 초 회전운동을 감지하는 자이로스코프gyroscope의 발명으로부터 시작된 관성항법(inertial navigation)과 1990년

프랑스 박물관에 보관 중인 자이로스코프. 지지틀 제일 중앙에 고속회전체가 있는 것을 볼 수 있습니다.

대에 실용화된 GPS(Global Positioning System)를 이용한 위성항법으로 대변됩니다. 관성항법은 고전적인 추측항법(dead reckoning)의 가장 발달한 형태로 출발 순간부터 임의의 시각까지 3축 방향의 가속도를 2회 적분(積分)하여 이동 거리를 얻습니다. 따라서 관성항법장치가 정확한 위치를 계산하려면 순간마다 방향각과 가속도를 정밀하게 측정해야 합니다. 방향각은 자이로스코프를 통해 측정할 수 있습니다. 자이로스코프란 그리스어로 '회전'이라는 의미의 'gyro'와 '본다'는 의미의 'skopein'의 합성어로 '회전을 본다'라는 의미가 있습니다. 가장 기본적인 기계식 자이로스코프는 장난감인 팽이와 같은 원리로서 물체의 가속도를 검출하는 센서입니다. 팽이가 빠른 속도로 회전을 하면 넘어지지 않고 곳곳이 서 있는 것처럼 내부에 고속 회전체가 있으면 회전축을 항상 일정하게 유지하려는 힘이 작용합니다. 예를 들어 팽이가 돌고 있을 때 회전면을 기울어지게 하는 힘을 가하면 넘어지려 하다가 다시 원래의 상태로 돌아오는 것을 볼 수 있습니다. 만약 3축에 대해 회전운동이 자유로운 지지틀이 있고, 그 가운데에 고속회전체가 있다고 생각해 봅시다. 구조물을 임의의 각도로 기울인다면 어떻게 될까요? 상상하실 수 있듯이 고속 회전체의 회전축은 그대로 있으려고 할 것이고, 그 힘이 지지틀의 회전 각도를 자연스럽게 변경해 줄 것입니다. 이러한 지지틀의 회전각을 검출하면 내가 가고 있는 방향이 어느 정도 변화되었는지 알 수 있습니다.

기계적 방식 말고, 조지 사냑Georges Sagnac이 발견한 '사냑 효과'의 원리를 이용하는 자이로스코프도 있습니다. 사냑 효과란 고리 모양의 광로를 따라 빛이 좌우 방향으로 이동할 때, 고리 모양의 광로 전체가 회전하면 오른쪽과 왼쪽으로 회전하는 빛의 도는 시간이 바뀌는 현상을 말합니다. 이러한 원리를 이용한 것이 '링 레이저 자이로스코프'입니다. 광원에서 출발한 레이저 빛은 반투명 유리(half silvered mirror) 때문에 두 갈래로 분리된 후 하나는 시계방향으로 돌고, 다른 하나는 반 시계 반향으로 돌게 됩니다. 반대 방향으로 한 바퀴 회전한 레이저 빛들은 다시 반투명 유리에 반사되어 검출기(detector)까지 도달하게 됩니다. 만약 이러한 장치 전체가 광로에 수직축을 중심으로 회전하면 시계방향과 반시계방향으로 회전하는 빛의 전파시간이 달라집니다. 이때 시차를 계산하면 회전 각도를 정밀하게 구할 수 있습니다. 이외에도 하나의 광(光) 파이버fiber를 코일 모양으로 만든 구조인 '광 파이버 자이로스코프'도 있습니다. 이것은 구조가 간단하며, 정밀도가 높은 방위 검출용으로 사용되고 있습니다.

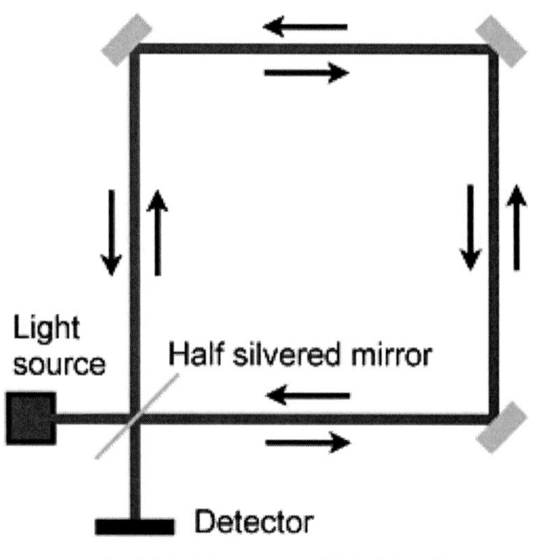

링 레이저 자이로스코프의 원리(샤낙효과)

가속도계와 자이로스코프를 사용하는 관성항법장치(inertial navigation system)는 기본적으로 적분기이기 때문에 시간에 따라 오차가 급격히 증가하는 단점을 가지고 있습니다. 하지만 외부와의 교신 없이 독자적인 항법이 가능하고, 전자기파 교란을 받더라도 사용 가능한 유일한 항법장치이기 때문에 무기체계에서 기본적으로 많이 사용하고 있습니다. 원래 이 장치는 유도탄용으로 개발되었지만, 오늘날에는 군사 목적 이외에도 우주선, 항공기, 선박은 물론 굴착 장비에도 사용하고 있습니다. 최근에 개발되는 유도탄은 기존보다 더욱 정확한 항법장치가 필요합니다. 연구 개발을 통해 관성항법장치를 더욱 정교하게 만들면 되지만, 돈과 시간이 많이 필요할 뿐만 아니라 물리적인 한계도 존재합니다. 이러한 이유로 미국을 중심으로 새로운 개념의 항법장치를 개발하게 되었습니다. 그것이 바로 현재 실생활에서 가장 많이 사용하는 위성항법장치입니다.

요즈음에는 차량용 내비게이션, 스마트폰 등에서 GPS 기능을 기본으로 제공하고 있기 때문에 위성항법장치라는 단어가 우리에게 그렇게 낯설게 느껴지지는 않습니다. 그러나 항상 몸에 지니고 다니는 GPS라도 그 원리를 제대로 알고 있는 사람은 많지 않습니다. GPS는 위성에서 보내는 신호를 수신해 사용자의 현재 위치, 속도, 진행 방향 등의 항법 정보를 제공하는 장비를 말합니다. 원래 GPS는 미국 국방성에서 폭격의 정확성을 높이기 위해 군사용으로 개발한 시스템입니다. 2차 세계대전과 관련된 영화에서도 볼 수 있듯이 과거에는 폭격기가 적진 상공까지 비행한 후 직접 목표물을 확인하고 폭탄을 투하했습니다. 폭격기에 투하된 폭탄은 단순히 자유낙하로 목표물에 도달하기 때문에 폭격의 정확도는 승무원의 능력에 따라 결정되었습니다. 따라서 특정 목표물을 파괴하기 위해서는 수천 개의 폭탄을 일정 범위에 쏟아붓는 이른바 '융단 폭격'이 필요하였습니다. 그러나 융단 폭격은 정확도뿐 아니라 효율성이 크게 떨어지는 방식이었습니다. 또한, 폭격기가 적진의 상공까지 직접 비행해야 하므로 위험하기도 하였습니다. 1990년에 개봉한 영화 '멤피스 벨Memphis Belle'을 보면 폭격기의 위험성을 적나라하게 볼 수 있습니다. 이 영화는 2차 세계대전 당시, 독일 폭격을 위하여 영국 공군기지에서 출격하는 B-17 폭격기에 대한 내용을 담고 있습니다. 고등학교를 졸업한 18세에서 22세까지의 승무원들이 대공포의 위험을 무릅쓰고 독일 상공에서 폭탄을 투하하는 장면을 보시면 목표물 머리 위로 폭탄을 투하하는 것이 얼마나 어려운 일인가를 알 수 있을 것입니다.

조종사를 포함하여, 아군의 희생 없이 적의 중요시설을 폭격하는 것은 아주 중요한 문제였습니다. 이후 폭격의 정밀도를 높일 수 있는 레이저 유도 폭탄이 등장했지만, 이것 또한, 사용하는 데 있어서 여러 가지 문제점이 있었습니다. 레이저 유도 폭탄을 사용하기 위해서는 누군가는 레이저로 목표물이 어디 위치하는지를 계속 가리키고 있어야 합니다. 생각해 보면 폭탄이 목표물에 도달할 때까지 움직일 수 없기 때문에 아군은 좋은 먹잇감이 될 수 있습니다. 만약 중간에 레이저 유도 신호가 사라지게 되면 고가의 레이저 유도 폭탄은 낙동강 오리알이 되어 전혀 다른 목표를 타격할 것입니다.

이러한 문제 때문에 군인들은 목표물이 어디인지 좌표만 입력하면 스스로 찾아가서 폭발할 수 있는 아주 똑똑한 폭탄이 필요하였습니다. 당연히 외부 환경에 영향을 받지 않아야 하며, 전 세계 어디든 사용할 수 있어야 했습니다. 연구자들은 이에 대한 해답으로 GPS를 제시하였고, 이를 이용한 유도 폭탄이 개발되기에 이르렀습니다. 이 폭탄은 이라크 및 아프가니스탄 전쟁에서 바늘로 콕 찌르듯이 목표물을 정확히 타격하는 능력을 여감 없이 보여주었습니다.

미국은 전 세계 어디에서든지 정확한 위치 정보를 확인할 수 있도록 우주 공간에 30여 개의 GPS용 위성을 쏘아 올려놓았습니다. 이 중 24개의 위성은 지구의 6개 궤도면에 골고루 분포하여 비행

지구궤도를 돌고 있는 GPS 위성

하고 있습니다. 눈에 보이지는 않지만, 세계 어느 곳에 있더라도 머리 위에는 최소 6개의 GPS 위성이 돌아다니고 있다고 보시면 됩니다. 나머지 6개의 위성은 24개의 위성에 문제가 생겼을 경우 백업 임무를 수행합니다. GPS 위성에는 고효율의 태양전지가 장착되어 있어 태양으로부터 전원을 공급받을 수 있습니다. GPS 위성은 미국 콜로라도 스프링스Colorado Springs에 있는 주 제어국과 세계 곳곳에 분포된 5개의 부 제어국에서 실시간으로 제어를 합니다. 각 부 제어국은 상공을 지나는 GPS 위성을 추적하고 거리와 변화율을 측정하여 주 제어국으로 보냅니다. 주 제어국은 정보를 취합해 GPS 위성이 각자의 위치에 정확히 존재할 수 있도록 제어합니다.

그럼 하늘에 떠 있는 GPS 위성을 이용하여 어떻게 나의 위치를 알 수 있는지를 알아보도록 합시다. 이해를 쉽게 하려고 먼저 GPS 위성에 있는 시계와 GPS 수신기에 있는 시계가 정확히 똑같은 시간을 가리키고 있다고 가정합시다. GPS 위성에서는 실시간으로 지구로 데이터를 보내는데, 거기에는 위성의 위치 정보 데이터와 데이터 생성 시간 등이 포함되어 있습니다. 여러분이 소지하고 있는 GPS 수신기가 순간마다 여러 개의 GPS 위성으로부터 위성 위치 정보 데이터와 데이터 생성시간을 받고 있습니다. 이때 GPS 수신기가 위치를 계산할 시점에 수신기 시계에서 측정한 시간을 tr이라고 하고, 1번 GPS 위성에서 전해온 시간을 $t_1$, 2번 위성에서 전해온 시간을 $t_2$, 3번 위성에서 전해온 시간을 $t_3$라고 가정합시다. 전파의 속도는 거의 빛의 속도 c와 똑같으므로, 1번 위성과의 거리는 $c(t_r-t_1)$, 2번 위성과의 거리는 $c(t_r-t_2)$, 3번 위성과의 거리는 $c(t_r-t_3)$가 됩니다. 1번 위성의 위치 정보는 데이터에 포함되어 있으므로 그 점을 중점으로 $c(t_r-t_1)$이 반지름인 원을 그립니다(실제로는 3차원이니까 구 모양입니다). 또한, 2번 위성의 위치점을 중심으로 $c(t_r-t_2)$이 반지름인 원을 그립니다. 그러면 두 원이 만나는 점이 2개가 나옵니다. 2개의 위성으로는 나의 위치 정보를 결정짓지는 못합니다. 여기에 3번 위성의 정보를 바탕으로 원을 그리면 정확한 나의 정보가 결정될 수 있게 됩니다. 즉 나의 위치를 정확히 알기 위해서는 적어도 3개의 GPS 위성으로부터 데이터가 수신되어야 합니다. 그러나 우리가 제일 처음에 했던 가정, 즉 위성과 수신기의 시간이 완전히 똑같다는 가정이 실제로는 맞지 않습니다. 이러한 문제점을 해결하려면 GPS 수신기에도 GPS 위성과 같이 아주 고가의 원자시계가 장착되어 있어야만 합니다. 그러나 이렇게 되면 우리 같은 서민들이 GPS의 혜택을 보는 것은 꿈만 같은 이야기가 됩니다. 그러면 어떻게 하면 저가의 GPS 수신기를 이용하고도 정확한 시간 정보를 알 수 있을까요? 이러한 문제를 해결하기 위하여 GPS 수신기는 4번째 GPS 위성 데이터를 사용합니다.

GPS 수신기의 시계에서 측정한 시간이 tr'라고 하고, 이 시간은 GPS 위성의 시간과 오차가 있다고 가정합시다. GPS 수신기는 tr'과 GPS 위성 데이터를 이용하여 현재의 나의 위치 p′를 계산합니다. 잘못된 시간 tr'로 계산하였기 때문에 현재 나의 위치 p′도 당연히 잘못된 정보일 것입니다. 어쨌든 좋습니다. 앞서 말씀드렸듯이 보통 우리 머리 위에는 6개의 GPS 위성이 떠 있다고 하였으므로 GPS 수신기에는 4번 GPS 위성의 데이터도 받을 수 있습니다. GPS 수신기는 4번 위성과의 거리를 $c(t_{r'}-t_4)$로 추정할 수 있습니다. 현재 나의 위치가 p'이므로 여기에서 $c(t_{r'}-t_4)$만큼 떨어진 위치에 4번 위성이 존재해야 합니다. 그러나 예측된 위치와 4번 위성에서 전해온 위치는 분명히 다를 것입니다. GPS 수신기는 실제 위성 위치와 예측된 위성 위칫값을 이용하여 tr'를 바로잡아 나갑니다. 보통 이렇게 예측하고 바로잡는 작업은 한 번에 되지 않기 때문에 연구자가 연구한 알고리즘에 따라 수십 번의 반복 작업을 통해 GPS 수신기의 시계와 GPS 위성의 시계를 똑같이 만들어 줍니다. 간혹 사람들은 "내 내비게이션의 GPS는 왜 이렇게 늦게 깨어나지?"라는 말하곤 합니다. 이것은 내비게이션의 GPS 수신기가 앞서 언급한 일련의 작업을 수행하는 데 많은 시간을 소모하고 있기 때문입니다. 똑똑한 GPS 수신기일수록 연산속도도 빠르고 알고리즘이 뛰어나서 보정에 걸리는 시간이 적게 듭니다. 어쨌든 우리가 실생활에서 GPS를 사용하기 위해서는 적어도 4개의 GPS 위성으로부터 데이터를 수신해야 한다는 사실만 알아두시면 됩니다.

과거 우리와 같은 일반인들이 GPS를 접할 수 있었던 분야는 자동차 내비게이션뿐이었습니다. 이 때문에 많은 사람이 GPS라고 하면 내비게이션을 떠올리고, 길 찾는 도구라고만 생각하고 있습니다. 최근에는 GPS를 장착한 스마트폰이 대거 보급되면서 GPS를 활용한 새로운 서비스들이 속속 등장하고 있습니다. 대표적으로 무선인터넷과 GPS를 결합한 위치기반서비스(LBS, location based service)를 들 수 있습니다. 사실 과거에도 위치기반서비스는 존재하였습니다. 하지만 지상에 있는 이동통신사 기지국을 이용하는 방식이라 오차 범위가 넓어서 사용에 제한이 많았습니다. 이에 반해 GPS를 이용하는 새로운 위치기반서비스는 오차가 크지 않아 보다 양질의 서비스를 사용자에게 제공할 수 있어 다양한 분야에서 활용되고 있다. 예를 들면 스마트폰을 분실했을 때나, 친구의 위치를 알고 싶을 때 위치 추적 시스템을 이용할 수도 있습니다. 또한, 현재 위치에서 가장 가까운 관공서, 은행, 맛집 등을 검색할 때도 이용할 수 있으며, 교통 정보나 할인 정보를 찾을 때도 유용하게 쓸 수 있습니다. 또한, 소셜 커머스social commerce와 같은 온라인쇼핑 분야에서는 위치기반서비스를 활용해 거주지에 가까운 쇼핑 정보를 제공하고 있으며, 게임 분야에서도 증강현실과 위치 정보를 활용한 '포켓몬 고'가 선풍적인 인기를 끌고 있습니다. 앞으로 GPS를 사용한 위치기반서비스는 더 많은 분야로 확산될 전망입니다. 통신과 GPS가 결합하여 있는 스마트폰이 대중화됨으로써, 우리들은 상상할 수 없는 다양한 서비스를 만끽할 수 있게 되었습니다.

이처럼 현대인들은 GPS가 있어서 정확하고 편리하게 목적지를 찾아갈 수 있게 되었습니다. 무기도 마찬가지입니다. GPS가 개발되면서 기존의 폭탄이나 유도탄은 더욱 정확하게 목표물을 타격할 수 있게 되었습니다. 그러나 반대로 GPS 항법 장치가 탑재된 무기들에게 공격당하는 사람은 우주에서 날아오는 미약한 GPS 신호가 얄밉게 느껴질 것입니다. 그래서 GPS 신호를 막으려고 노력하는 사람이 있기 마련입니다. 즉, 무기개발자 중에 일부는 첨단 무기체계에 탑재된 GPS 항법장치를 무력화시키는 방법을 연구합니다.

2011년 3월 4일, 서울과 인천, 파주 등 수도권 서북부 지역 기지국에서는 GPS 수신에 일시적 장애가 발생하였습니다. 신문기사에 따르면 이러한 수신 장애 현상은 북측 지역에서 강한 GPS 재밍jamming 혹은 전파 교란 신호가 날아왔기 때문이라고 합니다. 보통 재밍이라고 하면 적의 전파와 주파수를 탐지해 통신체제를 교란하거나 방해하는 행위를 총칭하는 군사 용어입니다. 관계자에 따르면 "재밍 신호가 5~10분 간격으로 간헐적으로 발사됐다"며 "해외에서 최근 도입한 GPS 전파 교란 장치를 시험한 것으로 추정된다"고 언급하였습니다. 비록 우주에서 수십 개의 인공위성이 돌아다니면서 GPS 신호를 지구로 쏘아주고 있지만, 마음만 먹으면 그 신호를 무력화시킬 수 있습니다. 뉴스에서도 볼 수 있듯이 북한은 우리나라의 GPS 항법장치를 무용지물로 만들 수 있는 GPS 전파 교란 장치를 이미 손에 넣었을 것이라고 예상합니다. 그렇다면 엄청난 돈을 투자하여 만든 GPS 체계가 그렇게 쉽게 교란 장치에 의해 무용지물이 되어버리는 것일까요?

GPS용 인공위성에서 송출하는 전파에는 여러 가지 종류의 코드가 섞여져 있습니다. 하나는 〈C/A〉 코드로서 민간에게 개방되어 있어 누구나 쉽게 사용할 수 있습니다. 우리 주변에 사용하는 대부분의 GPS 장치는 〈C/A〉 코드를 사용한다고 보시면 됩니다. 덕분에 북한의 전파 교란 장치는 〈C/A〉 코드를 쉽게 무력화할 수 있습니다. 또 다른 하나는 P(Y) 코드로서 주로 군사용으로 사용되기 때문에 암호화되어 있습니다. 암호화된 P(Y) 코드를 해독하기 위해서는 특별한 장치가 필요합니다. 따라서 P(Y) 코드를 사용하는 GPS 수신 장치가 있다면 전파 교란 장치 때문에 생기는 문제들을 극복할 수 있습니다.

그럼 우리 군은 어떤 종류의 GPS 코드를 사용하고 있을까요? 현용 한국군의 무기체계 중 KF-16, F-15K에서는 미국에서 직도입한 JDAM 같은 무기체계를 사용하기 위하여 P(Y) 코드를 수신하게 되어 있습니다. 그러나 안타깝게도 국내에서 개발되는 무기체계는

P(Y) 코드를 잘 사용하지 못하고 있습니다. 왜냐하면, P(Y) 코드를 사용하려면 무기체계의 성능과 스펙, 운용사항을 모두 미국에 공개해야 하고, 코드 획득과정도 아주 번거롭기 때문입니다. 그렇다고 무기체계에 〈C/A〉 코드를 사용하는 것도 문제가 있습니다. 〈C/A〉 코드는 구조 프로토콜이 모두 공개되어 있으므로 적대국이 쉽게 기만 재밍을 수행할 수 있기 때문에 군사용 P(Y)코드보다 재밍에 취약하다는 단점이 있습니다. 우리나라의 무기 개발자들도 이러한 사실을 너무나 잘 알고 있기 때문에 다양한 방법을 사용하여 GPS 재밍에 대응하고 있습니다.

먼저 현재 국내에서 사용 중인 거의 모든 군사용 GPS 수신장치는 미국 GPS 위성 신호와 함께 러시아의 GLONASS(Global Navigation Satellite System) 위성 신호를 수신할 수 있는 '듀얼밴드dual band 수신장치'를 가지고 있습니다. 특히 GLONASS 위성신호를 사용한 항법 시스템은 중국이나 북한 등의 적대국에서 자국군을 위해 널리 사용하고 있으므로 넓은 지역에 재밍을 수행할 경우 자신의 무기체계도 마비될 가능성이 있습니다. 문제는 북한이 보유하고 있는 무기체계는 대부분 재래식 무기라 위성항법 시스템에 대한 의존도가 낮다는 점입니다. 이 때문에 마음만 먹으면 북한군의 피해를 감수하더라도 광대역 잡음 재밍을 수행할 가능성이 높습니다. 결국, 무기 개발자들은 GPS 재밍에 대해 보다 적극적으로 대응하기 위하여 위성항법 시스템과 관성항법 시스템을 동시에 사용하는 것을 선호합니다. 즉, 위성항법 시스템과 관성항법 시스템을 적절히 조합하여 각자의 단점이 보완될 수 있도록 설계합니다. 관성항법시스템은 GPS 재밍과는 무관하므로 어떤 상황에 노출되더라도 무기체계를 끝까지 유도할 수 있습니다. 반면, 오차가 크다는 단점이 있습니다. 이에 비교해 위성항법 시스템은 정확도는 우수하지만, GPS 재밍에 취약하다는 단점이 있습니다. 따라서 두 항법 시스템을 모두 사용하게 되면 재밍에 강하면서도 정확도가 높은 항법장치를 만들 수 있습니다. 따라서 우리나라 대부분 무기체계에는 관성항법과 위성항법 방식을 동시에 사용할 수 있도록 항법 장치를 개발하여 사용합니다.

지금까지 관성항법과 위성항법에 대해서만 설명해 드렸지만, 추가적으로 지형대조 항법(terrain contour matching)을 알아두실 필요가 있습니다. 이것은 목표까지의 지형을 유도탄의 컴퓨터가 기억하여 순항 유도탄을 유도하는 방식입니다. 개발자들은 지형정보를 미리 획득하여 유도탄 내의 컴퓨터에 입력해 놓습니다. 유도탄은 목표물까지 비행하는 동안 레이더 등을 사용하여 지형정보를 획득하고, 그 정보가 자신의 컴퓨터에 있는 자료와 비교하여 자신의 위치가 올바른지를 확인할 수 있는 것입니다. 사람들이 평상시 익숙한 길들은 이미 머릿속에 잘 그려져 있기 때문에 눈대중만으로도 쉽게 목적지를 찾을 수 있는 것과 비슷합니다. 어쨌든 순항 유도탄이 지형대조 항법을 이용하게 되면 여러 가지 이점이 생깁니다. 먼저 지형에 대한 고도 및 형태에 대한 데이터가 존재하므로 순항 유도탄이 최대한 지면 가까이에 밀착하여 비행할 수 있습니다. 즉 유도탄은 산도 넘어갈 수도 있고, 골짜기 사이로도 비행할 수 있습니다. 이와 같이 유도탄이 지면에 붙어 비행하면 적의 레이더망에 노출되지 않고 목표물에 은밀하게 접근할 수 있습니다. 그러나 이러한 지형대조 항법만 있으면 모든 것이 해결되는 것은 아닙니다. 예를 들어 지형대조 항법 방식을 사용하는 순항 유도탄이 사막이나 바다 위를 지나가야 한다고 생각해 봅시다. 사막이나 바다는 지형적 특징이 거의 없습니다. 즉, 1㎞를 가나 10㎞를 가나 지형의 모습이 거기서 거기입니다. 순항 유도탄 입장에서는 지표면 데이터를 얻는다고 하더라도 별 소용이 없습니다. 영화에서 보면 주인공이 사막 한가운데에서 길을 잃어버리는 것과 똑같은 상황입니다. 사방을 둘러봐도 모래언덕뿐이니 길 찾기가 여간 어려운 일이 아닐 수 없습니다. 실제로 이라크 전쟁 당시 미 해군에서는 다량의 토마호크 순항 유도탄을 사용하여 주요 시설물을 정밀 타격하려고 하였으나, 이라크에 워낙 사막지대가 많은지라 지형대조 항법을 사용하는 토마호크 순항 유도탄의 명중률이 떨어질 수 있다고 판단하여 산과같이 특이한 지형이 존재하는 주변국을 돌아서 비행하도록 제어를 하였다고 합니다. 참 이런 것을 보면 철새나 연어들과 같은 동물들의 길 찾기 능력은 존경해줘야 할 것 같습니다.

21

# 잠수함

잠수함은 문자 그대로 물 아래로 잠수하여 항해가 가능한 함정을 말합니다. 함정이 물속에 숨어서 활동할 수 있다는 것은 적대국에 큰 두려움을 안겨줄 수 있습니다. 부쉬넬Bushnel은 1776년 미국 독립전쟁 당시 인류 역사상 최초로 터틀turtle이라는 잠수함을 개발하였습니다. 물속으로 잠항한 터틀은 영국 함선에 조용히 다가가 송곳으로 선저(배 밑부분)를 뚫고 폭약을 설치할 수 있도록 만들어졌습니다. 선저에 설치된 시한 폭약은 터틀이 뒤로 빠지면서 로프를 잡아당긴 후 일정 시간이 지나면 폭발하는 구조였습니다. 실제로 터틀은 허드슨 강의 영국 함정을 상대로 공격을 감행하기도 하였습니다. 그러나 영국 함정의 선저에는 금속판이 붙어 있었기 때문에 선저를 뚫고 폭약을 제대로 설치하지는 못하였습니다. 이 때문에 폭약은 선저에서 이탈된 후 폭발하여 함정에는 치명타를 입히지 못했습니다.

이후 1864년에 미국 남북전쟁 중 헌리Hunley라는 잠수함이 등장합니다. 헌리의 선수에는 돛대 어뢰(spar torpedo)라고 하는 긴 창 모양의 폭약이 존재하였습니다. 헌리는 잠항 후 적 함정에 접근하여 돛대 어뢰로 측면을 찌른 후 후퇴하며 폭약을 폭발시키는 방법을 사용하였습니다. 남군의 헌리는 이 방법으로 북군의 군함 후사토닉Housatonic을 격침하는 수훈을 세웁니다. 헌리는 수중 행동을 통해 적 함정을 공격했다는 점에서 역사적 의미가 있습니다. 하지만 헌리의 추진동력은 100% 인력에 의존하였고 공격수단도 원시적인 방법이었기 때문에 잠수함의 가치를 제대로 보여주기에는 한계가 있었습니다. 잠수함 헌리에 대해 자세히 알고 싶으면 1999년에 개봉한 영화 '헌리호의 최후'를 보시는 걸 추천합니다.

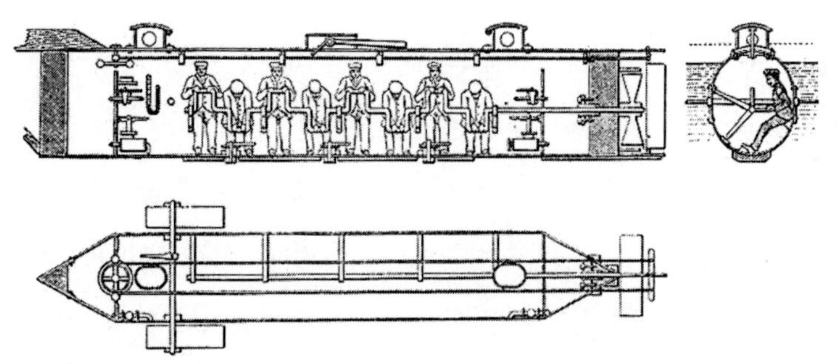

Fig. 175 à 177. — Le *David* de Hunley reconstitué d'après les dessins de M. William-A. Alexander (1863).

미국의 헌리호. 인력으로 크랭크축을 돌려 동력을 얻었습니다. 미국의 헌리호. 인력으로 크랭크축을 돌려 동력을 얻었습니다.

헌리 이후 잠수함에는 3개의 새로운 기술이 접목되어 근대식 잠수함으로 진화합니다. 가장 먼저 거론될 수 있는 기술이 내연기관입니다. 1884년 독일의 다임러Daimler가 가솔린 엔진을 장착한 자동차 제작에 성공한 이후, 잠수함도 가솔린 엔진을 적용하여 생체에너지의 한계를 벗어날 수 있었습니다. 하지만 가솔린 엔진은 반드시 공기가 필요하였으므로 잠수함이 잠항하면 가솔린 엔진을 사용할 수 없었습니다. 따라서 가솔린 엔진에서 생산된 에너지를 저장하였다가 물속에서 사용할 수 있는 장치가 필요했습니다. 이때 연구자들이 주목한 기술이 전지(두 번째 신기술)입니다. 수상에서는 내연기관으로 전지를 충전하였다가 수중에서 방전할 수 있는, 즉 재충전이 가능한 2차 전지를 사용하면 문제를 해결할 수 있었습니다. 다행히 1859년경 프랑스의 프란테Plante가 개발한 납축전지는 열차 등에서 비상전원으로 이미 사용하고 있었기 때문에 잠수함에도 쉽게 적용할 수 있었습니다. 이후에도 납축전지는 지속적인 개량을 거쳐 현대식 잠수함의 추진 전지로 가장 많이 사용하고 있습니다. 최근에는 우리나라를 포함한 잠수함 선진국을 중심으로 납축전지 대비 에너지 밀도가 2~3배 높은 리튬이온전지를 연구하고 있습니다. 잠수함에 적용된 세 번째 신기술이 바로 어뢰입니다. 만약 잠수함에 마땅한 공격무기가 없으면 아무도 잠수함을 두려워하지 않을 것입니다. 잠수함의 공격무기로서 어뢰만한 것이 없습니다. 잠수함이 수중에서 은밀하게 접근하여 어뢰를 쏠 수 있다는 사실만으로도 적에게 충분한 공포를 줄 수 있습니다. 실제로 잠수함이 발사한 어뢰 한 발이면 아무리 튼튼하게 건조된 함정이라도 두 동강 낼 수 있습니다. 어뢰에 대한 이야기는 다음 장에서 더 자세히 이야기하도록 합시다.

실제로 1897년 아일랜드계 미국인 존 필립 홀랜드John Philip Holland라는 사람이 가솔린 엔진을 납축전지와 결합하여 근대식 잠수함을 설계하였습니다. 그 당시에는 정말 천재적인 발상이었습니다. 홀랜드가 제안한 초기모델은 영국해군을 공격할 목적으로 제작되었습니다. 하지만 이 놀라운 발명품에 적국이었던 영국 정부조차도 감탄했고, 다른 잠수함들을 제쳐둔 채 '홀랜드' 잠수함을 영국해군에 들여왔습니다. 그러나 그러한 장점에도 불구하고 이 잠수함에는 결점이 하나 있었습니다. 그것은 잠수함의 주 연료인 가솔린이 너무 쉽게 폭발할 수 있다는 것이었습니다. 그래서 더 안전하면서도 안정성이 높은 연료가 필요하였고, 가솔린 대신 디젤 연료를 사용하는 엔진을 장착하게 됩니다. 디젤은 가솔린에 비해 휘발성도 약하고 발화점도 높기 때문에 취급이나 보관이 더 안전하였습니다. 1903년 프랑스 잠수함이 디젤 연료를 처음 사용했고, 이후 1차 및 2차 세계대전 동안 거의 모든 잠수함이 디젤 엔진으로 발전기를 돌려 납축전지를 충전하는 방식을 사용하였습니다. 그러나 디젤엔진+납축전지 잠수함에도 한계가 있었습니다. 잠항 중 납축전지가 완전히 방전되면 수면 위로 부상한 후 디젤엔진을 가동하여 납축전지를 충전해야 한다는 것이었습니다. 디젤엔진 역시 동력을 얻으려면 공기가 필요했기 때문에 어쩔 수 없었습니다. 잠수함은 물속으로 잠항하면 찾아내기가 아주 힘들어지지만, 반대로 수면 위로 부상하면 "날 죽여줘요"라고 외치는 선박에 불과합니다. 실제로 디젤엔진+납축전지 잠수함은 전지를 충전하다가 정찰기에 의해 발각되는 사례가 많이 있었습니다.

2차 세계대전 동안 독일 U보트의 활약으로 디젤엔진+납축전지 잠수함의 무서움은 전 세계에 알려지게 되었습니다. 하지만 종전과 함께 이 잠수함의 전성기도 내리막길을 걷기 시작했습니다. 미국은 잠수함이 더는 공기에 의존하면 안 된다고 생각하였습니다. 미국은 잠수함의 은닉성을 최대로 끌어올릴 수 있도록 새로운 에너지원을 생각해 내었습니다. 그래서 만든 것이 바로 핵연료를 사용하는 핵 추진 잠수함입니다. 핵 추진 잠수함은 우라늄의 핵분열 반응으로 생성되는 에너지를 이용하여 잠수함을 추진하므로 공기가 불필요합니다. 인류 최초의 핵 추진 잠수함은 1955년 미국에서 만든 노틸러스Nautilus 호[22]입니다. 더 이상 잠수함은 전지를 재충전하기 위하여 수면 위로 올라갈 필요가 없었습니다. 승조원만 견딜 수 있다면 수중에서 무한정 작전을 수행할 수 있었습니다. 그런 의미에서 노틸러스 호는 잠수함의 역사에 획기적인 선을 그었다고 평가할 수 있습니다.

지난 150년간 잠수함은 에너지 측면에서 큰 발전이 있었다고 말할 수 있겠으나, 잠수함의 잠항과 부상은 예나 지금이나 똑같은 원리를 기반으로 하고 있습니다. 잠수함이 물에 뜨거나 가라앉기 위

22) 이 잠수함의 이름은 쥘 베른이 지은 1870년 소설 『해저2만리』의 네모 선장이 가진 가상의 잠수함인 노틸러스 호에서 가져왔습니다.

해서는 잠수함에 작용하는 두 가지 힘, 즉 중력(가라앉는 힘)과 부력(뜨는 힘)을 적절히 조절할 수 있어야 합니다. 중력은 뉴턴 덕분에 쉽게 받아들일 수 있는 개념입니다. 질량 m인 물체는 중력가속도 g에 의해 지구 중심방향으로 F=mg만큼의 힘을 받게 됩니다. 부력(buoyancy)은 물체가 물이나 공기 중에서 뜰 수 있게 해 주는 힘입니다. 부력이라고 하면 그리스의 수학자이며 물리학자인 아르키메데스Archimedes가 떠오릅니다. 아르키메데스는 그 옛날 지레의 원리와 부력의 원리를 최초로 규명하였으며, 화학과 공학 기술을 접목하는데 이바지한 인물입니다. 그가 과학사에서 특별한 의미가 있는 것은 자신이 창안한 이론을 검증하는 데 실험이나 발명을 이용했기 때문입니다. 또한, 기본적인 물리적 현상들을 표현할 수 있는 수학이 존재한다고 인식함으로써 과학시대의 출발을 유도하였습니다. 목욕탕에서 발견한 부력의 원리는 이미 많은 사람이 알고 있는 이야기입니다. 요약하자면 물이 가득 담긴 상자가 있다고 합시다. 그 통에 물체를 넣으면 그 물

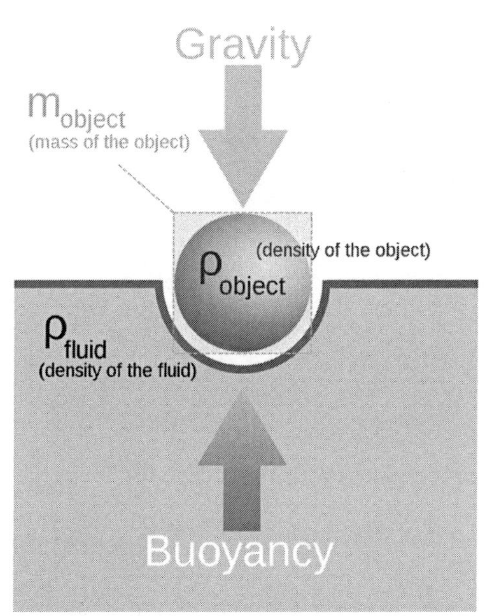

부력의 원리. 서로 다른 유체의 밀도 차이가 부력을 만들어 줍니다.

체의 부피만큼 물이 상자 바깥으로 쏟아져 나올 것입니다. 부력은 그 물체가 담기면서 밀어낸 물의 무게만큼 중력과 반대 방향으로 물체에 작용하게 됩니다. 예를 들어 사람이 물에 빠져 있다면 몸의 부피 만큼에 해당하는 물의 무게가 사람을 위로 올리는 힘이 작용한다는 이야기입니다. 이런 물리적 의미를 수학적 식으로 표현하면 아래와 같습니다.

$$F = \rho g V$$

여기서 F는 부력, ρ는 빠져나간 물의 밀도, V는 사람의 체적, g는 중력가속도를 의미합니다. 이때 부력은 물속에 잠긴 체적의 중심(체심)에서 작용합니다. 체심은 다른 말로 부력중심이라고도 합니다. 위에서는 단지 물에 대해서 한정 지어 이야기하였지만, 실제로는 모든 유체에서 부력의 원리를 적용할 수 있습니다. 예를 들어 지구상의 모든 인간은 공기 속에 있기 때문에 공기로부터 부력을 받고 있습니다. 다만 공기의 밀도가 지극히 작기 때문에 공기의 부력에 의해 작용하는 힘도 적습니다. 따라서 우리가 부력을 느끼지 못할 뿐입니다. 만약 사람보다 무게가 훨씬 가벼운 헬륨 풍선이 공기 중에 있다고 생각해 봅시다. 헬륨은 공기보다 밀도가 작기 때문에 공기의 부력에 의한 힘을 받아 하늘로 올라갈 수 있습니다.

다시 잠수함의 부력 이야기로 돌아갑시다. 잠수함은 물속에 숨어 있다가 필요하면 물 밖으로 다시 부상하는 능력이 필수적입니다. 잠수함에는 지구 중심방향으로 중력이 작용하고, 수직 위의 방향으로 부력이 작용하게 됩니다. 상식적으로 중력이 부력보다 크면 잠수함은 아래로 가라앉고, 부력이 중력보다 크면 위로 뜨게 됩니다. 만약 중력과 부력이 똑같다면 잠수함은 물속에서 움직이지 않을 것입니다. 이것은 마치 비행기가 중력과 양력이 같아져서 일정 고도를 유지하며 순항하는 것과 같습니다. 단지 양력이 부력으로 바뀌었을 뿐입니다. 이러한 기본적인 원리가 잠수함의 심도를 조절할 수 있게 합니다.

수중에서 잠수함의 무게는 거의 일정하므로 잠항 및 부상을 위해서는 수중에서 부력을 제어할 수 있어야 합니다. 그러나 잠수함의 무게와 잠수함에 가해지는 압력을 고려한다면 부력을 제어하는 것이 생각만큼 쉬운 일은 아닙니다. 특히 헌리와 같은 초기 잠수함에서는 잠수 후 다시 수면 위로 부상하는 문제가 제일 중요했습니다. 잠수함이 다시 수면 위로 떠오르기 위해서는 잠수함의 부피와 무게를 잘 계산해서 설계해야 했기 때문입니다.

잠수함은 깊이 잠수할수록 수압 때문에 선체가 중심 방향으로 조금 찌그러집니다. 그러나 수압에 의한 체적 변화가 거의 없으니 잠수함에 작용하는 부력은 깊이와 관계없이 같다고 가정할 수 있습니다. 그럼 잠수함에서 제어할 힘은 중력밖에 없습니다. 물속에서 잠수함의 무게를 바꿀 방법은 무엇일까요? 간단합니다. 바로 바닷물을 이용하여 잠수함의 질량을 변화시키는 것입니다. 잠수함에는 밸러스트 탱크ballast tank라고 부르는 일종의 물탱크가 설치되어 있습니다. 만약 아래로 내려가고 싶으면 펌프로 밸러스트 탱크에 물을 채웁니다. 그렇게 되면 전체 질량이 증가하게 되고 중력이 부력보다 커져 잠수함이 아래로 내려가게 됩니다. 반대로 잠수함을 위쪽으로 상승시키고 싶으면 밸러스트 탱크의 바닷물을 배출하면 됩니다.

어차피 잠수함 주위에는 물이 많고 압력도 존재하기 때문에 밸러스트 탱크에 해수를 채우는 것은 쉬운 일입니다. 하지만 잠수함이 처음 개발될 당시에는 밸러스트 탱크에서 해수를 배출하는 것은 상당히 어려운 기술이었습니다. 그 해결책은 1888년 프랑스에서 나왔습니다. 프랑스는 세계 최초로 압축공기를 이용하여 밸러스트 탱크 내의 해수를 외부로 배출하는 기술을 개발하였습니다. 이 방법으로 인해 잠수함은 빠르고 정확하게 수면으로 부상할 수 있게 되었습니다. 오늘날에도 중력과 부력계산은 잠수함 건조에서 중요한 설계 요소입니다. 특히 잠수함 개발에 있어 무게 관리는 매우 중요합니다. 개발자들은 잠수함의 건조 중량을 정확히 확인하

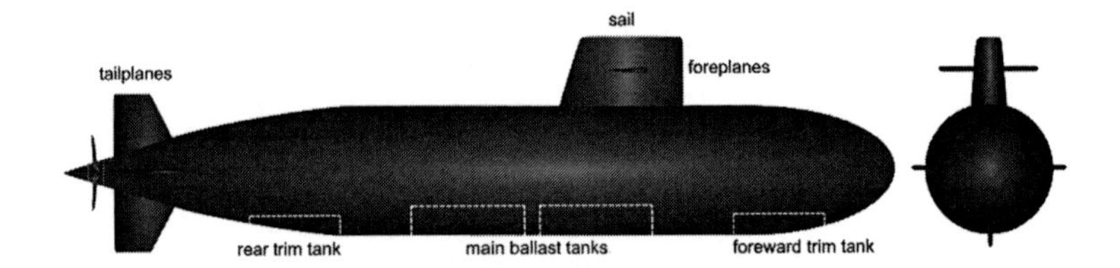


잠수함의 각종 탱크들(tanks)과 조종날개들(planes)

기 위하여 잠수함에 탑재되는 모든 장비에 대한 무게를 잽니다. 심지어 잠수함에 사용되는 볼트 및 너트, 케이블, 파이프 길이까지 계산하여 무게를 확인합니다. 이렇게 해야 잠수함에 필요한 밸러스트 탱크의 용량을 설계할 수 있습니다.

프랑스 덕택에 잠수함의 잠항·부상은 쉽게 제어할 수 있게 되었습니다. 하지만 잠수함이 수중에서 3차원으로 항해하는 것은 잠항과 부상과는 또 다른 문제입니다. 비행기가 에어론, 러더, 엘리베이터와 같은 조종날개를 사용하여 3차원 운동을 할 수 있듯이, 잠수함에도 비슷한 기능을 하는 조종날개가 필요합니다. 잠수함의 조종날개는 1893년 프랑스 개발자에 의해 잠수함에 처음으로 적용되었습니다. 라이트 형제가 1903년 조종이 가능한 동력 비행기를 발명하였으니, 잠수함은 그보다 10년이나 앞서 있었습니다. 조종날개 적용 이후 잠수함은 심도를 변경하기 위하여 부력을 제어하기보다는 중성 부력[23]을 유지한 채 함수와 함미에 설치된 수평타(조종날개)를 조작합니다. 수평타는 물고기 지느러미처럼 작용하여 잠수함의 기동성을 놀라울 정도로 향상해 주었습니다. 이 덕분에 잠수함은 물이라는 공간에서 전후좌우 방향으로 빠르게 움직일 수 있습니다. 다만 잠수함이 수중에서 정지한 상태에서는 조종날개를 이용한 운동이 불가능합니다. 비유하자면 정지하고 있는 선박에서 방향키를 아무리 움직여도 방향이 바뀌지 않는 것과 똑

23) 중력과 부력이 같은 상태

같은 상황으로 볼 수 있습니다. 만약 정지된 상태라면 수평타보다는 밸러스트 탱크를 이용해야 심도조절을 해야 합니다. 이렇게 보면 밸러스트 탱크는 비행기에서 양력을 조절하는 플랩frap과 유사한 기능을 가집니다. 또한, 수평타는 비행기의 엘리베이터elevator와 비슷하다고 생각하면 됩니다. 잠수함은 조종날개 덕분에 수중에서도 역동적인 운동을 할 수 있게 되었고, 2차원 운동을 하는 함정과의 싸움에서도 공간적 우위를 점할 수 있습니다. 결론적으로 잠수함은 바닷속을 날아다니는 전투기로 보셔도 무방합니다. 이처럼 인간이 가기 힘든 공간에 운용되는 무기(전투기와 잠수함)일수록 전쟁에서 전략적/전술적 가치가 큽니다.

잠수함에는 밸러스트 탱크 이외에도 함수와 함미에 트림 탱크trim tank가 설치되어 있습니다. 트림 탱크는 내부에 포함된 해수를 함수 혹은 함미로 이동하여 잠수함의 수평을 맞추거나 그 반대의 역할을 합니다. 일종의 시소seesaw 원리와 같습니다. 잠수함이 앞뒤가 불균형 상태로 운행될 경우에는 치명적인 사고로 이어질 수도 있기 때문에 출항 이전에 잠수함 내 적재된 물품의 위치와 중량에 따른 트림 북trim book을 작성하여 수평을 관리합니다. 그러나 비상시 잠수함의 급부상이나 급하강이 필요하다고 판단되면 함수와 함미의 트림 탱크를 비대칭적으로 운용하여 잠항이나 부상 각도를 크게 할 수 있습니다. 심지어 2차 세계대전 당시에는 잠수함의 승조원까지 함수나 함미로 이동하여 트림 조절의 효과를 극대화했습니다. 독일 U보트와 관련된 영화인 '특전 U보트'나 'U-571'

를 보면 잠수함이 긴급 잠항이나 부상할 때마다 승조원들이 앞뒤로 열심히 뛰어다니는 것을 볼 수 있습니다.

밸러스트 탱크, 트림 탱크 이외에도 중력보상 탱크가 있습니다. 앞서 설명해 드렸듯이 잠수함이 수중에서 항해하기 위해서는 중성 부력을 유지해야 합니다. 잠수함의 중성 부력을 유지하기 위해서는 잠수함의 중량 변화와 잠수함의 부력 변화를 항시 감시해야 합니다. 먼저 잠수함의 중량은 연료유와 윤활유의 소모, 식재료의 소모, 어뢰/기뢰의 발사에 따른 소모, 오수 등의 배출 등에 따라 시시각각으로 변화될 수 있습니다. 잠수함의 부력 역시 운행하고 있는 해수의 밀도 변화에 영향을 받을 수 있습니다. 예를 들어 잠수함이 진해항을 떠나 낙동강 하구로 가야 한다고 가정합시다. 제일 먼저 잠수함은 진해 앞바다에서 잠항한 후 중성 부력을 유지할 것입니다. 그 심도로 잠수함이 낙동강 하구에 다다르면 어떻게 될까요? 낙동강 하구 근처는 해수의 염도가 낮아져서 잠수함의 부력은 줄어들게 됩니다. 결국, 잠수함은 중성 부력을 유지하지 못하고 물아래로 가라앉을 것입니다. 극단적인 비유지만, 실제로 해수의 밀도는 지역에 따라 조금씩 차이가 납니다. 따라서 잠수함의 중량과 부력의 변화를 확인하여 중량보상탱크에 있는 해수를 배출 혹은 보충함으로써 중성 부력을 유지하도록 하는 것이 중량보상탱크의 임무입니다.

이제 잠수함의 선체에 대한 이야기로 넘어가 보도록 합시다. 고등학교에서도 배웠듯이 압력은 수심이 10m 깊어질수록 약 1기압씩 증가합니다. 예를 들어 수심 200m에서 잠항 중인 잠수함은 20기압 정도의 압력을 받고 있습니다[24]. 이러한 압력을 극복하기 위해서는 잠수함에 사용되는 철판의 두께를 증가해야 합니다. 하지만 무게 때문에 무조건 두껍게 만들 수는 없습니다. 이 문제는 잠수함의 선체를 둥근 형태로 만들어서 해결할 수 있습니다. 원기둥 형태의 선체는 잠수함에 가해지는 힘을 분산시킬 수 있습니다. 잠수함이 잠수 시 외부 압력 변동에 영향을 받지 않도록 공간을 형성하는 원통형의 선체 부분을 압력 선체(pressure hull)라고 합니다. 압력 선체가 제공하는 공간에는 승조원이 활동하고 각종 장비가 설치됩니다. 그런 압력 선체는 진짜로 동그랗게 제작해야 합니다.[25] 그렇지 않으면(진원이 아니면) 깊은 심도에서 높은 수압으로 인해 선체가 쉽게 찌그러질 수 있습니다. 따라서 압력 선체는 용접을 할 때도 진원을 유지하기 위하여 엄격한 관리하에 진행합니다. 조선소에서도 잠수함 선체에 관련된 용접은 베테랑 작업자가 수행합니다.

잠수함의 내압 구조에서 진원이 중요하지만, 원통형 모양에 새로운 구조물을 추가하여 더 높은 수압을 견디게 만들 수도 있습니다. 그것이 바로 늑골(rib)입니다. 만약 늑골이 없다면 잠수함 선체는 빈 깡통과 비슷해져서 으스러지기가 쉬워집니다. 빈 깡통의 옆을 발로 누르면 쉽게 변형되는 것을 알 수 있습니다. 만약 잠수함도 늑골이 없다면 조그마한 충격에도 빈 깡통처럼 찌그러지기 쉬

24) 우리가 흔히 사용하는 전기압력밥솥의 내부압력이 약 2기압 정도입니다.
25) 진짜 원에 가까운지는 진원도(out of roundness) 측정하여 확인할 수 있습니다.

울 겁니다. 사람의 경우도 늑골(가슴뼈)이 있어서 잠수를 하더라도 피부가 쪼그라들지 않고, 외부 충격에도 중요한 장기를 보호할 수 있습니다. 특히나 잠수함이 적의 어뢰나 기뢰 공격이 받았을 때를 생각한다면 늑골의 존재는 엄청난 차이를 가져옵니다. 실제 실험에 의하면 늑골의 존재 여부가 잠항 깊이 100m 이상 차이를 가져다줍니다. 늑골이 포함된 압력 선체의 등장으로 잠수함은 심해의 높은 수압을 견딜 수 있게 되었고, 적에게는 더욱 무서운 존재가 되었습니다.

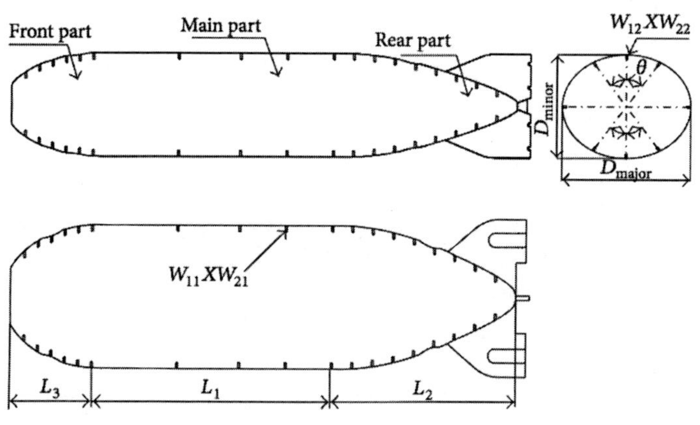

잠수함 압력선체에는 늑골이 존재하여 높은 수압에서도 찌그러지지 않습니다.

이제 잠수함이 빛도 없는 어두운 해저에서 어떻게 적함을 찾아내는지 알아봅시다. 박쥐가 초음파를 이용하듯이 잠수함은 음파를 이용합니다. 잠수함에 장착된 음파탐지기(Sonar, SOund Navigation

And Ranging)는 물속의 레이더라 생각하시면 됩니다. 실제로 음파탐지기와 레이더는 유사한 방식으로 작동합니다. 다만 음파탐지기는 전자기파 대신 음파를 이용할 뿐입니다. 음파의 경우 공기에서 속도가 대략 330㎧(0℃, 1기압 기준) 정도인데 비해, 해수에서는 약 1,522㎧(20℃)로서 거의 4배가 빠릅니다. 이러한 속도 차이가 나는 이유는 바닷물이 공기보다 밀도가 높기 때문입니다. 컴컴한 바닷속에서 훌륭한 눈이 되는 음파탐지기는 1939년 잠수함에 최초 장착되어 목표물을 탐지하고 추적하는 데 사용하기 시작하였습니다.

잠수함 음파탐지기는 능동형 음파탐지기와 수동형 음파탐지기로 구분됩니다. 단어 뜻에서도 유추할 수 있듯이 하나는 적극적으로 작동되는 음파탐지기고, 하나는 소극적으로 작동되는 음파탐지기입니다. 먼저 능동형 음파탐지기는 잠수함에서 '핑' 하는 소리와 함께 음파를 보내면, 목표물에 맞고 튕겨 나오는 음파를 다시 측정하여 방향과 거리를 파악합니다. 레이더가 안테나에서 전자기파를 송출한 후 목표물로부터 반사된 전자기파를 분석하는 원리와 비슷합니다. 바닷물에서 음파의 속도는 이미 많은 실험으로 데이터를 확보하고 있으니까, 음파가 잠수함에서 출발한 시간과 목표물을 맞고 다시 돌아온 시간을 알면 목표물과의 거리를 쉽게 계산할 수 있습니다. 그러나 이러한 능동형 음파탐지기는 잠수함 자체에서 먼저 소리를 밖으로 내보내야 하므로 나의 위치가 적에게 노출될 수 있습니다. 은닉성이 생명인 잠수함에서 먼저 소리를 밖으로 보내는 것은 "나 여기 있어요"와 같기 때문에 실제 전투에서 많이 사용하지는 않습니다.

이에 반해 수동형 음파탐지기는 귀를 쫑긋 세우고 바닷속을 향해하는 것과 같습니다. 바닷속에서 움직이는 기계장치라면 소리가 발생하지 않을 수 없습니다. 사람의 목소리나 악기의 소리도 고유한 특성이 있듯이, 기계장치에서 발생하는 음도 고유한 특성이 있습니다. 잠수함의 음파탐지기로 수신되는 데이터를 주파수 대역으로 분석해보면[26] 음파의 고유특성을 찾아낼 수 있습니다. 이러한 특성은 지문과 같아서 똑같은 모양의 기계장치라 할지라도 모두 다르게 나타납니다. 손가락의 끝부분에 있는 곡선 무늬를 '지문'이라 하듯이, 기계장치(특히 잠수함이나 함정)의 음파 특성을 '음문'이라 부릅니다. 또한, 음문의 분석 결과들을 모아둔 데이터베이스를 카탈로그 데이터catalog data라고 합니다. 잠수함이 수동형 음파탐지기로 획득한 데이터와 사전에 수집·분석해 둔 데이터와 비교해 보면 '이 음파를 송출하는 기계장치가 무엇인지'를 알 수 있습니다. 그래서 잠수함에도, 잠수함을 잡는 대잠부대에도 '카탈로그 데이터를 얼마나 축적할 수 있는가?'가 대단히 중요합니다. 즉 음문의 빅데이터big data가 필요한 것입니다. 실제로 음문 수집을 위해 미국의 임페커블Impeccable, 일본의 하리마はりま 및 히비키ひびき 등과 같이 세계 바다를 돌아다니면서 음파 데이터만 전문적으로 수집하는 함정들이 존재합니다.

26) 음파를 주파수 성분으로 구분한 후, 주파수마다 음의 세기를 분석하는 방법.

이러한 이유로 잠수함은 음을 외부로 방출하는 것을 극도로 싫어합니다. 잠수함 승조원들은 출항을 하면 가죽구두를 벗고 운동화로 바꾸어 신으며, 함 내 바닥에는 방음용 매트mat를 깔기도 합니다. 또한, 원하지 않은 이유로 문이 "쾅" 하고 닫히는 것을 방지하기 위하여 특별한 이유가 아닌 이상 문을 개방한 상태로 고정합니다. 이외 적재 물건들에 대해서도 잠수함의 움직임에 의해 떨어지거나 부딪치지 않도록 단단히 고정해 둡니다. 그러나 이보다 중요한 것은 잠수함에서 발생하는 소리 들을 원천적으로 작게 만드는 것입니다. 잠수함이 내는 소음에는 몇 가지 종류가 있습니다. 잠수함의 프로펠러가 내는 추진 소음, 잠수함이 바닷물을 가르고 나갈 때 나는 유체 소음, 펌프pump나 팬fan같이 동적 요소에서 내는 기계류 소음, 승조원에 의해 발생하는 천이 소음 등입니다. 연구자들은 잠수함의 프로펠러에서 발생하는 추진 소음을 감소시키기 위하여 날개 수를 기존 5개에서 7개로 증가시키거나 부드럽게 해수를 밀어낼 수 있도록 날개의 형상을 설계합니다. 또한, 유체 소음 감소를 위해서 컴퓨터 시뮬레이션 및 모형선 시험을 반복하여 잠수함 외형을 설계합니다. 기계류 소음 감소를 위해서는 되도록 소음이 적은 기계를 사용하며, 만약 기계에서 진동이나 소음이 발생하더라도 선체를 통해 해수로 전달되지 않도록 동적 기계와 선체 사이에 쇼크 마운트shock mount라는 흡수 장치를 장착합니다. 잠수함 외관에는 선체까지 전달된 소음이 해수로의 전달을 최소화하기 위하여 고무 타일이 부착됩니다. 고무 타일은 에너지를 약하게 하거나 에너지를 흡수해 버리기 때문에 고무 타일을 부착한 잠수함을 음파탐지기로 찾기는 어려워집니다. 그러나 아무리 최신 기술들로 무장한다 하더라도 잠수함을 소리로부터 완전히 숨길 수는 없었습니다. 적함을 만나면 불필요한 기계의 작동을 중단하는 게 상책입니다. 심지어 식료품을 보관하고 있는 냉장고나 냉동고도 정지해 버립니다. 이것은 보이지 않는 소음과의 전쟁입니다.

일반적으로 핵 추진 잠수함은 핵 반응기(nuclear reactor)를 안전하게 유지하기 위하여 각종 유체기계들이 쉬지 않고 운전되고 있기 때문에 소음이 크다고 알려져 있습니다. 특히 상대적으로 기술력이 낮은 중국의 경우, 한급 핵 추진 잠수함의 소음이 140dB 수준

암초 충돌 후 함수 쪽 음파탐지기(소나)가 손상된 USS 샌프란시스코 잠수함(SSN-711). 구형의 음파탐지기는 신호처리를 통해 전방위 탐지 및 추적이 가능합니다.

으로 매우 시끄러운 축에 속합니다. 그 덕분에 성능 좋은 음파탐지기로는 500㎞ 이상 떨어진 곳에서도 한급 핵 추진 잠수함을 식별할 수 있습니다. 이에 반해 디젤 전기 추진식 잠수함은 물속에서 2차전지로 동력을 얻기 때문에(동적 요소가 없기 때문에) 핵 추진 잠수함 대비 아주 조용합니다. 우리나라가 보유하고 있는 209급 잠수함의 소음은 100~110㏈ 수준으로 아주 근거리까지 접근해야지만 식별할 수 있다고 합니다. 과거 림팩RIMPAC 훈련 당시 미국의 항공모함이나 이지스함이 가까이 접근하는 우리나라의 장보고급(209급) 잠수함을 탐지하지 못했던 것도 이 때문입니다. 그러나 미국에서 가장 최근에 개발한 버지니아Virginia급 핵 추진 잠수함의 소음은 매우 조용하여 209급과 비슷하다고 평가되고 있습니다. 소음과의 전쟁에서 승리하기 위해서 잠수함은 적은 소리를 내고, 성능이 뛰어난 음파탐지기를 장착해야 합니다.

그럼 잠수함은 음파탐지기를 사용하여 어떻게 상대방의 방향을 찾을 수 있을까요? 초창기 잠수함에는 수동형 음파탐지기가 평면 모양이었습니다. 이 음파탐지기는 기계장치에 의해서 회전할 수 있었습니다. 즉 음탐병은 함 내에 있는 핸들을 조작하여 함 외의 음파탐지기를 회전하여 음파가 발생하는 방향을 확인할 수 있었습니다. 만약 핸들을 돌리다가 어떤 방향에서 프로펠러가 돌아가는 소리가 들려온다면, 그 방향에 어디쯤 상대방이 있다는 것입니다. 그러나 한 방향에 대한 음파 정보만 획득할 수 있었으므로 전 방위에 대한 감시 및 추적은 불가능하였습니다. 지금은 기술이 발전하여 대부분 잠수함은 함수에 원통형이나 구형의 소나를 장착하고 있습니다. 둥근 형상 표면에 부착된 여러 개의 음향 센서가 시차를 두고 도착하는 음파를 확인한 후 신호 처리하면 적 함정의 거리와 방향을 알아낼 수 있습니다. 음향 센서가 전 방위에 설치되어 있기 때문에 모든 방향에 대해 탐지가 가능하였습니다. 따라서 2차 세계대전 때처럼 더는 음탐병이 손잡이를 돌릴 필요가 없어졌습니다.

## 22

# 어뢰

어뢰(魚雷)를 뜻하는 영어단어 'Torpedo'는 나폴레옹 전쟁 당시 잠수함과 기뢰를 나폴레옹에게 팔아먹으려 했던 미국의 발명가 로버트 풀턴Robert Fulton이 해군용 기뢰를 시험하면서 최초로 사용하였습니다. 사실 본래의 뜻은 전기를 방출하여 적을 무력하게 만드는, 즉 적을 깜짝 놀라게 하는 '전기메기'에서 유래하였습니다. 어떤 자료에서는 '간담을 서늘하게 하다'라는 뜻이 있다고도 합니다. 어쨌든 간에 현대사회에서 어뢰란 해전에서 적의 함정을 가장 효과적으로 공격할 수 있는 무기로서, 잠수함을 포함한 해군 관련 무기체계에 장착되어 있습니다.

어뢰는 보통 그 크기와 위력에 따라 중어뢰(heavyweight torpedo)와 경어뢰(lightweight torpedo)로 나눕니다. 단어 뜻에서도 알 수 있듯이 중어뢰가 경어뢰보다 크기가 크며 폭발 위력도 강합니다. 만약 중어뢰 한 발을 제대로 맞는다면 수천 t의 함정이라도 단번에 물속으로 가라앉을 수 있습니다. 흔히 사람들은 중어뢰 공격으로 격침되는 함정을 보고 '원-투-제로' 라고 말합니다. 처음에 목표물은 하나로 보이는데, 중어뢰를 맞으면 두 개로 분리되고, 마지막에는 물속에 가라앉아 눈에 보이지 않는다는 것을 표현한 것입니다. 2010년 우리나라의 천안함이 북한의 중어뢰에 피격되어 침몰한 것을 보면 중어뢰 한 발의 위력이 어느 정도인지 알 수 있습니다.

1875년 시험용 어뢰 옆에 서 있는 로버트 화이트헤드(우)와 그의 아들(좌)

세계 최초의 중어뢰는 영국의 연구자 로버트 화이트헤드Robert Whitehead에 의해 개발되었습니다. 1864년 화이트헤드는 오스트리아Austria 해군으로부터 폭발물을 싣고 스스로의 힘으로 조종하며 추진되는 작은 배를 만들어 달라는 의뢰를 받습니다. 화이트헤드는 먼저 모형을 만들어 본 후, 이것이 실현 가능성이 없음을 판단하고 오스트리아 해군의 요청을 거절합니다. 그 대신 자신이 고안한 새로운 장치를 만들기 시작하게 됩니다. 화이트헤드에 의해 1866년에 모습을 드러낸 신형무기는 길이 약 4m, 지름 360㎜이며 앞부분에 채운 8kg의 다이너마이트를 포함하여 무게가 약 135kg 정도였습니다. 새로운 어뢰는 유선형으로 생긴 기다린 동체에, 전방에 신관부와 폭약이 장착되고, 중간부에 추진기관과 프로펠러가 장착된, 현대식 어뢰의 모든 형태를 그대로 갖추고 있었습니다. 다만 어뢰의 속도가 6.5노트(12.0km/h)에 불과하였고, 사정거리도 180~640m 정도에 불과하였습니다. 더욱이 자세안정화장치가 없던 시기였으므로 제대로 직진하지 못하고 제멋대로 진행 각도를 바꾸는 일이 허다하였습니다. 다행히 1895년에 자이로스코프가 개발되어 어뢰의 진행 방향을 제어할 수 있게 되었습니다. 그 덕분에 어뢰는 무기로서의 존재감을 조금씩 드러낼 수 있었습니다.

이후 발전을 거듭한 어뢰는 실용화 단계에 도달하였습니다. 초창기는 무장이 빈약한 구축함이 거포를 장착한 대형전함이나 순양함을 공격하기 위해 어뢰를 사용하였습니다. 이윽고 1900년부터는 홀랜드Holland급과 같은 실용 잠수함이 등장하면서 자연스럽게 잠수함의 주력 무기로 사용하기 시작했습니다. 1차 세계대전의 종전 이후, 중어뢰 개발자에게 던져진 숙제 중의 하나가 새로운 신관시스템의 개발이었습니다. 기존의 중어뢰는 충격식 신관을 장착하고 있었으므로, 중어뢰가 무조건 적함에 직접 타격될 때만 폭발을 일으켰습니다. 바꾸어 생각해보면 충격식 어뢰가 적함에서 1㎝만 빗나가도 그 어뢰는 무용지물이 되어 버립니다. 아울러 어뢰 발사 때문에 나의 위치가 노출되어 적함에 즉시 반격당할지도 모릅니다. 이미 중어뢰 개발자들은 같은 폭약량이라 할지라도 적함을 직접 타격하는 어뢰보다 적함 밑 수중에서 폭발하는 어뢰가 2~3배 이상 더 큰 피해를 준다는 것을 이미 알고 있었습니다. 이러한 어뢰를 침저(沈底)어뢰라고 합니다. 우리나라의 백상어, 독일의 SUT 어뢰와 같이 현대식 잠수함에서 사용되고 있는 대부분 중어뢰는 침저 어뢰라고 생각하시면 됩니다. 2010년 북한이 천안함을 공격할 때 사용했던 중어뢰도 같은 종류일 것으로 판단하고 있습니다.

미국의 MARK 48 중어뢰의 위력. 중어뢰 한 발이면 함정을 두 동강 낼 수 있습니다

침저어뢰는 적함 바로 밑에서 폭발해야 큰 피해를 줄 수 있습니다. 따라서 개발자들은 기동 중인 어뢰 바로 위에 적함이 있다는 사실을 확인할 수 있는 방법이 필요하였습니다. 만약 여러분이 1차 세계대전 당시의 독일 기술자였다고 하면 과연 어떠한 방법으로 이 문제를 해결하려고 했을까요? 독일 중어뢰 개발자들은 대부분의 함정이 철(鐵)을 사용하여 건조되는 점에 착안하였습니다. 철은 자성체(磁性體)로서 자석에 붙는 성질이 있습니다. 고등학교 물리실험에서도 알 수 있듯이 자성체는 상대적인 운동을 통해 코일에 유도전류가 발생할 수 있습니다. 어뢰 탄두에 위치한 신관은 철과 같은 자성체에 감응할 수 있는 수색(搜索)코일이 일정한 거리를 두고 2개가 존재하는데 첫 번째 코일에 유도전류가 관측되고 조금 있다가 두 번째 코일에 유도전류가 관측되는 순간 표적물이 머리 위에 있다는 것을 알고 폭발명령을 줍니다. 이러한 것을 자기신관이라고 합니다. 자기신관은 강철 덩어리인 수상함의 자기장의 변화 패턴을 포착하여 중어뢰가 가장 효과적으로 폭발할 수 있는 위치와 시간에 선저폭발을 일으킬 수 있습니다. 자기신관이 장착된 어뢰는 300kg의 탄두 중량만으로 배수량 10,000t급의 선박을 한 발에 격침할 수 있었습니다. 만약 기존의 접촉신관을 사용할 경우라면 2~3발의 명중탄이 필요할 수 있습니다. 앞에서 말씀드렸듯이 타격형 무기체계에서는 신관이 똑똑해야 합니다.

어뢰의 추진 방식에도 많은 발전이 있었습니다. 1866년 화이트헤드가 개발했던 어뢰는 압축 공기 자체가 에너지원이었습니다. 즉 압력용기에 공기를 고압(약 2.55MPa)으로 압축하여 놓았다가, 어뢰 발사 시 피스톤 엔진에 압축공기를 공급하며 추진력을 얻는 방식입니다. 그 당시에는 내연기관과 관련된 기술이 거의 없었으므로 그냥 압축공기를 이용하여 피스톤을 운동시킨 겁니다. 벤츠Benz와 다임러Daimler가 1900년대에 세계최초로 가솔린 자동차를 개발하였으니, 1860년대의 추진기술 수준이 어느 정도였는지는 말 안 해도 될 듯합니다. 당연한 이야기겠지만 공기를 더 고압으로 저장할수록 어뢰를 더 멀리 보낼 수 있었습니다. 화이트헤드도 압력용기의 저장압력을 높이려는 노력을 계속하였습니다. 결국, 그는 1906년에 압축공기를 이용한 추진 방식으로 35노트(65㎞/h)의 속도로 약 1000m까지 추진 가능한 어뢰를 개발하였습니다.

기술이 발전함에 따라 화이트헤드의 회사에서는 기존 압축공기 방식에 새로운 아이디어를 추가하여 새로운 추진방식인 열기관을 개발하게 됩니다. 이것은 공기에 케로신kerosene 같은 액체 연료를 분사하여 연소시키는 방식입니다. 열기관은 연소에 의한 고온·고압의 연소 가스를 이용할 수 있었기 때문에 압축공기 방식보다 출력이 향상되었습니다. 그렇다고 해서 출력 증가를 위해 무작정 연소 가스의 온도를 증가시킬 수는 없습니다. 연소실 온도가 지나치게 상승하면 열기관에 사용된 재료가 녹기 시작하면서 파손될 수 있습니다. 이러한 문제를 해결하기 위하여 1908년 영국에서는 습식 열기관(wet-heater)방식을 제안합니다. 습식 열기관은 뜨거워진 연소실을 바닷물로 냉각시키는 것이 중요한 특징입니다. 냉각으로 인해 연소실 온도를 낮게 유지할 수 있기 때문에 더 많은 연료를 마음 놓고 분사할 수 있었습니다. 따라서 기존 열기관 방식보다 더 높은 출력을 얻었습니다. 그뿐만 아니라 바닷물로 뜨거워진 연소실을 냉각하는 과정에서 고압의 증기가 생성하여 추가적인 출력도 얻을 수 있었습니다. 이와 같은 장점 때문에 1차 세계대전과 2차 세계대전 당시에는 습식 열기관 방식을 채택한 어뢰가 많았습니다.

습식 열기관 방식에 더해 압축산소를 사용하면 어뢰의 추진력을 증가할 수 있습니다. 보통의 공기에는 산소가 21%밖에 존재하지 않습니다. 만약 100% 산소를 어뢰의 산화제로 사용한다면 공기를 사용할 때보다 더 높은 출력을 얻을 수 있습니다. 이런 이유로 1930년대 일본의 어뢰 개발자들은 압축산소를 이용한 Type 93(Long Lance)이라는 장거리 중어뢰[27]를 개발하였습니다.

습식 열기관을 채택한 대부분의 중어뢰는 잠수함을 따라잡기 위하여 빠른 속도를 장점으로 내세우고 있습니다. 하지만 어뢰의 속도가 빠른 대신 단점도 있습니다. 첫째로 열기관에서 나오는 배기가스는 어뢰가 바닷물 속을 이동하는 동안 기다란 거품 항적을 남깁니다. 이 때문에 주간에는 어뢰의 이동이 쉽게 관측될 수 있었으며, 견시병[28]에 의해 일찍 발견되었을 경우에는 회피기동을 통해 어뢰의 공격을 피할 수 있었습니다. 둘째로 배기가스 배출 시 발생하는 소음 때문에 음파탐지기에 의해서 쉽게 발각될 수 있었

27) 어뢰의 연료로 메탄올(methanol) 혹은 에탄올(ethanol)을 사용하였습니다.
28) 함정에서 바다를 보며 감시/정찰하는 병사

습니다. 또한, 열기관 동작 시 동적 요소들이 많아 상대적으로 높은 소음이 발생하였습니다. 이것은 "내가 공격하러 가는 중이요."라고 외치며 이동하는 것이나 다름없었습니다. 셋째로 수심이 깊을수록(외부압력이 증가할수록) 배기가스 방출능력이 낮아져 열기관의 출력이 줄어들었습니다. 넷째로 습식 열기관은 구조가 복잡하기 때문에 제작비용이 비싸고, 연료 소모 및 연료의 유동에 따라 어뢰의 무게 중심이 달라질 수 있습니다. 마지막으로 순수한 산소나 과산화수소를 산화제로 사용할 경우, 자칫 잘못하면 어뢰의 폭발로 이어질 가능성이 있습니다.

이러한 단점 중, 습식 열기관에서 발생하는 배기가스에 대해서 다시 한번 생각해 봅시다. 배기가스가 발생하는 주된 원인은 연소 현상 때문입니다. 배기가스에 의한 항적 및 소음 문제를 없애려면 연소 후 발생하는 모든 기체를 액체로 변화시키면 됩니다. 그러나 말이야 쉽지 기체를 액화시키는 것은 엄청난 에너지가 필요합니다. 물의 경우 기체(수증기)를 액체(물)로 쉽게 변화시킬 수 있지만, 이산화탄소나 일산화탄소의 경우에는 그 온도를 극저온으로 냉각해야지 액체로 변화시킬 수 있습니다. 어뢰와 같은 협소한 공간에서 배기가스를 액체로 변환시키려면 고성능 냉장고가 필요하다는 것을 의미합니다. 냉장고를 동작시키기 위해서는 어뢰를 추진하는 것보다 더 많은 에너지가 필요할지도 모릅니다. 이쯤 되면 어뢰 추진용 동력 발생장치로서 습식 열기관 이외에 다른 방식을 생각해 봐야 한다는 결론에 이릅니다. 단, '어뢰 추진 시 배기가스가 발생하지 않을 것'이라는 전제 조건을 만족하는 범위 내에서 선택해야 합니다.

2차 세계대전 당시 인류가 개발해 놓은 동력발생장치는 그렇게 많지 않았습니다. 기껏해야 가솔린엔진, 디젤엔진, 그리고 전지 정도였습니다. 따라서 개발자들이 어뢰용 추진기관으로 선택할 수 있는 후보가 별로 없었습니다. 조금의 상식을 가진 사람이라면 앞서 언급했던 조건을 만족하는 에너지원으로 두말할 것 없이 전지를 지목할 것입니다.

전지도 여러 종류가 있었지만, 독일의 어뢰 개발자들은 납축전지를 선택하여 1930년대 중반부터 중어뢰에 사용하기 시작합니다. 여러분도 자동차용 납축전지를 사용해 보셨겠지만, 납축전지가 사용되는 동안에는 어떠한 기체도 외부로 방출하지 않습니다. 또한, 동적 요소가 없어 소음이 전혀 없습니다. 납축전지와 전기모터로 어뢰를 추진시키면 그야말로 조용하면서도 강력한 어뢰를 적군에게 선물할 수 있었습니다. 독일에서는 중어뢰의 핵심인 납축전지 기술을 확보하고 1940년에 남들보다 한 수 빨리 전동(電動)방식 어뢰인 'G7e/T2'를 배치하기에 이릅니다. 독일이 개발한 G7e 어뢰는 2차 세계대전 동안 U보트의 표준 어뢰로 사용되었습니다. G7e 어뢰의 탄두 중량은 280㎏이었으며 75㎾ 전기모터와 납축전지가 장착되어 약 30노트의 속력을 낼 수 있었습니다.

독일에서 납축전지를 어뢰에 사용함으로써 U보트의 위력은 더욱 막강해졌습니다. 그러나 납축전지에도 문제가 있었습니다. 그것은 바로 납축전지의 출력이었습니다. 지금이야 출력 밀도와 에너지

밀도가 높은 리튬 전지가 존재하지만 2차 세계대전 당시만 하더라도 성능이 낮은 납축전지밖에 사용할 수 없었습니다. 이 때문에 납축전지를 장착한 어뢰의 경우 습식 열기관을 장착한 어뢰에 비교하여 사거리가 짧고 속도도 느렸습니다. 보통 어뢰는 목표물보다 50% 이상 빨라야 공격용 무기로 의미가 있습니다. 목표물과 속도 차이가 별로 없다면 발사된 어뢰가 목표물을 추격하는 데 많은 시간이 소모됩니다. 그동안 어뢰는 가지고 있는 에너지를 모두 소진하고 말 것입니다. 2차 세계대전 직후 디젤 잠수함의 최대 속도가 약 20노트였으므로, 어뢰의 속도가 30노트 정도면 충분했습니다. 하지만 핵 추진 잠수함이 출현하면서 30노트가 넘는 순항속도를 확보하자, 어뢰 역시 50~60노트 이상의 속도를 가져야만 했습니다. 특히 1970년대 초에 등장한 러시아의 핵 추진 잠수함은 잠항심도가 700m 이상이고 최고속도가 40노트 이상이라서 기존의 전동방식 어뢰로는 더는 대응할 수 없게 되었습니다. 따라서 미국과 유럽 국가들은 앞다퉈 고속 어뢰를 개발하기 시작하였습니다. 당시의 전지 기술로는 60노트 이상의 고속 어뢰를 개발하는 게 불가능했습니다. 어뢰 개발자들은 예전부터 널리 사용했던 습식 열기관 방식 어뢰에 다시 눈을 돌렸습니다. 배기가스가 여전히 문제였지만 습식 열기관을 통해 얻을 수 있는 엄청난 속도는 그러한 단점을 덮어두기에 충분하였습니다.

어뢰 개발자들은 먼저 습식 열기관에 사용하는 연료에 관심을 두었습니다. 기존에는 케로신 같은 연료를 사용하였지만, 어뢰를 보다 고속으로 추진하기 위해서 체적당 에너지 밀도가 높은 연료가 필요하였습니다. 미국을 중심으로 끊임없이 연구한 결과, 단일추진제(Monopropellant)라는 새로운 연료가 개발되었습니다. 기존의 어뢰에서는 연료와 산화제를 분리, 저장하였다가, 발사 시에 혼합 후 연소하여 고압의 연소 기체가 획득하였습니다. 이에 반해 단일추진제는 연료 자체만으로도 고압의 기체를 발생시킬 수 있었습니다. 단일추진제는 한 개의 용기에 저장하였으므로 기존방식보다 부피를 크게 줄일 수 있었습니다. 따라서 단일추진제는 부피가 한정된 어뢰에서 사용할 수 있는 가장 이상적인 연료 형태라고 말할 수 있습니다.

현대식 어뢰에서 가장 흔히 사용되는 단일추진제는 Otto II입니다. 이 연료는 체적당 에너지 밀도가 매우 높은 편이어서 고출력 열기관용 연료로 가장 우수하다는 평가를 받고 있습니다. Otto II는 화학적으로 매우 안정화되어 있어, 웬만큼 높은 온도와 압력에 노출되지 않으면 쉽게 폭발하지 않습니다. 이 때문에 10~15년이 지나더라도 별다른 성질의 변화 없이 초기 상태로 유지될 수 있습니다. 그러나 단점도 있습니다. Otto II의 주원료가 독성물질이므로 신체에 접촉되거나, 기화된 상태에서 흡입하면 안 됩니다. 또한, 연소 시 맹독성의 '시안화수소(Hydrogen cyanide, HCN)'를 방출하므로 취급에 주의해야 합니다. Otto II는 기본적으로 산화제가 필요 없지만, 때에 따라 HAP(hydroxyl ammonium perchlorate)를 산화제로 사용하기도 합니다.

Otto II는 화학적으로 안정되어 있으므로, 어뢰 발사 시에는 내부의 화약을 터트려 강제로 화학반응을 일으켜야 합니다. 화학반응으로 발생하는 고압의 기체는 해수냉각을 통해 밀도를 높여 줍니다. 이와 동시에 고압의 기체는 해수냉각 시 발생하는 과열증기와 혼합하여 기관을 구동시킵니다. 고압의 기체는 자연스럽게 기관까지 이동하므로, 펌프나 압력용기와 같은 부수 장비들을 어뢰에 설치할 필요가 없습니다. 그만큼 어뢰의 추진시스템 구조가 간단해지고, 출력은 증가하게 되는 것입니다.

고압의 기체에 의해 구동되는 기관은 피스톤 방식에서 터빈방식으로 발전해 왔습니다. 하지만 국가에 따라 약간의 차이가 있습니다. 영국의 스피어피쉬Spearfish 중어뢰는 Otto II와 가스터빈 엔진을 사용하여 약 900마력의 동력으로 추진할 수 있습니다. 스피어피쉬는 이러한 엄청난 추진력 덕분에 약 60노트 이상의 속도를 낼 수 있습니다. Otto II를 사용하는 또 다른 어뢰인 미국의 Mk 48은 가스터빈 엔진 대신 회전 경사판(Swash plate) 형식의 엔진을 사용하여 약 55노트의 속도를 낼 수 있습니다. 회전 경사판 엔진은 배압의 특성과 종합적인 에너지 효율 면에서 가스터빈 엔진보다 유리합니다. 이처럼 단일추진제와 고출력 기관을 탑재한 중어뢰들은 뛰어난 속도 특성 때문에 구소련의 알파급 잠수함을 충분히 대항할 수 있게 되었습니다.

여기까지 설명하고 그친다만 현대의 중어뢰는 단일추진제만 사용한다고 생각할 수 있습니다. 그러나 과학이 발전함에 따라 전지

Mark 48 중어뢰의 모습. 단일추진제(Otto II)와 회전 경사판 엔진을 이용하여 55노트 이상의 속도를 얻을 수 있습니다.

의 출력도 증가하였습니다. 예를 들어 과거의 중어뢰는 납축전지를 사용하였지만, 현재는 납축전지보다 에너지 밀도가 높은 알루미늄/산화은(Al-AgO) 전지나 아연/산화은(Zn-AgO) 전지를 사용하여 높은 출력 특성을 확보할 수 있습니다. 특히 해수 전지라고도 불리는 알루미늄/산화은 전지는 어뢰 내부에 비활성 상태로 보관되어 있다가, 어뢰가 발사된 직후 해수를 흡입하면서 전기를 생산하기 시작합니다. 이때 해수는 알루미늄/산화은 전지의 전해질로 작용합니다. 따라서 해수가 어뢰로 유입되지 않으면 알루미늄/산화은 전지는 전지가 아닙니다. 이러한 원리 때문에 어뢰에 설치된 알루미늄/산화은 전지는 10년 이상 보관하더라도 자가 방전(self discharge)이 없으며, 초기 성능을 그대로 유지할 수 있습니다.

아무리 뛰어난 성능의 전지를 사용한다 하더라도 어뢰의 속도를 증가시키는 것은 여전히 어려운 일입니다. 지금까지의 어뢰는 물의 마찰저항을 최소화하기 위해 몸체의 형상을 더욱 매끄럽게 하거나, 추진력을 높여서 속도를 증가시키는 데 주력해 왔습니다. 하지만 이러한 방법으로는 어뢰의 속도를 증가시키는 데 한계가 있습니다. 왜냐하면, 물의 마찰저항은 공기보다 1,000배 정도 더 크며, 어뢰 속도가 증가할수록 마찰저항이 지수함수로 증가하기 때문입니다. 그러나 초공동(supercavity) 현상을 이용하면 이러한 문제를 극복할 수 있습니다. 유체역학적으로 기포(cavity)는 물체의 진행을 방해합니다. 하지만 기포로 어뢰를 완전히 덮어주면 마찰저항을 공기 중의 마찰저항과 비슷하게 만들 수 있습니다. 비록 어뢰가 물속에서 주행하고 있지만, 기포들 때문에 공기 중에서 주행하는 것과 비슷한 효과를 얻을 수 있습니다. 초공동화 기술은 2차 세계대전 중 독일에서 가장 먼저 연구를 시작하였지만, 그 이후로 미국과 구소련 연방이 주도적으로 연구를 이어나갔습니다. 특히 구소련 연방은 지속적인 연구개발 투자로 1970년대 후반에 약 380㎞/h의 속도를 가지는 시크발shkval 어뢰를 실전 배치하였습니다. 현재는 탐색 및 추적 기능까지 탑재된 시크발 어뢰를 개발 중인 것으로 알려져 있습니다. 이에 자극을 받은 미국은 1990년대부터 초공동 어뢰의 필요성을 인식하고 DARPA(Defense Advanced Research Projects Agency)와 ONR(Office of Naval Research)을 중심으로 초공동화 기술을 활발히 연구하고 있습니다. 또한, 1988년부터 초공동화 연구를 시작한 독일은 최근 약 800㎞/h의 속도를 가지는 바라쿠다Barracuda 어뢰의 존재를 언론에 공개하기도 하였습니다. 머지않아 초공동 어뢰 기술은 완전히 성숙할 것이며, 잠수함은 더욱 두려운 존재가 될 것입니다.

23

# 핵

'핵무기'라 하면 핵분열 반응이나 핵융합 반응 시 발생하는 방대한 에너지를 살상 및 파괴에 이용하는 무기들을 통칭합니다. 핵무기는 인간이 만든 무기 중에 가장 강력하고 잔인한 무기입니다. 핵무기의 형태 중 사람들에게 많이 알려진 것이 핵폭탄입니다. 몇몇은 핵폭탄을 원자폭탄이라고 표현하지만, 엄밀히 말하면 잘못된 표현입니다. 핵폭탄이나 핵 유출에 의해 피폐한 히로시마, 나가사키, 체르노빌의 모습 때문에 대부분의 사람은 '핵'이라는 단어에 거부감을 가지고 있었습니다. 하지만 과거 우리나라는 산업발전을 위하여 안정적인 전력공급이 필요하였고, 값싸고 질 좋은 핵 발전을 선택할 수밖에 없었습니다. 따라서 '핵'에 대한 국민적 거부감을 피하고자 'nuclear'의 단어를 '원자력'이라고 번역하여 사용했습니다[29]. 의도는 잘 알겠지만, 이 책에서만큼은 그냥 '핵'이라는 단어

29) 예〉 한국수력원자력, 한국원자력연구원, 한국원자력연료, 한국원자력안전기술원 등

를 사용하겠습니다.

그럼 핵폭탄을 제조하기 위해서는 무엇이 필요하고 무엇을 알아야 할까요? 쉽게 생각하면 핵폭탄의 원료가 필요하고, 원료를 가지고 폭발을 일으키게 하는 원리를 알아야 하고, 그 원리에 따라서 폭탄 제조를 위한 전자 및 기계장치를 설계할 수 있어야 합니다. 핵에 대한 이야기는 이러한 세 가지 요소를 중심으로 풀어나가겠습니다. 먼저 핵폭탄의 원료에 대해서 살펴보도록 합시다.

'핵'이라는 단어와 함께 항상 붙어 다니는 단어가 '방사능'입니다. 방사능의 단어가 사용하기 시작한 것은 고작 100여 년에 지나지 않습니다. 그 단어를 과학자인 뢴트겐Roentgen으로부터 시작하여 살펴보도록 합시다. 뢴트겐은 크룩스관Crookes tube을 이용한 음극선 실험에서 우연히 X선을 발견하게 됩니다. 그는 실험을 계속하면서 X선이라는 것이 나무, 고무, 인체 등 많은 물질을 통과할 수 있다는 것을 알아냈습니다. 특히 뢴트겐은 X선의 실험을 위하여 아내 손에 X선을 쏘아 최초로 살아있는 사람의 뼈 사진을 찍기도 하였습니다. 그의 획기적인 실험 결과들은 앞다투어 응용되기 시작하였고, 산업 전반에 걸쳐 커다란 영향을 끼치게 됩니다. 노벨상 위원회에서는 X선이 가진 과학과 의학에서의 잠재력을 잘 이해하고 있었으므로, 뢴트겐을 1901년 제1회 노벨 물리학상 수상자로 선정하였습니다.

뢴트겐에 의해 X선이 발견된 다음 해인 1896년 프랑스의 앙리 베크렐Henri Becquerel은 우라늄염에서 X선과 유사한 방사선(radiation)이 방출된다고 생각하였습니다. 그는 실험을 통해 방사능(radioactivity)의 존재에 대한 최초의 증거를 발견하게 되었습니다[30]. 곧바로 퀴리 부부는 라듐을 발견하면서 방사능의 존재를 확실시하였습니다. 즉 뢴트겐은 음극선 실험을 응용하여 인위적으로 X선을 만드는 데 성공을 한 것이고, 베크렐은 우라늄염에서 자발적으로 방출하는 방사선을 처음으로 확인하였습니다. 그는 실험을 통해 우라늄염보다 순수한 우라늄에서 더 강한 방출물질이 나오는 것을 확인하였습니다. 구체적으로 뭔지는 잘 모르지만, 직감적으로 우라늄 자체가 방사선의 근원일지 모른다고 생각하였습니다. 이러한 베크렐의 발견은 마리 퀴리Marie Curie에 의해서 더욱 발전됩니다. 마리 퀴리는 남편인 피에르Pierre와 함께 베크렐의 권유에 따라 방사선 연구를 계속 이어나갔습니다. 베크렐이 제시한 학위논문 주제는 퀴리 부부의 인생을 극적으로 바꾸어 버렸습니다.

마리 퀴리

퀴리 부부는 그 당시 알려져 있던 모든 원소 및 혼합물을 대상으로 방사능이 있는지를 조사하였습니다. 그러는 과정에서 토륨(thorium, 원자번호 90번)을 발견하였습니다. 그 이후 마리 퀴리는 체

30) 불안정한 상태의 원자핵이 보다 안정한 새로운 원자핵 상태로 자연적으로 붕괴하는 것을 방사능이라 하고, 이때 원자핵이 붕괴하면서 방출되는 입자나 전자기파를 방사선이라고 합니다.

코 요아임스탈Joachimsthal 지역에서 채취한 역청 우라늄[31] 샘플의 방사능이 순수한 우라늄보다 더욱 강력하다는 것을 발견하였습니다. 같은 우라늄 성분이 있었지만, 순수한 우라늄보다 방사능이 강하다는 것은 역청 우라늄 속의 다른 물질에 의해서 그 크기가 커졌다고 생각할 수 있었습니다. 마리 퀴리는 '그 뭔가'를 분리하기 위해서 엄청난 노력을 하였습니다. '정제'라는 이름으로 일종의 3D(Dirty, Difficult, Dangerous) 작업을 시작한 것입니다. 먼저 역청 우라늄 광물을 갈아서 가루로 만든 다음, 그것을 산(acid)에 넣어 용해합니다. 그 후 용액을 끓이고 얼리고 침전시키는 과정을 반복해서 각각의 성분을 분리합니다. 이중 우라늄 성분을 포함하여, 이미 알고 있는 성분들은 모두 제거해 나갔습니다. 반복할 때마다 남아 있는 물질이 여전히 방사능을 띠고 있는지도 확인하였습니다. 이렇게 얻어진 분말의 방사능은 우라늄보다 400배나 강하였습니다. 마리 퀴리는 자기가 발견한 새 원소의 이름을 조국인 폴란드의 영문을 따서 폴로늄(polonium, 원자번호 84번)이라고 불렀습니다. 근데 발견은 여기서 그치지 않았습니다. 폴로늄을 완전히 분리하고 남은 잔존물에서 방사능이 검출되었기 때문이었습니다. 마리 퀴리는 다시 많은 시간을 단순한 분리 작업에 투자하였습니다. 이러한 방법의 어려운 점은 정제 작업을 반복하다 보면, 용매로부터

---

31) 우라늄은 지구 표면에 평균 약 0.00023% 정도 존재합니다. 주된 우라늄 광석은 섬우라늄광(uraninite: $UO_2$)과 이의 일종인 피치블렌드(pitchblende: 역청 우라늄광, $UO_3$, $U_2O_5$)입니다. 바닷물에도 1㎥당 대략 3.3㎎의 우라늄이 존재합니다.

획득되는 분말의 절대량은 점점 적어진다는 것입니다. 그렇기 때문에 처음 시작할 때부터 대량(약 4t)으로 작업을 해야 했습니다. 또한, 중간에 증발접시를 이용하여 용액을 농축해야 했으므로, 마리 퀴리가 사용했던 접시만도 5,000개가 넘었습니다. 마리 퀴리는 이러한 정제 작업을 4년 동안이나 계속하였고, 마침내 라듐염 0.1g을 추출하는 데 성공하였습니다. 염화물로 추출된 라듐염은 전기분해를 통해 라듐(radium, 원자번호 88번)으로 변환할 수 있었습니다. 참고로 라듐은 우라늄보다 방사능이 300만 배나 더 강력합니다.

유리병에 담겨 있는 육불화우라늄($UF_6$)

많은 사람은 우라늄이 핵폭탄의 원료라는 사실을 잘 알고 있습니다. 그러나 지하 유전에서 뽑아 올린 원유를 바로 자동차에 사용할 수 없듯이, 자연 상태의 우라늄 광석으로는 핵폭탄을 만들 수 없습니다. 원유는 휘발유로 정제되어 자동차에 사용하듯이 우라늄 광석도 핵폭탄에 사용하기 위해서는 농축과정(전처리)이 필요합니다. 마리 퀴리가 토륨, 폴로늄, 라듐과 같은 새로운 원소를 찾아낸 것도 중요한 일이었지만, 이러한 물질들의 순도를 높이는 방법을 찾아낸 것이 중요한 의미가 있습니다(특히 무기 측면에서는 아주 중요합니다).

자연에 존재하는 천연 우라늄의 99.3%는 우라늄 238이고, 핵폭탄에 사용되는 우라늄 235는 0.72%밖에 존재하지 않습니다. 2차 세계대전 당시 미국은 마리 퀴리가 사용했던 방법을 활용하여 핵폭탄의 원료인 우라늄 235를 자연 상태인 0.72%에서 폭탄 수준인 80% 이상까지 농축시켰습니다. 단지 마리 퀴리는 실험실에서 단순노동의 작업을 자신이 직접 했고, 미국은 대규모 공장에서 기계가 대신했다는 것이 차이일 뿐입니다.

현재 미국을 포함한 핵보유국에서는 우라늄 235를 농축시키기 위하여 기체확산법, 초원심분리법 등을 사용하고 있습니다. 과거에는 동위 원소인 우라늄 238과 우라늄 235를 분리하는 데 효과적인 방법은 기체확산법밖에 없었습니다. 우라늄을 육불화우라늄 uranium hexafluoride($UF_6$)이라는 기체로 만들어서 수백 킬로미터 길이의 튜브 속으로 빠르게 발사하면 상대적으로 가벼운 우라늄 235가 튜브의 끝에 먼저 도달하고 잠시 후에 우라늄 238이 도달하게 됩니다. 따라서 먼저 튜브 끝에 도달한 우라늄 기체를 걸러낸 후, 이 기체를 다시 같은 과정을 반복하면 우라늄 235의 순도를 높일 수 있었습니다. 그러나 우라늄 기체를 빠른 속도로 발사하려면 엄청난 양의 전기에너지가 투입되어야 합니다. 그래서 당시 미국은 핵 관련 연구기관인 오크리지 국립연구소(Oak Ridge National Laboratory)를 위한 발전소를 건립하여 독점적으로 전력을 공급하기도 했습니다. 하지만 지금은 전 세계 농축우라늄의 33%만이 기체확산법으로 제조되고 있습니다.

2차 세계대전 이후에는 기체확산법보다 생산단가가 더 낮은 초원심분리법ultracentrifuge이라는 농축 방법이 개발되었습니다. 이 방법은 우라늄이 들어 있는 캡슐을 분당 10만 회 정도로 빠르게 회전하여 물질들을 분리합니다. 우라늄 235와 238은 가해지는 원심력의 차이가 벌어지면서 1%가량 무거운 우라늄 238이 캡슐 바닥에 가라앉게 됩니다. 따라서 충분한 회전을 거친 후 위에 떠 있는 부분을 추출하면 순수한 우라늄 235를 얻을 수 있습니다.

초원심분리법은 기체확산법보다 효율이 50배나 높습니다. 즉 같은 양의 우라늄 235를 얻기 위해 투입되는 에너지가 50분의 1밖에 들지 않았습니다. 현재 전 세계 농축우라늄의 54%가 초원심분리법으로 생산되고 있을 만큼 세계정세에도 큰 영향을 미쳤습니다. 초원심분리기 1,000개를 1년 동안 쉬지 않고 가동하면 핵폭탄 하나에 해당하는 농축우라늄을 만들 수 있습니다. 그런데 여기 필요한 기술은 그다지 복잡하지 않기 때문에 외부로 유출하기 쉽고 배우기도 쉬웠습니다. 여기서 등장하는 인물이 파키스탄의 핵 개발의 아버지로 불리는 압둘 카디르 칸Abdul Qadeer Khan 박사입니다. 무명의 핵 연구자였던 칸 박사는 초원심분리기의 설계도와 핵폭탄 부품을 훔쳐서 북한, 리비아 등의 국가에 팔아넘겼습니다[32]. 그는

32) 칸 박사도 2004년 2월 지난 15년간 북한, 리비아, 이란 등에 핵기술을 제공한 사실을 시인하였습니다.

영국, 서독, 네덜란드가 유럽형 우라늄 핵반응로를 건설하기 위하여 공동으로 설립한 우라늄 농축 합동연구소(URENCO)에서 근무하였습니다. 그러던 중 1975년에 비밀문서를 훔쳐서 파키스탄 정부로 넘어갔습니다. 인도와 앙숙 관계였던 파키스탄은 핵무기가 절실했던 만큼, 칸 박사의 핵무기 연구에 전폭적인 지지를 아끼지 않았습니다. 결국, 파키스탄은 무기급 우라늄을 농축하는 데 성공하였으며, 1998년 5월 28일 사막에서 공개적인 핵폭발 실험에도 성공하였습니다. 덕분에 칸 박사는 국민적 영웅으로 각인되었습니다. 인도 역시 파키스탄을 좌시하지 않고, 핵 개발을 감행하였습니다. 그 후 인도와 파키스탄은 서로 경쟁하듯 핵무장을 서두르면서 긴장은 고조되었습니다. 안타깝게도 현재까지 그 긴장은 지속하고 있습니다. 결국, 양국의 위태로운 상황은 한 사람의 잘못된 행동에서 비롯된 것이라 볼 수 있습니다. 칸 박사만 아니었다면 양국은 단순히 재래식 무기만 가지고 서로 으르렁거리고 있었을 것입니다. 칸 박사의 어리석은 행동이 인도와 파키스탄에만 영향을 준 것은 아닙니다. 최근 북한 핵실험 때문에 우리나라 국민들이 느끼는 핵 공포 역시 칸 박사에서 시작되었다고 생각할 수 있습니다. 만약 칸 박사의 도움을 받지 않았다면, 현재 북한은 핵무기를 보유하지 못

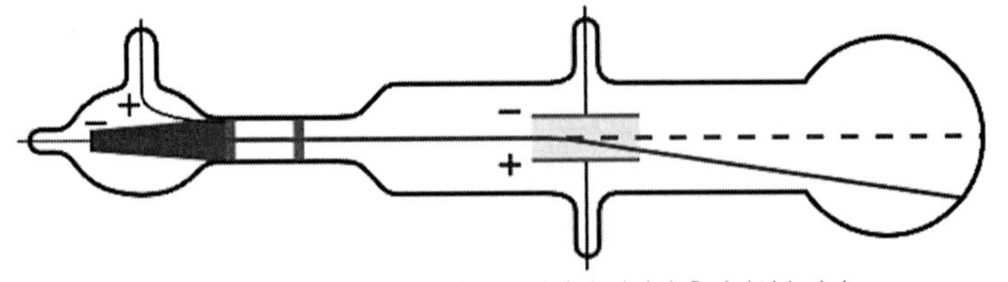


톰슨의 실험. 톰슨은 크룩스관으로 전자의 비전하 측정하였습니다.

했을지도 모릅니다.

지금까지 우라늄 원료의 농축에 대해서 알았으니, 이제 우라늄 원료가 폭발을 일으키게 하는 원리에 대해 알아보도록 합시다. 고농축된 핵연료의 연쇄 핵분열 반응을 이해하기 위해서 원자부터 이야기를 시작해야 합니다. 영국의 물리학자 크룩스는 1869년경에 유리관 양 끝에 전극을 넣고 봉한 후 두 전극 사이에 전압을 걸고 진공펌프로 뽑아내면 특이한 방전이 일어나는 것을 발견합니다. 특히 진공관 내부 압력이 $7\times10^{-4}$~$4\times10^{-5}$ torr[33] 이하일 때 (+)극 쪽의 유리 벽이 황록색의 형광이 생기는 것을 관찰합니다. 이러한 압력 상태의 방전관을 크룩스관이라고 합니다. 크룩스는 형광 현상이 생기는 원인을 (-)극에서 어떤 방사선이 나와서 유리관에 충돌하기 때문이라고 생각하고 음극선이라고 명명합니다. 이후 톰슨은 크룩스관을 통해서 음극선의 직진성, 음극선에 의한 날개의 회전, 전기장 및 자기장에 의한 음극선의 휨 등과 같은 특성을 확인하게 됩니다. 그는 정밀한 실험을 통해 음극선은 전하량을 지니는 미소 질량의 연속 흐름이라는 것을 알아냅니다. 그리고 그것을 전자라고 명명하고, 전자의 비전하 e/㎙(전하량/질량)을 실험적으로 구합니다.

이후 톰슨Thomson은 전자의 비전하는 음극판을 이루는 물질의 종류와 관계없이 항상 같은 값으로 얻어지므로 전자는 모든 물질 속에 들어 있음을 밝혀냅니다. 이 당시 과학자들은 이미 1808년

33) 압력의 단위입니다. 표준대기압을 760torr로 정의하며, 진공 분야에서 많이 사용합니다.

영국의 과학자 돌턴Dalton에 의해서 물질은 더는 쪼갤 수 없는 원자로 구성되어 있다는 것은 알고 있었습니다. 하지만 그 실체가 무엇인지에 대해서는 잘 알지 못했습니다. 톰슨은 원자 중에 일단 전자가 있다는 것을 밝혀낸 것입니다. 앞에서도 말씀드렸듯이 과학에는 항상 대칭성이 존재합니다. 따라서 과학자들은 전자가 (-)전하를 가지므로 (+)전하를 띤 입자가 원자 안에 있어야 한다는 것을 쉽게 예측할 수 있었습니다. 1906년 톰슨은 실험과 다양한 사고를 바탕으로 원자모형을 제시합니다. 그는 전자의 크기는 원자의 크기 대비 약 10만 분의 1 정도이고, 전기적으로 중성이어야 하므로 전자들의 전하량과 같은 양의 (+)전하가 존재하며, 이것들이 띄엄띄엄 박혀서 원자를 이루고 있다고 생각하였습니다. 하지만 톰슨의 모형은 러더퍼드 실험 때문에 잘못된 것이라고 밝혀집니다.

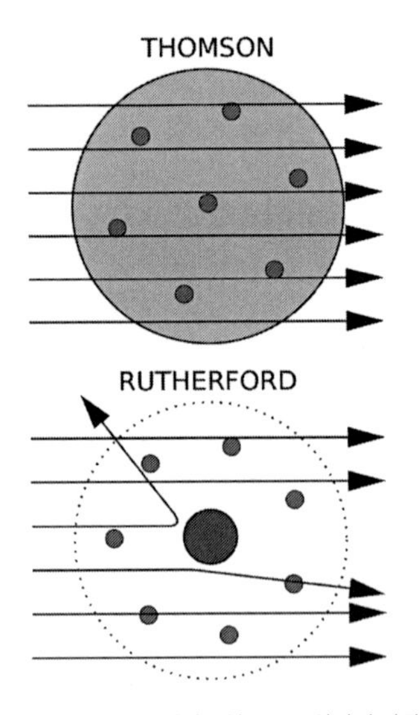


톰슨(위)과 러더퍼드(아래)의 원자 모형. 톰슨 원자모형으로는 알파선 산란실험을 설명하기 곤란합니다.

1911년 영국의 물리학자 러더퍼드Rutherford는 알파입자 산란실험을 통해 '유핵원자모형'을 처음으로 제시하였습니다. 알파입자 산란실험이란, 쉽게 말해 알파입자(전하 $+2^{e}$인 헬륨 핵, $^{e}$는 기본전하)를 금속박막에 충돌시켜, 충돌 후 알파입자가 어떻게 되는지를 보는 것이었습니다. 실험 결과, 러더퍼드는 알파입자가 큰 각도로 산란한다는 것을 확인하였습니다. 만약 톰슨 모형, 즉 전자의 (-)전하와 균형을 이루는 (+)전하가 원자의 내부에 골고루 분포하고 있으면, 원자를 통과한 알파입자는 크게 산란하는 이유가 없었습니다. 결국, 러더퍼드는 원자의 중심에 (+)전하를 갖는 무거운 입자가 있고, 그 주위에 전기장을 만들기 때문에 입사된 알파 입자에 전기력이 작용하여 산란하였다고 생각합니다. 강한 전기장을 만들려면 (+)전하는 매우 작은 부분에 집중되어야 합니다. 러더퍼드는 (+)전하를 띠고 원자 질량 대부분을 차지하며 원자의 중심에 있는 이 작은 입자를 원자핵이라고 하였습니다.

러더퍼드가 제시한 모형이 완벽했다면 과학 공부가 참 쉬울 뻔 했는데, 아쉽게도 그의 모형에도 문제가 있었습니다. 고전 전자기 이론에 따르면 전자가 가속도 운동을(회전운동도 가속도 운동입니다) 할 때 전자기파를 방출해야 하므로, 전자의 궤도가 점차 줄어들면서 결국 원자핵과 충돌해야 합니다. 우리가 줄에 매달린 공을 계속해서 원운동 시키기 위해서는 어떤 에너지를 줘야 하고, 만약 손을 움직이지 않고 가만히 있으면 공의 회전반경이 줄어들면서 멈춰버리는 것과 똑같습니다. 바꾸어 말하면 전자가 계속 회전운동을 하려면 에너지를 계속 공급해야 하는데, 원자를 보면 그렇게 하지 않아도 전자는 잘만 돌고 있었습니다.

러더퍼드 모형의 또 다른 문제는 스펙트럼spectrum에 있었습니다. 전자가 원자핵 주위를 계속 회전하면 전자기파가 방출되고, 그 전자기파로 인한 스펙트럼은 연속적이어야 했습니다. 하지만 실제 실험결과는 불연속적인 선 스펙트럼이 나타났습니다. 러더퍼드 모형만으로는 이러한 사실을 설명할 수 없었습니다.

닐스 보어

이때 보어가 등장합니다. 보어Bohr는 덴마크의 이론 물리학자로서 1913년 'On the Constitution of Atoms and Molecules'라는 논문을 통해 원자 모형을 제시할 당시의 나이는 26세로 상당히 젊었습니다. 보어가 그 당시 가장 고민했던 것은 무엇이었을까요? 당연히 원자가 형체를 잃지 않는 이유를 설명하는 일이었습니다. 보어는 이 당연한 사실이 설명되지 않는 이유가 뉴턴역학이나 맥스웰의 전자기학 등 소위 고전 물리학의 한계 때문이라고 생각하였습니다. 즉 수소 원자가 연소하면서 생기는 빛을 두고 뉴턴역학에서는 입자라고 생각하며 설명하였고, 맥스웰 전자기학은 파동이라고 생각하며 설명하였습니다. 그러나 두 이론들은 원자가 형체를 잃어버리지 않는 이유에 대해서는 적절히 설명하지 못했습니다.

보어는 그 무렵 플랑크[Planck]와 아인슈타인의 양자론에 눈을 돌렸습니다. 플랑크는 실험을 통해 빛의 에너지는 불연속적임을 밝혀냈고, 에너지 양자가설을 주장합니다. 그는 에너지의 최소량 단위로서 처음으로 '양자(quantum)'라는 단어를 사용하였습니다. 아인슈타인 역시 실험을 통해 빛은 $h\upsilon$라는 에너지를 가진 입자라고 생각하며 광양자 가설을 세웁니다. 보어는 두 사람의 양자론을 이용하여 기존의 원자 모형의 한계를 극복하기 시작했습니다. 그럼 보어의 생각을 따라가 보도록 합시다. 먼저 보어는 플랑크 공식인 $E=nh\upsilon$(빛의 에너지는 단지 미리 정해진 불연속인 값밖에 취하지 않는다. n은 정수)를 원자 모델에 적용하려고 하였습니다. 빛의 에너지가 불연속적이니, 원자의 에너지부터가 불연속적인 값을 가져야 합니다. 원자 에너지가 불연속적이라고 생각하니, 전자의 궤도 역시 불연속적이어야 합니다. 그는 전자가 일정한 궤도를 돌고 있으면 어떤 정해진 에너지 상태에 존재한다고 생각하였습니다. 그리고 이것을 정상상태라고 불렀습니다. 고전 물리학에서는 전자가 회전 운동하면 빛을 방출한다고 하였으나, 보어는 정상상태에 있을 때는 에너지를 사용하지 않으므로 무한정으로 같은 궤도 위를 돌고 있을 수 있다고 생각하였습니다. 그러면 전자가 원자핵에 이끌리지 않게 되어 원자의 크기가 안정됩니다. 이것으로 원자가 형체를 잃지 않게 되는 이유는 설명이 되었습니다.

이제 그의 이론으로 불연속 선스펙트럼에 관해 설명해 봅시다.

보어는 원자 내부의 전자가 한 궤도로부터 다른 궤도로 옮겨 가는 것을 광양자($E=h\upsilon$)가 들어가거나 나오는 과정과 같다고 생각하였습니다. 즉 맥스웰의 전자기학에서는 전자가 회전할 때 빛을 방출하지만, 보어의 이론에서는 전자가 궤도를 바꿀 때 빛을 방출한다고 설명합니다. 보어가 원자 모델을 발표한 다음 해인 1914년 프랑크Franck와 헤르츠Hertz은 실험을 통해 정말 전자의 에너지가 불연속으로 되어 있다는 사실을 발견하였습니다.

이렇게 보면 보어와 플랑크는 양자역학의 시초라고 생각할 수 있습니다. 에너지와 어떤 물리적인 양의 양자화는 고전물리학에서는 나타나지 않은 또 하나의 개념이었습니다. 이후 양자역학이라 불리는 새로운 이론은 슈뢰딩거, 하이젠베르크, 아인슈타인 등에 의해서 발전되었으며, 물질을 이루는 기본적인 입자들의 운동을 이해하는 데 필수적으로 사용됩니다. 보어의 원자모형 이론도 이들에 의해서 보다 발전되어 나갔습니다.

지금까지 원자가 어떻게 생겼고, 또 무엇이 원자를 이루고 있는가에 대해서 살펴보았습니다. 다시 되새겨 보면 많은 과학자들의 노력에 의해서 원자핵과 전자가 발견되었고, 또한 이들이 어떤 모형으로 되어 있는지를 알 수 있었습니다. 과학 역사로 보았을 때, 과학자들의 관심은 원자의 바깥쪽인 전자로부터 안쪽인 원자핵으로 옮겨갔습니다. 특히 과학자들은 원자핵을 연구하면서 중성자의 존재를 발견하게 되었는데, 핵무기 측면에서 보면 방아쇠를 발견한 것이라 말할 수 있습니다.

그러면 중성자에 대해서 알아봅시다. 이를 위해 다시 러더퍼드로 돌아가야 합니다. 그는 원자핵이 전체적으로는 (+)전하를 지닌다는 것은 실험을 통해 알고 있었습니다. 러더퍼드는 여러 원자의 원자핵의 질량을 조사했습니다. 그런데 원자핵의 질량과 원자핵을 구성하는 양성자의 질량이 일치하지 않는다는 것을 알게 되었습니다. 그리고 양성자의 질량이 원자핵 질량의 절반 정도에 해당하는 것을 알게 되었습니다. 그래서 원자핵에는 양성자의 질량과 비슷하고 전하를 띠지 않는 입자가 양성자의 수만큼 있다고 생각하였습니다. 그 후 1932년 영국의 과학자인 채드윅Chadwick은 전하를 띠지 않는 중성자라는 입자가 원자핵에 포함되어 있음을 알아냈습니다. 결국, 이런 여러 가지 과정을 거쳐서 원자의 구조는 가운데에 양성자와 중성자로 이뤄진 원자핵이 있고 주위에 전자가 궤도를 돌고 있다고 이해하게 되었습니다.

지금부터는 원자 모형을 머릿속에 떠올리면서 핵분열에 대해서 생각해봅시다. 앞에서도 설명해 드렸듯이 러더퍼드를 비롯한 물리학자들이 원자의 구조를 알아내기 위하여 가장 자주 사용하였던 실험도구는 알파입자였습니다. 알파입자는 헬륨 원자가 바깥쪽을 도는 두 개의 전자를 잃어 양성자 두 개와 중성자 두 개로만(원자핵으로만) 이루어져 있습니다. 러더퍼드는 알파입자를 '자신의 오른팔'이라고 부를 정도로 알파입자를 이용하여 수많은 실험을 했습니다. 방사성 원소에서 나오는 알파입자는 매우 빨라서 다른 입자를 파괴할 수 있을 만큼 강력한 에너지를 가지고 있었습니다. 러더퍼

닐스 보어

드는 알파입자를 이용하여 미지의 세계의 껍질을 벗기며 원자핵과 양성자를 발견했습니다. 그러나 시간이 지나 곰곰이 생각해보니 원자핵 실험에 자주 사용하였던 알파입자는 그다지 적당한 도구가 아니었다는 것을 알게 됩니다. 알파입자는 (+)전하를 띠고 있었기 때문에 (+)전하를 띤 원자핵에 쉽게 다가갈 수가 없었습니다. 따라서 과학자들은 원자핵에 알파입자가 아닌 다른 입자를 쏘아 넣는 실험을 생각하기 시작했습니다. 로마대학의 엔리코 페르미Enrico Fermi는 원자핵에서 방출되는 전자를 이용한 실험을 시작했습니다. 그러나 크기가 작은 전자로는 별다른 실험 결과를 얻을 수 없었습니다. 쉽게 생각하더라도 아주 가벼운 전자로 뭔가를 부딪치게 하는 것은 달걀로 바위 치기와 비슷한 느낌이 듭니다. 그래서 페르미는 양성자로 실험을 시작했지만, 양성자 역시 알파입자와 같이 (+)전하를 가지고 있어 (+)전하 띤 원자핵에 쉽게 다가갈 수 없었습니다. 그러자 페르미는 원자핵에 중성자를 쏘아 넣는 실험을 시작했습니다. 중성자는 전하를 가지고 있지 않기 때문에 원자핵에 의해 반발되지 않았습니다. 덕분에 중성자는 손쉽게 원자핵 속으로 침투할 수 있었습니다. 러더퍼드는 중성자가 너무 느려서 원자핵을 변환시키는 작용을 할 수 없을 것으로 생각했지만, 페르미는 느린 중성자가 빠른 중성자보다 더 쉽게 원자핵에 흡수된다는 사실이 실험을 통해 알아냈습니다. 중성자는 전기적인 반발력이 없으므로 원자핵에 다가가는데 속도는 그다지 문제가 되지 않았습니다. 빠른 중성자는 원자핵을 빠른 속도로 지나쳐 가지만 느린 중성자는 쉽게 원자핵 속에 잡혔던 것입니다. 페르미는 그가 실험할 수 있는 모든 원소에 중성자를 쏘아 넣는 실험을 시작했습니다. 그는 자연에 존재하는 가장 무거운 원소인 우라늄 원자에 중성자를 쏘아 넣는 실험을 통해 우라늄보다 더 무거운 초우라늄 원소를 만들고 싶어 했습니다. 그가 우라늄 원소를 향해 중성자를 쏘아 보내자, 중성자 일부가 우라늄 원소에 의해 흡수되었습니다. 중성자를 흡수한 우라늄 원자핵은 불안정해져서 크게 흔들리다가 붕괴하였습니다. 페르미는 자신도 모르는 사이에 원자핵 분열실험을 하고 있었던 것이었습니다. 그러나 그는 원자핵에 중성자를 쏘아 넣어 더 무거운 원소를 만드는 실험에 온갖 신경을 쓰고 있었으므로 자신이 큰 원자핵을 작은 조작으로 분열시켰다는 것을 알지 못했습니다. 그가 사용하던 시험기구로는 우라늄 원자핵이 분열할 때 나오는 작은 원자핵을 찾아낼 수 없었기 때문입니다. 페르미는 핵분열에 대한 중요한 사실을 놓치고 있었음에도 중성자를 이용한 페르미의 실험은 원자핵에 대해 많은 새로운 사실을 알게 해준 실험이었습니다. 1938년에 페르미는 중성자를 이용한 핵반응 연구로 노벨 물리학상을 받았습니다.

그 이후 중성자에 의해 우라늄 원자핵이 분열한다는 것을 알아낸 사람은 독일의 오토 한Otto Hahn과 프리츠 스트라스만Fritz Strassmann 그리고 리제 마이트너Lise Meitner였습니다. 중성자를 이용한 페르미의 연구를 들은 리제 마이트너는 1938년에 그녀의 친구이며 동료연구원이었던 오토 한과 프리츠 스트라스만에게 중성자를 우라늄 원자핵에 충돌시키는 실험을 해보자고 제안했습니다. 그들은 페르미의 실험과 마찬가지로 충돌실험을 통해 무거운 초우라늄 원소가 만들어질 것으로 기대했습니다. 그러나 오토 한과 프리츠 스트라스만은 우라늄보다 훨씬 가벼운 원소인 바륨의 방사성 동위원소가 만들어지는 실험 결과를 보고 의아해했습니다. 오토 한은 당시 나치의 유대인 박해를 피해 스톡홀름에 있었던 리제 마이트너에게 이 사실을 알렸습니다. 소식을 전해 들은 리제 마이트너 역시 오토 한의 실험결과를 듣고는 매우 놀랐습니다. 마이트너는 이 실험 결과에 대해 조카이며 물리학자였던 오토 로버트 프리쉬Otto Robert Frisch와 의견을 나누었습니다. 상식적으로 큰 에너지를 가지고 있지 않은 중성자가 큰 원자핵을 둘로 쪼갠다는 것은 이해하기 쉬운 일이 아니었기 때문입니다.

그들은 한 개의 둥근 물방울이 외란에 의해 두 개로 쪼개지면 두 개의 둥근 물방울이 되는 것처럼 중성자를 흡수한 원자핵이 불안정해져서 흔들리다가 가운데 잘록한 부분이 생겨 두 조각으로 갈라졌을 것으로 생각했습니다. 어떻게 이런 현상이 생길 수 있을까요? 실제로 인공적으로 핵을 분열시키는 하나의 방법은 외부에서 에너지를 공급하여 그 핵을 들뜨게 하는 것입니다. 그러나 무거운 핵이 핵분열 하는 데 필요한 최소한의 에너지는 4~6MeV로서 생각보다 많은 에너지가 필요합니다. 이에 반해 적은 에너지로 효과적으로 핵분열을 유도할 방법이 바로 중성자를 이용하는 것입니다. 어떤 경우 포획된 중성자의 에너지는 핵이 분열될 수 있도록 들뜨게 하는 데 충분하여 2개의 핵으로 분열시킬 수 있습니다. 아무리 금실이 좋은 부부가 있다 하더라도 중성자 같은 문제들이 부부 사이에 발생하여 달라붙어 있으면 시간이 지나면서 바로 이혼을 할 수 있는 것과 비슷하다고 생각하면 됩니다(그래서 부부가 생활하는 데 있어서 중성자 같은 존재가 발생하지 않도록 조심해야 합니다).

결국 한과 스트라스만이 중성자를 이용하여 원자핵을 두 조각으로 분열하는 실험에 성공하였습니다. 한과 스트라스만은 서둘러 그들이 우라늄을 분열시켜 바륨을 만들어내는 데 성공했다는 논문을 발표했습니다. 몇 주일 후 마이트너와 조카 프리쉬는 '중성자를 이용한 우라늄의 분열: 새로운 형태의 핵반응'이라는 제목의 논문을 영국의 과학 잡지 《네이처》에 발표했습니다. 핵분열이라는 단어는 이 논문에서 처음으로 사용되었습니다. 마이트너는 우라늄 원자핵이 작은 원자핵으로 분열할 때 200MeV나 되는 엄청난 에너지가 나온다는 것을 계산을 통해 밝혀내었습니다. 이것은 핵분열 반응에서 물질의 질량 일부가 결손하고 그만큼이 에너지로 전환되면서 막대한 에너지가 방출되는 것입니다. 아인슈타인의 $E=mc^2$라는 공식을 생각해보면 질량이 곧 에너지라는 느낌이 드실 겁니다. 보통 화학반응의 경우 원자당 3~10eV 정도의 에너지를 방출하는 것과 비교해 보면 핵분열 시 발생하는 에너지가 정말 엄청난 양이라는 것을 알 수 있습니다.

여기서 잠시 eV라는 에너지 단위에 대해서 살펴보고 갑시다. 기계공학이나 화학공학에서는 에너지의 단위로 J이나 cal를 사용합니다. 그에 반해 핵물리학과에서는 eV라는 에너지 단위를 많이 사용합니다. 화학에서 가장 중요하게 생각하는 것은 '반응'입니다. A에 B를 더해 열을 가하면 C가 된다, 이런 식으로 분자들 사이의 에너지 분포나 다른 에너지의 적용에 따른 물질의 변화를 보고자 하는 게 목적입니다. 이러한 반응은 보통 실험실 등에서 여러 물질을 섞고, 붙이고, 가열하는 등의 방법으로 확인하게 됩니다. 화학 실험에서 분자 한두 개를 가지고 반응시키지는 않습니다. 보통 스포이드, 피펫, 혹은 스푼 등으로 반응물의 양을 조절하며, 이 과정에서 사용되는 분자의 개수는 대충 $10^{23}$개 정도로서, 이런 큰 숫자를 그냥 사용하는 것보다는 $6.02 \times 10^{23}$개의 분자를 1로 보는 ㏖ 단위를 사용하는 게 편합니다. 그래서 이 개수 단위를 적용하기 위해 1몰당이라는 표현을 사용하는 겁니다. 그리고 몰당 사용하는 에너지의 단위는 보통 kJ(킬로줄)정도가 적당하기 때문에 이 두 단위를 합쳐 kJ/㏖(1몰당 몇 킬로줄)이라는 단위를 주로 사용하게 됩니다. 이에 반해 물리학에서는 원자 수준에서의 일어나는 현상을 중요하게 생각입니다. 전체적인 현상으로 나타나는 화학 반응하느냐보다는 실제로 원자 안에서 전자가 어떻게 움직이는지, 어떤 궤도를 선호하는지, 그 에너지 관계는 어떤지를 보고자 합니다. 그렇기 때문에 물리학에서는 에너지를 '전자 한 개', 혹은 '분자 한 개' 수준으로 생각하게 됩니다. 당연히 수도 없이 많은 분자를 나타내는 mol을 사용할 필요가 없으며, kJ 수준의 에너지는 전자 하나의 입장에서는 너무나 큰 양입니다. 기존의 J이나 kJ단위를 전자의 에너지 단위로 활용하기 위해서는 항상 $10^{20}$를 나누어서 서술해야 할 것입니다. $10^{20}$을 매번 쓰기가 귀찮기 때문에 전자에 적합한 에너지 단위, 즉 eV(전자볼트)를 사용하기 시작하게 됩니다. eV는 kJ은 물론이고 J보다도 한참 작은 단위로, 대략 1J보다 $10^{19}$배 정도 작은 단위라고 생각하시면 됩니다.

그러니 우라늄 원자핵이 작은 원자핵으로 분열할 때 발생하는 200MeV(200eV × $10^{6}$)는 엄청난 에너지임은 분명한 것 같습니다. 일단 핵분열이 일어나면 엄청난 에너지가 발생한다는 것을 알았으니, 이 녀석을 어떻게 요리해야 무기로 활용할 수 있을지 생각해봅시다. 신기하게도 과학자들은 한 번의 핵분열을 일으키기 위하여 흡수된 각 중성자가 평균적으로 두 개 이상의 중성자를 방출한다는 사실을 발견하게 됩니다. 한 개의 중성자로 두 개의 중성자를 만든다? 이런 것을 일석이조라고 하는 겁니다. 이러한 중성자 생성은 핵분열이 연쇄 반응(chain reaction)을 할 수 있다는 것을 암시해줍니다. 즉 핵분열한 후에 새로 생긴 중성자 중에서 적어도 하나가 다른 핵분열을 일으키고 또 이 새로운 핵분열 중에 방출된 중성자 중의 하나가 또 다른 핵분열을 일으키게 하는 과정들이 자발적으로 지속합니다. 연쇄 핵분열 반응의 각 단계에서 핵분열당 한 개

이상의 중성자가 새로운 핵분열을 일으킨다면, 핵분열의 수는 지수 함수적으로 증가하여, 대단히 많은 수의 연쇄반응이 일어납니다. 이것이 바로 핵폭발이 일어나는 과정입니다. 그러나 조건을 조절하면 각 핵분열에서 단지 하나의 중성자만이 새로운 핵분열을 일으키도록 조종할 수 있습니다. 그러면 핵분열 반응은 안정된 연쇄반응을 유지할 수 있습니다. 이것이 바로 핵발전소의 핵 반응로에서 일어나는 과정입니다.

핵폭탄의 경우, 우라늄 235가 전부 분열하는 데 걸리는 시간은 불과 100만분의 1초 이하입니다. 우라늄 235는 엄청난 반응속도로 연쇄적인 핵분열을 일으킵니다. 핵분열 반응 시 물질의 질량 일부분이 결손합니다. 그만큼이 에너지로 전환되면서 막대한 에너지를 방출합니다. 따라서 이 같은 연쇄 반응 아래에서는 믿을 수 없을 정도로 엄청난 대폭발이 일어나게 됩니다. 단, 천연상태의 우라늄 235는 서로 멀리 떨어져 있기 때문에 발생한 중성자가 다른 우라늄 235의 원자핵을 명중할 기회가 적습니다. 또한, 중성자가 도달하기 전에 주위의 불순물에 의해 흡수되기 때문에 연쇄반응이 일어나지 않습니다. 따라서 핵폭탄으로 사용하기 위해서는 마리 퀴리가 했던 방식대로 고순도의 우라늄 235를 정제하여 어느 수준 이상의 양을 모아야 합니다. 이처럼 핵물질이 어느 수준의 순도, 양, 거리가 갖추어지면 핵분열이 시작됩니다. 이때 핵분열을 멈출 수 없는 최초의 조건을 임계조건이라고 합니다.

히로시마형 핵폭탄(포신형이라고 합니다)을 만들기 위해서는 순도

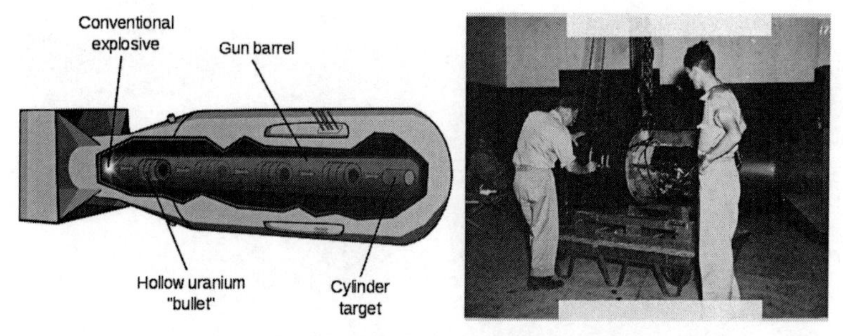

1945년 8월 6일 일본 히로시마에 투하된 인류 최초의 핵폭탄인 리틀보이

93% 이상의 고농도로 농축된 6~9kg의 우라늄 235를 두 덩어리로 준비해야 합니다. 여기서 6~9kg라는 크기는 매우 중요한데, 이보다 커지면 핵분열의 연쇄 반응속도가 너무 빨라 보관 중에 고열 상태가 되든가, 아니면 걷잡을 수 없는 최악의 폭발 사태를 유발할 가능성이 있습니다. 따라서 우라늄 235의 두 덩어리를 결코 가까이 두어서는 안 됩니다. 히로시마형 핵폭탄에서는 이 두 덩어리를 서로 중성자선이 닿지 않도록, 즉 연쇄반응이 시작되지 않도록 적당한 간격을 두고 배치하였습니다. 핵폭탄을 실제로 폭발시킬 때에는 TNT 폭약을 이용하여 2개의 우라늄 덩어리를 강제로 합체시켜 임계조건 이상으로 만들어 줍니다. 비록 기존 폭탄에 사용했던 신관과는 형태가 다르긴 하지만, 핵폭탄에도 신관에 해당하는 기폭장치가 필요하였습니다. 히로시마형 핵폭탄은 폭발효율이 많이 떨어지지만, 핵실험을 하지 않아도 실전에서 어느 정도 규모로는 핵폭발을 일으킬 수 있습니다.

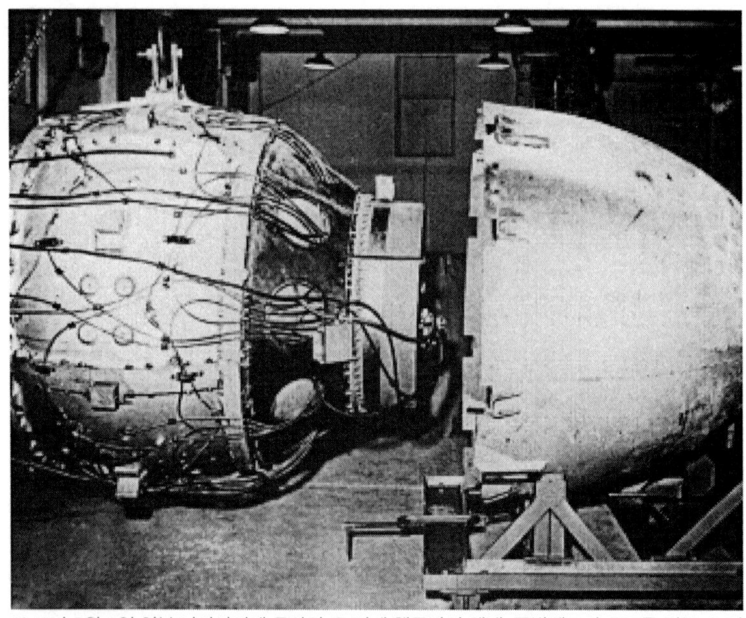

1945년 8월 9일 일본 나가사키에 투하된 두 번째 핵폭탄인 팻맨. 폭발렌즈의 구조를 엿볼 수 있습니다.

히로시마형 핵폭탄에서는 전체 우라늄 235의 양 중 불과 1~2%밖에 핵분열이 일어나지 않았다고 추정됩니다. 왜냐하면, 핵분열의 연쇄반응이 일어나는 시간이 찰나의 순간이라고 해도, 핵폭발에 의한 팽창 역시 한순간에 일어나기 때문입니다. 즉 폭발 때의 팽창속도가 더 빨라서, 중성자가 애써 농축/정제된 우라늄 235 덩어리의 구석구석까지 도달하기도 전에 방출돼 버리는 것입니다. 그러나 아무리 1~2%의 폭발이라고 해도 다른 폭약과는 비교도 할 수 없을 만큼의 엄청난 파괴력을 갖고 있습니다. 그런데 뒤집어 생각해 보면 핵반응에 참여하지 않고 폭발 때문에 사방으로 날아가 버린 98~99%의 우라늄이 더 문제입니다. 고농축 우라늄은 방사능

물질로서 사람이라면 만나서는 안 되는 물질입니다. 일본 나가사키에 비해 히로시마 쪽에서 핵폭탄 후유증 환자가 더 많이 발생한 것도 바로 이러한 이유 때문으로 보입니다.

현재 전 세계의 강대국들이 보유하고 있는 핵폭탄은 우라늄 235를 이용한 히로시마형이 아닙니다. 이보다 더 발전된 형태로 플루토늄 239를 핵폭탄의 재료로 사용합니다. 이미 미국은 플루토늄 239를 사용한 핵폭탄을 일본 나가사키에 투하하여 사용한 역사가 있습니다. 덕분에 이 핵폭탄의 형태를 나가사키형이라고 부릅니다. 플루토늄 239는 우라늄 235와 달리, 비교적 소량일지라도 일정 밀도 이상이 되면 폭발하는 성질을 가지고 있습니다. 즉 우라늄 235의 히로시마형 핵폭탄에서는 농축 우라늄이 일정 크기 이상 모이면 제어할 수 없는 대폭발이 일어나는 데 반해, 플루토늄 239의 나가사키형 핵폭탄은 크기가 아닌, 밀도를 상승시켜 폭발을 일으킨다는 차이가 있습니다. 이를 위해 플루토늄 239 역시 폭발을 시작하기 위한 기폭장치가 필요합니다.

나가사키형 기폭장치의 원리는 간단합니다. 종이는 빛에 닿는 것만으로는 타지 않지만, 볼록 렌즈로 빛을 모아주면 불이 붙습니다. 나가사키형의 기폭방법도 이와 같은 원리를 따라 하고 있습니다. 소프트볼 크기의 플루토늄 239덩어리를 폭약으로 완전히 감싸고, 이를 동시에 폭발시켜 플루토늄을 골프공 크기까지 압축하면 순식간에 밀도가 상승하여 핵분열의 연쇄반응이 시작됩니다. 과학자들은 이를 폭발렌즈라고 부르고 있습니다. 이러한 독특한 기폭장치 때문에 나가사키형 핵폭탄의 외관은 둥근 모양에 가깝습니다. 당시 미군들은 나가사키형 핵폭탄을 '팻맨fatman'이라고 불렀습니다.

미국, 러시아를 포함한 대부분의 핵보유국은 폭발 효율이 높고 소형화가 가능한 나가사키형을 선택하고 있습니다. 그러나 아무리 컴퓨터가 발달하였다 하더라도 폭발 렌즈가 잘 작동하는지는 직접 실험을 통해서 확인해야 합니다. 핵보유국들이 빈번하게 핵실험을 실시하는 이유는 바로 이 때문입니다. 핵실험을 했지만 성공하지 못한 국가나 실험을 아직 못한 국가들은 핵폭탄 개발을 완료했다고 볼 수 없습니다. 북한은 이미 6차례의 핵실험을 수행하였지만, 아직 완벽한 핵보유국으로 인정받지 못 받는 것도 이 때문입니다. 구조와 원리는 간단하지만, 쉽게 얻을 수 있는 기술은 아닙니다.

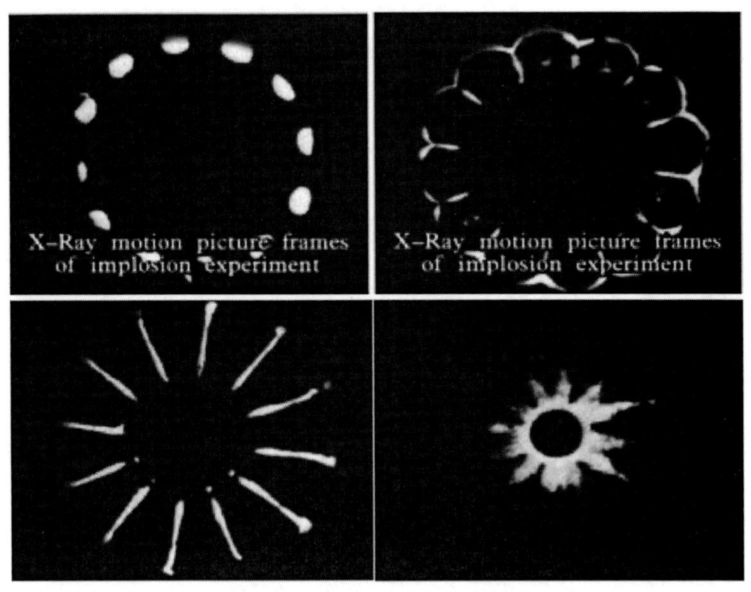


폭발 렌즈에 의한 압축 효과(X선 영상)

플루토늄 239는 인간이 만들어낸 인공원소로서 자연계에는 존재하지 않습니다. 그렇다면 과연 어떻게 플루토늄을 만들었을까요? 우라늄 235를 연료로 한 핵반응로 속에 우라늄 238을 넣고 중성자를 가하면 우라늄 238은 플루토늄 239로 전환됩니다.

이 중 우라늄 238이 플루토늄 239로 바뀌는 데 걸리는 시간은 약 1~2주일입니다. 나가사키형 핵폭탄을 만든다는 목적에서만 본다면 플루토늄 239 이외의 물질은 모두 불순물이 됩니다. 서방 국가에서 북한에 경제제재와 같은 압력을 가하는 것은 북한이 핵발전소를 이용해 이런 작업을 하고 있다고 보고, 이를 경계하기 위해서입니다. 플루토늄에 대해서는 북한뿐만 아니라 일본도 문제가 있습니다. 핵발전의 한 분야로 핵연료 재처리 공정이 있습니다. 이것은 핵발전소에서 사용하고 남은 핵 연료봉을 분쇄하여 다시 쓸 수 있는 연료와 못 쓰는 연료로 구분하는 공정을 말합니다. 그런데 핵연료를 재처리하는 과정에서 플루토늄을 얻을 수 있다는 게 문제입니다. 일본은 이 기술을 습득하여 플루토늄을 재활용할 수 있는 능력과 시설을 확보하였습니다. 전범 국가로서 핵 강대국의 견제가 있었지만, 일본은 외교적 노력을 통해 재처리 기술 및 시설을 보유하는 데 성공하였습니다. 당연히 우리나라는 아직까지 이런 기술을 확보하지 못했습니다.

히로시마형이나 나가사키형 핵폭탄과 달리 수소폭탄이라고 불리는 핵폭탄이 있습니다. 핵폭탄이 무거운 원자인 우라늄 등의 핵분열로 많은 에너지를 만들어 내는 데 반해, 수소폭탄은 가볍고 작은 원소인 수소를 핵융합시켜 거대한 에너지를 만들어 낼 수 있습니다. 여기서 수소라고 표현했지만, 조금 더 엄밀하게 말하면 중수소(듀테륨), 삼중수소(트리튬)을 연료로 사용됩니다.

일반 수소는 중성자가 없습니다. 이와 비교해 중수소 및 삼중수소는 각각 1개와 2개의 중성자를 가지고 있습니다. 삼중수소는 플루토늄 239와 같은 원리로 핵 반응로를 이용해 인공적으로 만들 수 있습니다. 하지만 중수소만으로는 수소폭탄을 만들 수 없습니다. 그 이유는 중수소만으로 핵융합을 시키려면 6억℃의 고온이 필요하기 때문입니다. 그러나 중수소와 삼중수소를 조합하면 핵융합 가능 온도를 6,000만℃ 수준으로 낮출 수 있습니다. 하지만 6,000만℃라는 고온을 인공적으로 만들어서 이를 지속시키는 일은 절대 쉽지 않습니다. 또한, 여기에 초고압이라는 환경도 같이 만들어 줘야 합니다. 현재 궁극의 에너지원으로 기대되고 있는 발전용 핵융합로가 아직 만들어지지 못한 이유는 이 두 가지 조건을 안정적으로 지속시키는 방법을 찾지 못했기 때문입니다. 또한, 두 가지 조건을 만족했다 하더라도, 핵융합로에서 반응속도를 제어할 수 있어야 합니다. 즉 핵융합도 핵분열과 마찬가지로 서서히 반응시켜야 전기발전에 사용할 수 있습니다. 그런데 수소폭탄에는 이런 조건들이 필요 없습니다. 사실 핵융합의 성공사례가 수소폭탄이 유일합니다. 왜냐하면, 기존의 나가사키형 핵폭탄으로 초고온과 초고압 환경을 쉽게 만들 수 있기 때문입니다. 즉 먼저 핵분열로 연료들이 놀 수 있는 장판을 깔아주면, 그 위에서 중수소와 삼중수소가 한꺼번에 핵융합 반응을 일으켜 거대한 폭발을 만들어 내는 것입니다.

얼핏 생각하면 수소폭탄은 핵분열이 아니라 핵융합이므로 방사능은 방출되지 않을 거라 생각할 수 있습니다. 하지만 핵분열을 기폭장치로 사용하기 때문에 방사능이 방출될 수밖에 없습니다. 게다가 중수소와 삼중수소를 보관하는 용기인 탬퍼tamper(진동 에너지를 흡수하는 장치)의 재료도 우라늄 238을 사용하고 있기 때문에 어쩔 수 없이 방사능 문제는 피해 나갈 수 없습니다. 우라늄 238을 탬퍼로 사용하여 얻는 이득이 또 있습니다. 핵융합이 일어나면 대량의 중성자가 발생해 우라늄 238이 플루토늄 239로 바뀌어 2차 폭발이 일으킬 수 있습니다. 즉 중수소와 삼중수소를 보관하고 있던 용기가 또 하나의 핵폭탄으로 변신해 폭발하는 것입니다. 이 때문에 수소폭탄을 '핵분열→핵융합' 폭탄이 아니라, '핵분열→핵융합→핵분열' 폭탄이라고 말해야 정확할지도 모릅니다. 사람들도 이런 사실을 잘 알고 있었기에 수소폭탄 실험을 할 때마다 더러운 폭탄이라는 비난을 쏟아내었습니다. 핵 보유국 중 일부는 이 같은 비난을 면하기 위하여 수소폭탄의 탬퍼 재료를 우라늄 238에서 다른 물질로 바꿨다는 보도가 있었지만, 별반 다를 게 없습니다.

발 빠른 수소폭탄 개발 덕분에 미국은 소련과의 군비 경쟁에서 앞서 나갔습니다. 하지만 안도의 한숨은 잠시였습니다. 소련은 수소폭탄의 방점을 찍기 위하여 1961년 10월 30일 소련 폭격기에 27t의 수소폭탄을 싣고 북극권의 외딴 섬으로 향하였습니다. 이것이

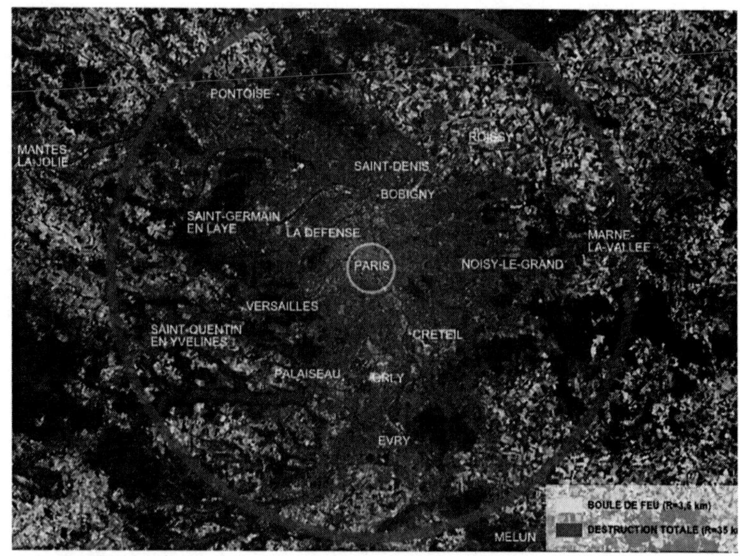

파리 지도에서 차르 봄바 파괴 지역 표시: 바깥 원은 섬멸지역(반경 35 km), 안쪽 원은 화구지역(반경 3.5 km)

바로 폭탄의 제왕이라 불리는 '차르 봄바Tsar Bomba'입니다. 이 수소 폭탄은 콜라 반도의 비행장을 이륙한 Tu-95 폭격기로 운반되어 고도 10,500m에서 낙하산으로 투하되었습니다. 이후 이 폭탄은 지면으로부터 4000m 높이에서 폭발하였습니다. 폭발의 화구는 지상에까지 닿았고, 위로는 폭탄이 투하된 항공기 고도까지 닿았다고 합니다. 폭격기는 이미 45km 밖의 안전한 곳으로 이동한 후였지만. 폭발은 1,000km 바깥에서도 보였고, 폭발 후의 버섯구름은 높이 60km, 폭 30~40km까지 자라났습니다. 100km 바깥에서도 3도 화상에 걸릴 정도의 열이 발생했고, 후폭풍은 1,000km 바깥에 있는 핀란드의 유리창을 깰 정도였습니다. 폭탄에 의한 지진파는 지구를 세 바퀴나 돌았습니다. 차르 폭탄의 폭발력은 58Mt(메가톤), 즉 $2.1\times10^{17}$줄에 해당하며, 이 에너지가 $3.9\times10^{-8}$초 동안의 핵분열-핵융합 과정을 통해 방출되었습니다. 이것을 출력으로 계산하면 $5.3\times10^{24}$W에 해당합니다. 참고로 이 출력은 태양이 같은 시간 동안 방출하는 양의 1%에 해당하는 크기입니다. 차르 봄바의 위력은 히로시마와 나가사키에 투하된 핵폭탄의 위력보다 3,800배 이상 강합니다. 이것은 인류 역사상 인간이 만들어낸 최대의 폭발이었습니다. 이 사건은 상호 공멸의 시대를 예고합니다. 비록 수많은 조약과 협정이 지금까지도 유효하지만, 이 극한의 폭발물은 여전히 지구와 인류의 위협으로 존재합니다.

핵폭탄의 경우 우라늄 235의 순도가 높기 때문에 핵분열이 순식간에 끝나지만, 발전소용 핵 반응로의 경우에는 천천히 핵분열을 일으키는 것이 목적입니다. 따라서 우라늄 235의 순도를 3~5% 수준으로 관리합니다. 그리고 여분의 중성자를 흡수하는 재료를 사용해 반응을 조절하거나, 물과 같은 감속재로 고속 중성자가 운동하는 속도를 매초 2,200m 정도까지 낮추어 과잉 반응이 발생하지 않도록 엄격하게 제어합니다. 이때의 저에너지 중성자를 열중성자라고 부릅니다.

## 에필로그

저는 대학 시절 김경진 작가의 군사소설 『동해』를 읽었습니다. 소설 『동해』는 한국해군이 새롭게 진수한 독일제 212급 잠수함(장문휴함)의 활약상을 그린 것으로 발가락 끝에 힘이 들어갈 만큼 긴장하며 읽었던 기억이 납니다. 특히 제 마음을 사로잡은 것은 장문휴함의 연료전지 시스템이었습니다. 소설 속 장문휴함은 연료전지 시스템을 공기 불요 추진기관(air independent propulsion)으로 사용하여 작전 성능을 크게 향상했고, 함장의 탁월한 능력이 더해져 재래식 잠수함이라는 핸디캡을 넘어 미국과 중국의 핵 잠수함을 압도하였습니다. 이에 매료된 저는 대학원에서 연료전지를 공부하게 되었고, 운 좋게 국방과학연구소에 입사하여 무기체계에 필요한 전원(power source) 관련 연구를 시작하였습니다.

현대의 다양한 무기들이 전기·전자기술과 접목되면서 전원에 대한 수요도 증가하는 추세입니다. 저는 다양한 무기체계의 개발 사업에 참여하면서 제가 읽었던 소설 속 잠수함의 실제와 마주하였고, 그때 느꼈던 생각이 제가 이 책을 집필하도록 이끌어주었습니다.

현재 핵 추진 잠수함을 보유하고 있는 국가는 미국, 러시아, 영국, 프랑스 등이 있습니다. 당연히 잠수함 건조 기술 역시 최고 수준입니다. 그러나 독일은 핵 추진 잠수함이 없는데도 불구하고 재래식 잠수함에 있어 단연 세계 최고 기술을 보유하고 있습니다. 2차 세계대전부터 U보트를 건조하면서 확보된 기술과 경험은 독일을 세계 최대의 재래식 잠수함 수출국으로 만들었습니다. 우리나라도 독일로부터 여러 척의 잠수함을 구매하여 해군에서 운용하고 있습니다. 그 덕분에 저는 독일 U보트의 고향인 HDW(Howaldtswerke-Deutsche Werft) 조선소에서 잠수함 관련 교육을 받을 기회를 얻었습니다. 세계 최고의 건조기술을 전문가로부터 교육받는다는 사실이 저를 흥분시켰던 것은 말할 필요가 없습니다.

흔히들 잠수함을 설계할 때는 복잡한 이론이나 고성능 컴퓨터가 사용될 것이라고 예상합니다. 저 역시 그랬습니다. '그들에게는 우리와 뭔가 다른 게 있을 것이다', '그것은 최첨단 기술일 것이다'라고 말입니다. 그러나 교육 기간에 배운 내용과 잠수함 전문가와의 대화를 통해 저의 큰 착각을 깨닫게 되었습니다. 잠수함을 건조하는 데 있어 가장 필요하고 바탕이 되는 것은 개발자들의 지식과 철학이었고 공학적 이해였던 것입니다.

어떤 기업에서 새로운 제품을 개발한다고 가정해봅시다. 보통은 '판재의 두께가 얼마면 적당할까?', '무게를 줄이기 위해 어떤 재료를 써야 할까?', '열을 효과적으로 전달하는 방법은 무엇일까?' 등 다방면을 고려한 후 컴퓨터를 이용하여 설계합니다. 그리고 그 설계가 제대로 되었는지 확인하기 위하여 컴퓨터 프로그램으로 힘과 열의 분포를 해석합니다. 이때 해석이란 수학이나 물리적인 이론을 바탕으로 설계가 타당한가를 확인하는 작업입니다. 최근에는 이러한 설계·해석 프로그램들이 강력해져서 단 몇 시간 안에 내가 한 설계가 제대로 되었는지 검증할 수 있습니다. 해석 결과에 아무 이상이 없으면 제작 도면을 그리고 제품 제작에 들어갑니다. 마지막으로 완성된 제품을 시험 평가한 후 소비자에게 전달하면 끝이 납니다.

저는 독일의 개발자들도 이와 비슷할 것이라고 생각했습니다. 그러나 동일한 것은 제품을 설계하고 해석하여 검증하는 과정뿐이었습니다. 그 과정을 수행해 나가는 것은 컴퓨터가 아니었습니다. 그들은 그들의 지식과 철학을 바탕으로 연필과 종이를 먼저 사용했습니다.

그들이 만드는 잠수함에는 존재하는 모든 것들에 이유가 있었습니다. 교육기간 동안 개발자들은 왜 그렇게 만들어야 하는지를 설명하는 데 많은 시간을 투자했습니다. 덕분에 저는 개발자의 깊이 있는 생각이 잠수함 곳곳에 녹아있다는 것을 확인할 수 있었습니다.

독일 개발자가 유달리 비범한 인재라서 그런 것이 아닙니다. 그들로부터 받았던 설계나 해석 자료는 제가 대학교 때 배웠던 참고서 수준을 넘지 않았습니다. 세계 최고의 잠수함이 대학 수준의 학문으로 건조되고 있다는 사실은 시사하는 바가 큽니다.

우리는 언론을 통해 우리나라의 기초과학이 부족하다는 기사를 접하고 또 이에 동의합니다. 그래서 우리의 제품이 좋은 평가를 받지 못하게 될 때 기초과학교육에 대한 논의가 일어나기도 합니다. 우리나라가 서양에 비해 기초과학수준이 낮은 것은 사실입니다. 그러나 꼭 기초과학 수준이 높다고 좋은 제품을 만들어 내는 것은 아닙니다. 저는 더 중요한 것은 기초 공학이라고 믿고 있습니다.

우리나라의 기업들은 독창적인 제품개발보다 다른 나라에서 이미 인정받은 제품을 들여와 단순히 역설계하여 시장을 따라가곤 합니다. 이런 경우에는 컴퓨터 프로그램이 훨씬 유용합니다. 빠르고 쉬우니까요. 그러나 이런 프로그램들은 미국과 같은 선진국에서 수입되어 그 내부가 어떻게 생겨 먹었는지 전혀 알 수가 없도록 만들어져 있습니다. 어찌 보면 미국의 프로그램 회사가 우리나라 제품의 설계와 해석을 도와주는 꼴이 됩니다. 이것은 우리나라 제품 개발의 맹점입니다. 그러므로 같은 역설계를 할지라도 기술의 원리를 파악하기 위해서는 도전적 역설계가 필요합니다.

우리 젊은이들이 기술의 원리를 공부하기보다 프로그램 사용 방법을 공부하는 데 더 많은 시간을 할애한다는 것은 국력의 낭비가 아닐 수 없습니다. 물론 미국, 독일, 일본의 기업들도 역설계를 합니다. 미국의 테슬라도 새로운 전기차를 출시하기에 앞서 수십 대의 완성차를 사서 분해하며 끊임없이 역설계하고 있습니다. 다만 무엇을 하든지, 자신의 머리와 손을 바탕으로 공학적인 접근이 필요하다는 것입니다. 독일의 잠수함 개발자들처럼 왜 그렇게 설계해야만 했는지 설명할 수 있어야 하며, 그러기 위해서는 해당 제품에 대한 깊이 있는 이해가 필요합니다. 저는 이것이 바로 기초공학이라고 생각합니다. 기초공학이 튼튼해야 제품의 기초 역시 튼튼합니다.

저는 10년 넘게 국방 관련 연구개발 업무를 수행하면서 우리나라가 기초공학이 튼튼한 국가가 되었으면 하는 마음으로 이 책을 쓰기 시작했습니다. 다양한 무기들을 볼 때마다 그 당시 연구자들은 어떤 생각(원리)과 철학으로 이렇게 설계하고 만들었는지 고민했습니다. 저는 유명한 대학교수도 아니고 훌륭한 과학이론을 제시한 과학자도 아니며, 많은 수의 SCI(Science Citation Index) 논문을 작성한 연구자도 아닙니다. 그저 공학을 사랑하고 나라를 사랑하는 마음으로 지금까지 수집했던 자료와 경험을 토대로 6년 넘게 이 책을 저술해왔습니다.

그러므로 이 책은 이 길을 걸으며 제가 품었던 의문에 답을 찾고 또 검증한 기록이라고 할 수 있습니다. 또 이제 갓 사회에 발을 내딛는 공학 후배들에게 드리는 저의 부족한 첨언이기도 합니다. 잘 쓴 글은 아니지만, 개발업무를 시작하는 사람들이 무기의 원리를 이해하는 데 조금이나마 도움이 되었으면 합니다. 아울러 우리나라를 지키는 군인들이 본인들이 다루는 다양한 무기들을 이해하는 데도 힘이 되기를 바랍니다. 감사합니다.

# 참 고 문 헌

**[단행본]**

국방기술품질원,『미리보는 미래무기』, 2011

항공추진공학회,『항공우주 추진기관 개론』, 한티미디어, 2008.

루돌프 키펜한,『암호의 세계』, 이지북, 2002.

한국물리학회,『전기와 자기 밀고 당기기』, 동아사이언스, 2001.

노훈 외,『미래전장』, 한국국방연구원, 2001.

패리 파커,『전쟁의 물리학』, 북로드, 2015.

리처드 A. 뮬러,『대통령을 위한 물리학』, 살림출판사, 2011.

이종호,『천재를 이긴 천재들』 1, 2, 글항아리, 2007.

메리 로치,『전쟁에서 살아남기』, 열린책들, 2017.

최무영,『최무영 교수의 물리학 강의』, 책갈피, 2008.

황진명 외,『과학과 인문학의 탱고』, 사과나무, 2014.

나카무라 간지,『비행기 엔진 교과서』, 보누스, 2017.

나카무라 간지,『비행기 구조 교과서』, 보누스, 2017.

오가사와라 세이지,『스피드 과학』, 전나무숲, 2007.

도쿄물리서클,『영재들의 물리노트 1』, 이치, 2008.

클로드 알레그르,『유쾌한 과학 지적인 즐거움』, 누림, 2004.

미치오 카쿠,『미래의 물리학』, 김영사, 2012.

요네야마 마사노부,『알고보면 간단한 화학 반응』, 이지북, 2002.

야마우치 토시히데,『바다의 닌자 잠수함』, 북스힐, 2017.

**[월간 잡지]**

《월간 밀리터리 리뷰(military review)》, 군사연구 편집부.

《월간 국방과 기술》, 한국방위산업진흥회.

**[인터넷]**

https://en.wikipedia.org/wiki/Leonardo_da_Vinci

https://en.wikipedia.org/wiki/James_Prescott_Joule

https://en.wikipedia.org/wiki/Chernobyl_disaster

https://en.wikipedia.org/wiki/Oppau_explosion

https://en.wikipedia.org/wiki/Ammonium_nitrate

https://en.wikipedia.org/wiki/September_11_attacks

https://en.wikipedia.org/wiki/Fritz_Haber

https://en.wikipedia.org/wiki/Musket

https://en.wikipedia.org/wiki/Bullet

https://en.wikipedia.org/wiki/Panzerhaubitze_2000

https://en.wikipedia.org/wiki/Hollow-point_bullet

https://en.wikipedia.org/wiki/Sniper

https://en.wikipedia.org/wiki/TrackingPoint

https://en.wikipedia.org/wiki/Bomb_disposal

https://en.wikipedia.org/wiki/Fuze

https://en.wikipedia.org/wiki/Kamikaze

https://en.wikipedia.org/wiki/Mark_V_tank

https://en.wikipedia.org/wiki/Sabot

https://en.wikipedia.org/wiki/Shaped_charge

https://en.wikipedia.org/wiki/RPG-7

https://en.wikipedia.org/wiki/Sloped_armour

https://en.wikipedia.org/wiki/Spaced_armour

https://en.wikipedia.org/wiki/Composite_armour

https://en.wikipedia.org/wiki/Chobham_armour

https://en.wikipedia.org/wiki/Reactive_armour

https://en.wikipedia.org/wiki/FGM-148_Javelin

https://en.wikipedia.org/wiki/Kinetic_energy_penetrator

https://en.wikipedia.org/wiki/Plasma_(physics)

https://en.wikipedia.org/wiki/Railgun

https://en.wikipedia.org/wiki/Maser

https://en.wikipedia.org/wiki/Laser

https://en.wikipedia.org/wiki/Radar

https://en.wikipedia.org/wiki/Tactical_High_Energy_Laser

https://en.wikipedia.org/wiki/Michael_Faraday

https://en.wikipedia.org/wiki/Electromagnetic_radiation

https://en.wikipedia.org/wiki/Phased_array

https://en.wikipedia.org/wiki/Microwave

https://en.wikipedia.org/wiki/Goalkeeper_CIWS

https://en.wikipedia.org/wiki/AN/TPQ-36_Firefinder_radar

https://en.wikipedia.org/wiki/Lift_(force)

https://en.wikipedia.org/wiki/Flap_(aeronautics)

https://en.wikipedia.org/wiki/Pratt_%26_Whitney_F119

https://en.wikipedia.org/wiki/Ramjet

https://en.wikipedia.org/wiki/Radar_cross-section

https://en.wikipedia.org/wiki/Lockheed_F-117_Nighthawk

https://en.wikipedia.org/wiki/P-18_radar

https://en.wikipedia.org/wiki/Night_vision

https://en.wikipedia.org/wiki/AIM-9_Sidewinder#AIM-9X

https://en.wikipedia.org/wiki/AGM-84H/K_SLAM-ER

https://en.wikipedia.org/wiki/Enigma_machine

https://en.wikipedia.org/wiki/Missile

https://en.wikipedia.org/wiki/LGM-118_Peacekeeper

https://en.wikipedia.org/wiki/Shock_wave

https://en.wikipedia.org/wiki/Gyroscope

https://en.wikipedia.org/wiki/Sagnac_effect

https://en.wikipedia.org/wiki/Global_Positioning_System

https://en.wikipedia.org/wiki/H._L._Hunley_(submarine)

https://en.wikipedia.org/wiki/Buoyancy

https://en.wikipedia.org/wiki/Diving_plane

https://en.wikipedia.org/wiki/USS_San_Francisco_(SSN-711)

https://en.wikipedia.org/wiki/Torpedo

https://en.wikipedia.org/wiki/Mark_48_torpedo

https://en.wikipedia.org/wiki/Marie_Curie

https://en.wikipedia.org/wiki/Uranium_hexafluoride

https://en.wikipedia.org/wiki/J._J._Thomson#Experiments_with_cathode_rays

https://en.wikipedia.org/wiki/Niels_Bohr

https://en.wikipedia.org/wiki/Enrico_Fermi

https://en.wikipedia.org/wiki/Little_Boy

https://en.wikipedia.org/wiki/Fat_Man

https://en.wikipedia.org/wiki/Nuclear_explosion

https://en.wikipedia.org/wiki/Tsar_Bomba